U0062706

中 外 物 理 学 精 品 书 系

中外物理学精品书系

引 进 系 列 · 78

PCT 定理、自旋-统计关系及其他

PCT, Spin and Statistics, and All That

〔英〕雷蒙德·F. 斯特里特 (Raymond F. Streater)

〔美〕阿瑟·S. 怀特曼 (Arthur S. Wightman) 著

张昊 译

北京大学出版社
PEKING UNIVERSITY PRESS

著作权合同登记号：图字 01-2023-0582

PCT 定理、自旋－统计关系及其他／（英）雷蒙德·F. 斯特里特 (Raymond F. Streater)，（美）阿瑟·S. 怀特曼 (Arthur S. Wightman) 著；张昊译 . — 北京：北京大学出版社，2023.11

（中外物理学精品书系）

ISBN 978-7-301-34425-5

Ⅰ.①P… Ⅱ.①雷… ②阿… ③张… Ⅲ.①量子场论 Ⅳ.① O413.3

中国国家版本馆 CIP 数据核字 (2023) 第 174781 号

PCT, Spin and Statistics, and All That by R. F. Streater and A. S. Wightman.
Copyright © 1964, 1989 by Addison-Wesley Publishing Co., Inc.
All rights reserved. No part of this book may be reproduced or transmitted in any form or by any means, electronic or mechanical, including photocopying, recording or by any information storage and retrieval system, without permission in writing from the Publisher.

书　　　名	*PCT* 定理、自旋－统计关系及其他
	PCT DINGLI、ZIXUAN–TONGJI GUANXI JI QITA
著作责任者	〔英〕雷蒙德·F. 斯特里特 (Raymond F. Streater)，
	〔美〕阿瑟·S. 怀特曼 (Arthur S. Wightman) 著
	张昊 译
责任编辑	刘啸
标准书号	ISBN 978-7-301-34425-5
出版发行	北京大学出版社
地　　址	北京市海淀区成府路 205 号　100871
网　　址	http://www.pup.cn
电子邮箱	zpup@pup.cn
新浪微博	@ 北京大学出版社
电　　话	邮购部 010-62752015　发行部 010-62750672　编辑部 010-62754271
印 刷 者	天津中印联印务有限公司
经 销 者	新华书店
	730 毫米 ×980 毫米　16 开本　13.5 印张　265 千字
	2023 年 11 月第 1 版　2023 年 11 月第 1 次印刷
定　　价	59.00 元

未经许可，不得以任何方式复制或抄袭本书之部分或全部内容。
版权所有，侵权必究
举报电话：010-62752024　电子邮箱：fd@pup.cn
图书如有印装质量问题，请与出版部联系，电话：010-62756370

"中外物理学精品书系"
(二期)
编 委 会

主 任：王恩哥

副主任：夏建白

编 委：(按姓氏笔画排序，标*号者为执行编委)

丁　洪	王力军	王孝群	王　牧	王雪华
王鼎盛	石　兢	田光善	冯世平	邢定钰
朱邦芬	朱　星	向　涛	刘　川*	汤　超
许宁生	许京军	李茂枝	李建新	李新征*
李儒新	吴　飙	汪卫华	张立新	张振宇
张　酣*	张富春	陈志坚*	武向平	林海青
欧阳钟灿	罗民兴	周月梅*	郑春开	赵光达
钟建新	聂玉昕	徐仁新*	徐红星	郭　卫
资　剑	龚新高	龚旗煌	崔　田	阎守胜
谢心澄	解士杰	解思深	樊铁栓*	潘建伟

秘 书：陈小红

序　言

　　物理学是研究物质、能量以及它们之间相互作用的科学。她不仅是化学、生命、材料、信息、能源和环境等相关学科的基础，同时还与许多新兴学科和交叉学科的前沿紧密相关。在科技发展日新月异和国际竞争日趋激烈的今天，物理学不再囿于基础科学和技术应用研究的范畴，而是在国家发展与人类进步的历史进程中发挥着越来越关键的作用。

　　我们欣喜地看到，改革开放四十年来，随着中国政治、经济、科技、教育等各项事业的蓬勃发展，我国物理学取得了跨越式的进步，成长出一批具有国际影响力的学者，做出了很多为世界所瞩目的研究成果。今日的中国物理，正在经历一个历史上少有的黄金时代。

　　在我国物理学科快速发展的背景下，近年来物理学相关书籍也呈现百花齐放的良好态势，在知识传承、学术交流、人才培养等方面发挥着无可替代的作用。然而从另一方面看，尽管国内各出版社相继推出了一些质量很高的物理教材和图书，但系统总结物理学各门类知识和发展，深入浅出地介绍其与现代科学技术之间的渊源，并针对不同层次的读者提供有价值的学习和研究参考，仍是我国科学传播与出版领域面临的一个富有挑战性的课题。

　　为积极推动我国物理学研究、加快相关学科的建设与发展，特别是集中展现近年来中国物理学者的研究水平和成果，北京大学出版社在国家出版基金的支持下于 2009 年推出了"中外物理学精品书系"，并于 2018 年启动了书系的二期项目，试图对以上难题进行大胆的探索。书系编委会集结了数十位来自内地和香港顶尖高校及科研院所的知名学者。他们都是目前各领域十分活跃的知名专家，从而确保了整套丛书的权威性和前瞻性。

　　这套书系内容丰富、涵盖面广、可读性强，其中既有对我国物理学发展的梳理和总结，也有对国际物理学前沿的全面展示。可以说，"中外物理学精品书系"力图完整呈现近现代世界和中国物理科学发展的全貌，是一套目前国内为数不多的兼具学术价值和阅读乐趣的经典物理丛书。

"中外物理学精品书系"的另一个突出特点是,在把西方物理的精华要义"请进来"的同时,也将我国近现代物理的优秀成果"送出去"。物理学在世界范围内的重要性不言而喻。引进和翻译世界物理的经典著作和前沿动态,可以满足当前国内物理教学和科研工作的迫切需求。与此同时,我国的物理学研究数十年来取得了长足发展,一大批具有较高学术价值的著作相继问世。这套丛书首次成规模地将中国物理学者的优秀论著以英文版的形式直接推向国际相关研究的主流领域,使世界对中国物理学的过去和现状有更多、更深入的了解,不仅充分展示出中国物理学研究和积累的"硬实力",也向世界主动传播我国科技文化领域不断创新发展的"软实力",对全面提升中国科学教育领域的国际形象起到一定的促进作用。

习近平总书记在 2018 年两院院士大会开幕会上的讲话强调,"中国要强盛、要复兴,就一定要大力发展科学技术,努力成为世界主要科学中心和创新高地"。中国未来的发展在于创新,而基础研究正是一切创新的根本和源泉。我相信,在第一期的基础上,第二期"中外物理学精品书系"会努力做得更好,不仅可以使所有热爱和研究物理学的人们从中获取思想的启迪、智力的挑战和阅读的乐趣,也将进一步推动其他相关基础科学更好更快地发展,为我国的科技创新和社会进步做出应有的贡献。

"中外物理学精品书系"编委会主任

中国科学院院士,北京大学教授

王恩哥

2018 年 7 月于燕园

前　　言

本书的缘起, 来自与 H. A. Bethe 的一次对话. 他建议写一本关于现代场论的小册子, 其内容仅包含那些值得传世的素材. 在历史研究领域, 这种选材方法催生的作品[1], 已经日渐成为严肃的标准教材. 虽然将某一领域获得成功的方法移植到其他研究领域往往是存在风险的, 但是将这种原则应用于物理学至少带来了一个好的结果: 我们清除了所有未经证明的 "定理".

R. F. 斯特里特

A. S. 怀特曼

1963 年 11 月

在本书的 1978 年版中, 我们增加了附录, 用以介绍自本书第一版问世以来在量子场论一般理论研究方向上的三个重要发展: 构造型量子场论、局域代数理论, 以及超选择定则理论.

前两个版本都没有包含 Haag-Ruelle 碰撞理论. 在本书第一版中, 我们曾经建议读者查阅之后不久出版的 R. Jost 的出色著作《量子场论的一般理论》(*The General Theory of Quantized Fields*, American Mathematical Society, 1965). 在 1978 年版中, 作为补充, 我们推荐读者在此之外查阅本杰明出版公司 1975 年出版的由 N. Bogolubov, A. Logunov 和 I. Todorov 合著的专著《公理化量子场论导论》(*Introduction to Axiomatic Quantum Field Theory*, W. A. Benjamin, 1975).

在普林斯顿大学出版社 2000 年再版的这个版本里, 我们希望在推荐的补充读物书单中加入第三本书: 牛津大学出版社 2000 年版的由荒木不二洋 (H. Araki) 所著的《量子场的数学理论》(*Mathematical Theory of Quantum Fields*). 普林斯顿大学出版社再版与 1978 年版本的其他区别, 主要是对一些打字错误的更正.

R. F. 斯特里特

A. S. 怀特曼

---

[1] W. C. Sellar and R. J. Yeatman, *1066 and All That*, Dutton, New York, 1931.

目　　录

引　言

当 Dirac, Jordan, Heisenberg 和 Pauli 最初创建量子场论的时候, 他们未曾期待这个理论能够提供一个对自然界自洽的描述. 它仅仅被视作 Maxwell 和 Lorentz 的经典理论的一个量子化的版本, 而这个经典理论自身也饱受点粒子电磁惯性病态发散行为的折磨. 很多物理学家都持有这样的观点: 任何试图为这个理论构建坚实数学基础的工作恐怕都是不明智的, 因为它的经典基础尚且有待更正. 而这种更正很可能彻底改变理论的基础, 从而使得所有对先前版本理论的严格数学框架的讨论变得不再有意义. 后来, 人们认为问题在于这一理论过于局限, 它根本就不是一个设计来预言基本粒子质量或是相互作用耦合常数大小的理论. 鉴于此, 它应该从基础上被改写.

然而超越这一理论的努力一次又一次地以失败告终. 在这一过程中, 人们收获的无非是唯象上的成功, 或者对最初理论的形式进行了系统发展. 但是人们从未能达成最初关于场的量子理论的目标 —— 确信它不再被其内在矛盾所困扰. 事实上, 量子场论的主要问题就在于 "毁灭还是拯救": 说明这一理论的基本概念 (相对论不变、量子力学、局域场, 等等) 中所蕴含的理想化的对象在物理上是不自洽的, 抑或以一种能够提供实践语言的形式重写这一描写基本粒子动力学的理论.

过去十年涌现出了大量直面问题的努力. (投身这一领域的物理学家有时被视为 "场论俱乐部会员". 对他们不屑的观察家们将他们比作震颤派教徒. 这是一个新英格兰的宗教派别, 其教众建造坚固的房屋, 过着禁欲的生活. 这种比喻, 意指这些物理学家整日忙于通过证明一些严格的定理来研究在他们看来不具科学意义的等价性, 而不计算任何截面.) 这些努力目前还未能解决前述的主要问题, 但是却带来了一系列衍生品, 即对场论结构的非常一般性的深刻理解. 本书意在详细阐述其中的一些一般性的结果, 包括它们展现的物理思想, 以及证明它们所必需的数学.

在书中, 我们只涵盖那些具有确定可靠性特点的结果. 特别地, 这一选材原则直接导致了我们将不会涉及 Lehmann, Symanzik 和 Zimmermann 及其他人关于编时和推迟函数的重要工作, 以及它们与碰撞理论的联系. 在正确理解这些课题, 并将其构建在坚实的基础上之前, 人们还有大量的工作有待完成. 虽然与 Lehmann, Symanzik 和 Zimmermann 的联系还没有坚实地建立起来, 但沿着 R. Haag 指明的途径, D. Ruelle 已经建立起了一个 (基于本书第三章公理的) 严格的碰撞理论. 本书中相关理论讨论的缺失, 会被 R. Jost 的出色著作《量子场的一般理论》(*The*

General Theory of Quantized Fields, American Mathematical Society, 1965) 中的完整描述所弥补.

本书的第一章对相对论量子力学中物理态的变换性质做了一个总结. 我们假定读者具备关于 Hilbert 空间及其在量子力学中的应用的初步知识. 或许值得向年轻读者指出的是, 今天众所周知的真空态和单粒子态在 Lorentz 变换下的简单变换性质, 仅仅十五年前还被埋藏在量子场论那贝丘一样困难而含糊不清的形式下. 第一章的任务, 就是提供一套语言, 使得人们能够简单地描述具有简单变换性质的物理态. 比如, 非必要的裸质量和裸真空概念就不会被引入.

第二章是对本书中后面章节所用到的数学工具的一个详细介绍. 尽管忽略了部分定理证明中的技术性细节, 但是我们仍然会努力讲清楚主要的数学思想. 这些定理的陈述是准确的. 理解本章所需的预备知识, 不会超出物理专业本科知识涵盖的内容.

第三章定义了本书中所用到的场的概念, 并且说明了场论被场算子乘积的真空期望值所决定. 虽然这一章在本质上是自足的, 但如果读者有一点量子场论的基本知识, 比如达到了 Schweber 书[1] 第二部分的水平, 将会有所帮助.

利用前三章的铺垫, 我们将在第四章中给出量子场论的一些一般性的定理, 其中最为人所知的就是 *PCT* 定理和自旋－统计定理.

希望阅读系统讨论量子场论内容的读者, 完全可以从第三章开始阅读, 只需要在认为有必要补充细节的时候翻阅前两章的内容即可.

每一章后面都附有供读者参考的推荐文献. 我们并不试图写一本面面俱到的书. 书中的标记是标准的: 定理 3.1 指的是第三章的第一个定理, 对方程的标记也是类似的. Halmos 记号 ■ 用于表示证明完成.

---

[1]S. Schweber, *An Introduction to Relativistic Quantum Field Theory*, Harper and Row, New York, 1961.

第一章　相对论变换律

你说 Lorentz 群得小心分析, 我保证我会小心的.

——E. Wigner

在本书中, 我们将采用量子力学的 Heisenberg 表象. 正如第四章中将要证明的, Schrödinger 表象在描述相对论性理论的时候不是很方便, 因为它把时间坐标置于与空间坐标十分不同的地位上. 另一种常见的表象 —— 相互作用表象, 一般而言根本就是不存在的. 在 Heisenberg 表象中, 对应于系统的每一个状态, 都有 Hilbert 空间 $\mathscr{H}$ 中的一个单位矢量 $\varPhi$, 这个矢量不随时间变化. 而可观测量, 用 $\mathscr{H}$ 上的厄米线性算子表示, 一般而言是随时间变化的. $\mathscr{H}$ 中两个矢量 $\varPhi$ 和 $\varPsi$ 的标量积记作 $(\varPhi, \varPsi)$, 称为两个对应状态的跃迁振幅.

两个只相差单位模复数因子的矢量描述的是相同的状态[①]. 这是因为, 关于矢量 $\varPsi$ 描述的状态的所有实验, 其结果都可以用一系列在 $\varPsi$ 下测得某个 $\varPhi$ 的概率的量

$$|(\varPhi, \varPsi)|^2$$

表示. 我们称形如 $\mathrm{e}^{\mathrm{i}\alpha}\varPhi$ 的矢量的集合 $\varPhi$ 为单位射线, 其中 α 为任意实数, $\varPhi$ 的范数 [定义为 $[(\varPhi, \varPhi)]^{1/2}$, 记作 $\|\varPhi\|$] 为 1. 简单起见, 我们会使用 "态 $\varPhi$" 这样的说法. 定义中的条件 $\|\varPhi\| = 1$ 显然等价于概率的归一化约定. 简而言之: 物理系统的态[②], 由单位射线表示.

1.1　超选择定则

假定描述物理系统状态的射线属于 Hilbert 空间 $\mathscr{H}$, 那么是否 $\mathscr{H}$ 中的每一条射线都对应于系统的一个可能的状态呢? 一般而言答案是否定的. 比如, 目前为止还没有人能够制备由具有不同电荷 Q 的两个态叠加出来的态. 人们普遍相信, 这

[①]译者注: 即若存在 $\alpha \in \mathbf{C}, |\alpha| = 1$ 使得单位矢量 $\varPsi_2 = \alpha\varPsi_1$, 则 $\varPsi_1$ 和 $\varPsi_2$ 描述相同的状态.

[②]我们这里提到 "态" 的时候, 事实上总是指纯态. "混合态" 总可以通过经典的态叠加由一些态得到. 在这种经典的态叠加操作中, 每一个态出现的概率都是已知的, 这些概率反映了我们对系统的了解是不完备的.

样的态在自然界中是不存在的. 同时, 似乎任何物理上可实现的态都必须是重子数 B 的本征态, 也必须是 $(-1)^F$ 的本征态, 其中 F 对于自旋为整数的态为偶数, 对于自旋为半奇数的态为奇数.

算子 Q, B 和 $(-1)^F$ 是不随时间改变的守恒量. 但是这些守恒律需要与诸如总角动量的 x 方向分量 J_x 守恒这种守恒律加以区分. 确实存在不是 J_x 的本征态的物理态, 比如总角动量 z 方向分量 J_z 的本征态.

算子 $(-1)^F$ 的存在, 反映的是物理实验的结果在绕任意轴转动 2π 角的变换下不变的属性. 如果态 ψ_1 具有半奇数自旋, 态 ψ_2 具有整数自旋, 那么 2π 角转动变换会将 $\alpha\psi_1 + \beta\psi_2$ 变为 $-\alpha\psi_1 + \beta\psi_2$. 根据转动不变性, 这两个矢量描述的是同一个物理状态, 于是它们必须属于同一条射线. 而这只有当 $\alpha = 0$ 或 $\beta = 0$ 时才可能实现.

任何指出特定单位射线不是物理上可实现的状态的规则, 都被称作超选择定则. 如果一个理论中存在超选择定则, 那么在该理论中就存在不是可观测量的厄米算子, 态叠加原理在 $\mathscr{H}$ 中也就不成立. 然而如果 Q, B 和 $(-1)^F$ 是仅有的超选择定则, 那么对于具有相同 Q, B 和 $(-1)^F$ 值的态, 我们总是可以进行线性叠加并得到一个物理的态. 这时, 态叠加原理在由属于 Q, B 和 $(-1)^F$ 相同本征值的态组成的 $\mathscr{H}$ 的子空间中, 是不受限制地成立的.

与 Q, B 和 $(-1)^F$ 相联系的超选择定则分别被称作电荷、重子数、同叶 (univalence) 超选择定则.

为了系统地研究一般理论的超选择定则, 人们考察所研究系统的全体可观测量组成的集合 θ. 每个可观测量都对应了 $\mathscr{H}$ 上的一个厄米算子, 这个算子不一定是有界的 (算子 A 被称为有界的, 如果存在常数 C 使得对于所有的 $\Phi \in \mathscr{H}$, 都有 $\|A\Phi\| \leqslant C \|\Phi\|$). 在这种一般情形下, 只有到一条射线的投影算子③是一个可观测量时, 该射线才被称作物理上可实现的. 考虑与所有可观测量都对易的有界算子的全体, 它们所构成的集合 θ' 通常被称为换位子集 (commutant). θ' 定义中有界性的限制, 纯粹是为方便起见. 事实上算子 Q 和 B 作为无界算子, 都不属于 θ'. 但是到具有确定的 Q 和 B 的本征值的态的投影算子, 都是换位子集中的元素.

集合 θ' 部分地刻画了理论中的超选择定则. 比方说, 如果所有的厄米算子都是可观测量, 那么由于所有的投影算子都是厄米算子, 我们就能得出所有的态都是物理上可实现的这一结论. 因此, 如果理论中不存在超选择定则, 集合 θ' 将只包含恒等算子和常数因子的乘积.

如果我们假设 θ' 中的算子彼此对易 (这一假设有时被称为对易超选择定则假设), 就会极大地简化物理上可实现的态的集合的结构. 这时 θ' 中的超选择定则可

---

③到矢量 Φ 上的投影算子 E_Φ, 定义为 $E_\Phi\Psi = (\Phi, \Psi) \left[\|\Phi\|^2\right]^{-1} \Phi$.

以同时对角化, $\mathscr{H}$ 则可以分解为一系列正交子空间, 在每一个子空间中, 定义了超选择定则的算子都具有确定的值. 这些子空间被称为相干子空间. 物理可观测量是这些相干子空间到它们自身的映射. 定义在一个相干子空间上, 到它自身, 并与所有可观测量都对易的算子, 只能是常数乘以恒等算子. 因此, 物理可观测量的全体, 在单个相干子空间上构成算子的不可约集.

　　存在完备的可观测量对易集[④] 的情形是一类非常重要的情形. 在这种情况下, 对易超选择定则假设是可以证明的. 任意与完备可观测量对易集的所有算子都对易的算子, 一定是该集合中算子的函数. 于是根据定义, θ' 中的所有算子都是完备可观测量对易集中算子的函数. 因此在这种情况下, θ' 中的所有算子彼此都是对易的.

　　可观测量集合在特定相干子空间上不可约, 并不意味着这个集合中包含了全部厄米算子. 例如, 在特定的相干子空间中, 可能存在具有无穷大能量的归一化态. 而这些状态, 不应被认为是物理上可实现的. 因此, 到这些状态的投影算子虽然是厄米的, 却不是可观测量. 在后面的讨论中, 我们将假定 θ' 是对易的, 并且相干子空间中的任意射线都是物理上可实现的. 做出这两个假设纯粹是出于数学上的方便. 实际上, 问题的分析可以建立在一般得多的假设上, 当然这需要付出更多的努力.

　　应该强调的是, 上述超选择定则 Q, B 和 $(-1)^F$ 与一切物理学定律一样, 都必须经过实验的检验. 目前, 我们并不确定是否有更多的超选择定则存在. 例如, 可能存在轻子数守恒定律, 这就定义了又一个超选择定则.

1.2　对称性算子

　　物理系统的一个对称性操作 (有时也被称作不变性原理, 或者简称对称性) 将每一个物理上可实现的态 Φ 与另一个物理上可实现的态 Φ' 联系起来, 使得所有的跃迁概率保持不变, 即

$$|(\Phi', \Psi')|^2 = |(\Phi, \Psi)|^2, \tag{1.1}$$

其中, 我们假定映射 $\Phi \to \Phi'$ 是一对一的. 这意味着当 Φ 遍历所有物理上可实现的态的时候, Φ' 也遍历了全部物理上可实现的态, 同时, 如果态 Φ 和 Ψ 是可区分的, 则 Φ' 和 Ψ' 也是可区分的. 对称性的一个例子, 是沿四矢量 a 的方向平移系统的算子. 这一变换由一个幺正算子 $V(a)$ 表示 [于是 $(V\Phi, V\Psi) = (\Phi, \Psi)$]. 另一个例子是 CPT 算子 Θ, 该算子是反幺正的[即 $(\Theta\Phi, \Theta\Psi) = \overline{(\Phi, \Psi)}$]. 顺便指出, 算子 Θ 将相干子空间变换到电荷数和重子数与原先为相反数的子空间. 显然, 幺正算子和反

　　[④]完备对易集是典型的 Dirac 用语, 它也被称作极大 Abel 集.

幺正算子都满足 (1.1) 式. 实际上, 所有的映射 $\Phi \to \Phi'$ 都决定了唯一的满足 (1.1) 式的变换 $\Phi \to \Phi'$, 并且这个变换或者是幺正的, 或者是反幺正的 (参见文献 1).

定理 1.1 令 $\Phi \to \Phi'$ 是满足对易超选择定则假设的物理理论的对称性. 如果这一对称性将每一个相干子空间映射到自身, 则对于每一个相干子空间存在一个幺正或反幺正的算子 V, 使得对于该相干子空间中所有物理上可实现的态都有

$$\Phi' = V\Phi. \tag{1.2}$$

算子 V 被唯一确定到相差一个常数相位.

如果对称性不保持相干子空间不变, 则它是从一个相干子空间到另一个相干子空间的一一映射. 该映射是幺正或反幺正的, 且唯一确定到相差一个常数相位.

在此, 我们不打算给出这一定理的证明, 只就它的本质做一说明: 虽然一对一的射线对应 $\Phi \to \Phi'$ 能够通过背后 Hilbert 空间上的若干不同的矢量间的对应 $\Phi \to \Phi'$ 中的一个给出, 然而一般而言, 这样的对应既不是线性的, 也不是反线性的, 也就是说,

$$\alpha\Phi' + \beta\Psi' = (\alpha\Phi + \beta\Psi)'$$

和

$$\bar{\alpha}\Phi' + \bar{\beta}\Psi' = (\alpha\Phi + \beta\Psi)'$$

都是不成立的. 这个定理断言, 考虑一个相干子空间中的矢量, 则一定存在一个线性或者反线性 (互相排斥, 不可同时存在!) 变换, 能够诱导出射线间的映射. 同时, 这个线性或者反线性变换被唯一确定到相差一个常数相位的程度.

我们进入关于对称性操作的最后一个讨论. 我们的定义明显地将任意幺正或反幺正算子都当作一个对称性算子. 定理 1.1 进一步告诉我们, 本质上它们就是全部对称性. 那么, 一个系统如何能比另外一个具有更高的对称性呢? 答案隐藏于对于对称性操作的物理诠释中. 考虑这样一个理论, 其中包含两个自旋为 0 的粒子, 它们的坐标和动量算子记为 $q_1(t), q_2(t), p_1(t), p_2(t)$. 我们总可以定义可观测量到自身的映射 $q_j(t) \to -q_j(t), p_j(t) \to -p_j(t)$. 然而只有当系统具有空间反射对称性的时候, 这一映射才可能被一个不依赖于时间的幺正算子 V 诱导出来[5]:

$$V q_j(t) V^{-1} = -q_j(t), \qquad V p_j(t) V^{-1} = -p_j(t), \qquad j = 1, 2. \tag{1.3}$$

另一方面, 即便系统不是空间反射不变的, 即 (1.3) 式不成立, 仍然有可能定义一个幺正算子 V, 使得它是质心坐标算子和总动量算子的宇称算子. 比如, V 可以

---

[5]译者注: 用学过量子力学的当代读者可能更熟悉的表述方式, 就是只有与 Hamilton 量对易的幺正或反幺正变换, 才是物理的对称性.

满足

$$V\boldsymbol{q}_1(t)V^{-1} = -\boldsymbol{q}_2(t), \qquad V\boldsymbol{q}_2(t)V^{-1} = -\boldsymbol{q}_1(t),$$
$$V\boldsymbol{p}_1(t)V^{-1} = -\boldsymbol{p}_2(t), \qquad V\boldsymbol{p}_2(t)V^{-1} = -\boldsymbol{p}_1(t).$$

由此得

$$V\left(\boldsymbol{q}_1(t) + \boldsymbol{q}_2(t)\right)V^{-1} = -\left(\boldsymbol{q}_1(t) + \boldsymbol{q}_2(t)\right),$$
$$V\left(\boldsymbol{p}_1(t) + \boldsymbol{p}_2(t)\right)V^{-1} = -\left(\boldsymbol{p}_1(t) + \boldsymbol{p}_2(t)\right).$$

这个例子向我们清晰地展示了, 只有当我们指定了将对系统的可观测量进行什么样的空间反射的时候, 断言一个物理系统具有空间反射对称性才是有意义的. 在本章的余下各节中, 我们默认对于相对论变换已经自带了这种特指. 在第三章中, 我们将从场出发, 对相对论变换的这一特指给出显式的定义.

1.3　Lorentz 群与 Poincaré 群

相对论量子理论中最重要的对称性源于 Lorentz 变换. 因此, 接下来我们准备花一些篇幅来明确本书中有关这些对称性的符号约定, 并罗列它们的主要性质.

利用通常对重复指标的自动求和规则, 两个四矢量 $x = (x^0, x^1, x^2, x^3)$ 和 $y = (y^0, y^1, y^2, y^3)$ 的 Lorentz 不变标量积可以写作

$$x \cdot y = x^0 y^0 - \boldsymbol{x} \cdot \boldsymbol{y} \equiv x^\mu g_{\mu\nu} y^\nu \equiv x^\mu y_\mu. \tag{1.4}$$

上述定义中,

$$y_\mu = g_{\mu\nu} y^\nu,$$

且 $g^{\mu\nu} = g_{\mu\nu}$ 为矩阵

$$G = \begin{pmatrix} 1 & 0 & 0 & 0 \\ 0 & -1 & 0 & 0 \\ 0 & 0 & -1 & 0 \\ 0 & 0 & 0 & -1 \end{pmatrix}$$

的 μ, ν 分量.

一个 Lorentz 变换 Λ 是从时空映射到自身的保内积 (1.4) 的线性变换, 换言之: $(\Lambda x) \cdot (\Lambda y) = x \cdot y$. 如果 $(\Lambda x)^\mu = \Lambda^\mu{}_\nu x^\nu$, 则变换对应的 (实) 矩阵 $\Lambda^\mu{}_\nu$ 一定满足

$$\Lambda^\kappa{}_\mu \Lambda_{\kappa\nu} = g_{\mu\nu} \quad \text{或} \quad \Lambda^{\mathrm{T}} G \Lambda = G, \tag{1.5}$$

其中 Λ 的转置 Λ^{T} 定义为 $(\Lambda^{\mathrm{T}})^{\mu}{}_{\nu} = \Lambda^{\nu}{}_{\mu}$, 且 Λ 的指标下降操作为

$$\Lambda_{\kappa\nu} = g_{\kappa\sigma}\Lambda^{\sigma}{}_{\nu} = (G\Lambda)_{\kappa\nu}.$$

若 Λ 和 M 满足 (1.5) 式, 则 ΛM 和 Λ^{-1} 也满足该式, 其中

$$(\Lambda M)^{\mu}{}_{\nu} = \Lambda^{\mu}{}_{\kappa}M^{\kappa}{}_{\nu},$$
$$(\Lambda^{-1})^{\mu}{}_{\kappa}\,\Lambda^{\kappa}{}_{\nu} = g^{\mu}{}_{\nu} = \begin{cases} 0, & \mu \neq \nu, \\ 1, & \mu = \nu. \end{cases} \tag{1.6}$$

上述关系说明 Lorentz 变换的全体构成一个群, 这个群称为 Lorentz 群, 记作 L. 当两个 Lorentz 变换 Λ 和 M 的所有矩阵元 $\Lambda^{\mu}{}_{\nu}$ 和 $M^{\mu}{}_{\nu}$ 都相近的时候, 它们被定义为邻近的. 显然, 在这种定义下, Λ^{-1} 和 ΛM 是 Λ 和 M 的连续函数. 同时, 这一定义使得 "两个 Lorentz 变换可以用一条由 Lorentz 变换构成的连续曲线连接起来" 这样的说法, 具有了清晰而明确的含义[⑥].

L 具有四个连通分支, 即每个分支内部的 Lorentz 变换都是互相连通的, 而不同连通分支的 Lorentz 变换之间则是互不连通的. 理解这一结论, 只需要注意到 $\det \Lambda$ 和 $\operatorname{sgn} \Lambda^{0}{}_{0}$ 都是矩阵元 $\Lambda^{\mu}{}_{\nu}$ 的连续函数. 并且 $\det \Lambda = \pm 1$, $\Lambda^{0}{}_{0} \geqslant 1$ 或 $\leqslant -1$. [前一个等式只需要对 (1.5) 式求行列式即可得到, 第二个等式也容易由 (1.5) 式的 00 分量得到, 该分量给出

$$\left(\Lambda^{0}{}_{0}\right)^{2} - \sum_{j=1}^{3}\left(\Lambda^{j}{}_{0}\right)^{2} = 1,$$

于是 $|\Lambda^{0}{}_{0}| \geqslant 1$.] 因此, $\det \Lambda$ 和 $\operatorname{sgn} \Lambda^{0}{}_{0}$ 在每个连通分支中一定为常数, 具体的四种可能的组合为

$$\begin{aligned} L_{+}^{\uparrow} &: \det \Lambda = +1,\ \operatorname{sgn} \Lambda^{0}{}_{0} = +1,\ \text{该连通分支包含 } 1, \\ L_{-}^{\uparrow} &: \det \Lambda = -1,\ \operatorname{sgn} \Lambda^{0}{}_{0} = +1,\ \text{该连通分支包含 } I_{s}, \\ L_{+}^{\downarrow} &: \det \Lambda = +1,\ \operatorname{sgn} \Lambda^{0}{}_{0} = -1,\ \text{该连通分支包含 } I_{st}, \\ L_{-}^{\downarrow} &: \det \Lambda = -1,\ \operatorname{sgn} \Lambda^{0}{}_{0} = -1,\ \text{该连通分支包含 } I_{t}. \end{aligned} \tag{1.7}$$

这里 Lorentz 变换 I_{s}(空间反射)、I_{t}(时间反演) 和 I_{st}(时空反演) 定义为

$$\begin{aligned} (I_{s}x)^{0} &= x^{0}, & (I_{s}x)^{j} &= -x^{j},\ j = 1,2,3, \\ (I_{t}x)^{0} &= -x^{0}, & (I_{t}x)^{j} &= x^{j},\ j = 1,2,3, \\ (I_{st}x) &= -x = (I_{s}I_{t}x). \end{aligned} \tag{1.8}$$

[⑥]译者注: 换言之, 这里指定了 L 上的一个拓扑, 从而使得关于拓扑空间的一般结论可以适用于 Lorentz 群. 有兴趣的读者可以通过在 L 上定义度规的方式, 明确地写下这一拓扑.

显然, I_s 是从 $L_-^\uparrow$ 到 $L_+^\uparrow$ 的双射, I_t 是从 $L_-^\downarrow$ 到 $L_+^\uparrow$ 的双射, I_{st} 是从 $L_+^\downarrow$ 到 $L_+^\uparrow$ 的双射. 所有满足 $\Lambda^0{}_0 \geqslant +1$ 的 Λ 称为正时的 (orthochronous), 满足 $\det \Lambda = +1$ 的 Λ 称为正常的 (proper), 满足 $\operatorname{sgn} \Lambda^0{}_0 \det \Lambda = +1$ 的 Λ 称为正统的 (orthochorous). 为了完成对我们论断的证明, 只需要说明 $L_+^\uparrow$ 是连通的即可. 这一点通常通过证明任意的 $\Lambda \in L_+^\uparrow$ 都可以分解为

$$\Lambda = \Lambda_1 \Lambda_2 \Lambda_3 \tag{1.9}$$

来说明. 在这一分解中, Λ_1 和 Λ_3 为转动, 而 Λ_2 为沿第三坐标轴的纯 Lorentz 变换. Λ_2 可以显式地写为

$$x \to \hat{x} = \Lambda_2 x,$$

其中

$$
\begin{aligned}
\hat{x}^0 &= x^0 \cosh \chi + x^3 \sinh \chi, \\
\hat{x}^3 &= x^0 \sinh \chi + x^3 \cosh \chi, \qquad \tanh \chi = \frac{v}{c}, \\
\hat{x}^1 &= x^1, \qquad \hat{x}^2 = x^2.
\end{aligned}
\tag{1.10}
$$

我们可以从任意具有 (1.9) 式形式的变换出发, 通过连续地改变转动 Λ_1 和 Λ_3 的转动轴和转动角度, 以及 Λ_2 中的参数 χ, 将它变为任意另一具有 (1.9) 式形式的变换. 在这里, 我们不准备证明 (1.9) 式, 感兴趣的读者可以查阅本章的文献 7. 这样, 我们就证明了 L 包含四个连通分支. 图 1.1 中展示了这些连通分支.

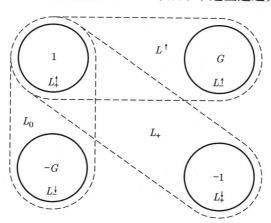

图 1.1　Lorentz 群 L 的连通性质及其子群: 正常 Lorentz 群 L_+、正时 Lorentz 群 $L^\uparrow$、正统 Lorentz 群 L_0, 以及限制 Lorentz 群 $L_+^\uparrow$.

在图 1.1 中, 我们还明确了 L 的三个重要的子群:

$$L^\uparrow = L_+^\uparrow \cup L_-^\uparrow: \quad \text{正时 Lorentz 群,}$$
$$L_+ = L_+^\uparrow \cup L_+^\downarrow: \quad \text{正常 Lorentz 群,}$$
$$L_0 = L_+^\uparrow \cup L_-^\downarrow: \quad \text{正统 Lorentz 群.}$$

与限制 Lorentz 群 $L_+^\uparrow$ 相关的, 是行列式为 1 的 2×2 复矩阵, 记作 $SL(2, C)$ (S 意为特殊的, 表示行列式为 1, L 意为线性的, 2 表示维数, C 表示取值在复数域上). 描述旋量的变换性质非常重要. $L_+^\uparrow$ 与 $SL(2, C)$ 的联系, 可以通过如下方法得到. 对于任意四矢量 x, 与之对应的 2×2 矩阵可以取为

$$\underset{\sim}{x} = \begin{pmatrix} x^0 + x^3 & x^1 - ix^2 \\ x^1 + ix^2 & x^0 - x^3 \end{pmatrix} = \sum_{\mu=0}^{3} x^\mu \sigma^\mu = x^0 \mathbf{1} + \boldsymbol{x} \cdot \boldsymbol{\tau}, \tag{1.11}$$

其中

$$\tau^0 = \begin{pmatrix} 1 & 0 \\ 0 & 1 \end{pmatrix}, \quad \tau^1 = \begin{pmatrix} 0 & 1 \\ 1 & 0 \end{pmatrix}, \quad \tau^2 = \begin{pmatrix} 0 & -i \\ i & 0 \end{pmatrix}, \quad \tau^3 = \begin{pmatrix} 1 & 0 \\ 0 & -1 \end{pmatrix}.$$

反过来, 任意 2×2 矩阵 X 确定一个四矢量:

$$x^\mu = \frac{1}{2} \text{tr} (X \tau^\mu) \quad \text{且} \quad X = \underset{\sim}{x}. \tag{1.12}$$

当 x^μ 是实数时, $\underset{\sim}{x}$ 是厄米矩阵: $\underset{\sim}{x}^* = \underset{\sim}{x}$. 如果 X 是厄米矩阵, (1.12) 式给出实四矢量. 注意到

$$\det \underset{\sim}{x} = x^\mu x_\mu, \quad \frac{1}{2} [\det(\underset{\sim}{x} + \underset{\sim}{y}) - \det \underset{\sim}{x} - \det \underset{\sim}{y}] = x^\mu y_\mu, \tag{1.13}$$

于是若 A 是任意行列式为 1 的 2×2 矩阵, 则

$$\underset{\sim}{\hat{x}} = A \underset{\sim}{x} A^* \tag{1.14}$$

定义了一个由四矢量 x 到四矢量 $\hat{x}$ 的线性映射, 且满足 $(\hat{x})^\mu (\hat{y})_\mu = x^\mu y_\mu$, 因而是一个 Lorentz 变换. 记这个 Lorentz 变换为 $\Lambda(A)$. 实际上, $\Lambda(A)$ 是限制 Lorentz 变换. 这一结论可以由连续性论证得出: 在 (1.14) 式中我们可以将 A 连续变化到单位矩阵, 与之对应的 $\Lambda(A)$ 也随之连续变化到恒等变换, 因此 $\Lambda(A) \in L_+^\uparrow$. 显然, $\Lambda(-A) = \Lambda(A)$. 请读者自行验证: 若 $\Lambda(A) = \Lambda(B)$, 则 $A = \pm B$. 对应 $A \to \Lambda(A)$ 具有如下性质:

$$\Lambda(A)\Lambda(B) = \Lambda(AB), \quad \Lambda(1) = 1. \tag{1.15}$$

换言之, $A \to \Lambda(A)$ 是 $SL(2,C)$ 到 $L_+^\uparrow$ 上的同态.

后文中, 我们还要用到另一个矢量与 2×2 矩阵之间的对应:

$$\tilde{x} = \sum_{\mu=0}^{3} x_\mu \sigma^\mu = x^0 \mathbf{1} - \boldsymbol{x} \cdot \boldsymbol{\tau}. \tag{1.16}$$

有关系

$$A^* \tilde{x} A = \tilde{y}, \quad 其中 \quad y = \Lambda(A^{-1})x, \tag{1.17}$$

这是由于

$$\left(\tau^2\right) \left(\tau^\mu\right)^{\mathrm{T}} \left(\tau^2\right)^{-1} = g^{\mu\mu} \tau^\mu,$$

其中 τ^2 由 (1.11) 式给出. 作为上式的结论,

$$\tau^2 (\underset{\sim}{x})^{\mathrm{T}} \left(\tau^2\right)^{-1} = \tilde{x}$$

且

$$\tau^2 A^{\mathrm{T}} \left(\tau^2\right)^{-1} = A^{-1}, \tag{1.18}$$

其中 A 的行列式为 1.

另一个与 Lorentz 群 L 相联系的群, 是复 Lorentz 群, 记作 $L(C)$. 我们将会看到, 它在 PCT 定理的证明中扮演着至关重要的角色. 它由所有满足 (1.5) 式的复矩阵组成. 前文中对 $\det \Lambda = \pm 1$ 的论证同样适用于复 Lorentz 群 $L(C)$, 因此它至少有两个由 $\det \Lambda$ 的符号决定的连通分支 $L_\pm(C)$. 事实上, 它只有两个连通分支. 在 L 中不连通的 1 和 -1, 在 $L(C)$ 中是连通的. 考虑例如 Λ^μ_ν 的连续曲线:

$$\Lambda_t = \begin{pmatrix} \cosh it & 0 & 0 & \sinh it \\ 0 & \cos t & -\sin t & 0 \\ 0 & \sin t & \cos t & 0 \\ \sinh it & 0 & 0 & \cosh it \end{pmatrix}, \qquad 0 \leqslant t \leqslant \pi.$$

当 t 从 0 变到 π 时, 这条曲线连接了 1 和 -1. 图 1.2 展示了 $L(C)$ 的连通性质.

正如限制 Lorentz 群 $L_+^\uparrow$ 对应 $SL(2,C)$, 正常复 Lorentz 群对应 $SL(2,C) \otimes SL(2,C)$. 后者是所有行列式为 1 的 2×2 复矩阵对按照乘法

$$\{A_1, B_1\}\{A_2, B_2\} = \{A_1 A_2, B_1 B_2\}$$

构成的群.

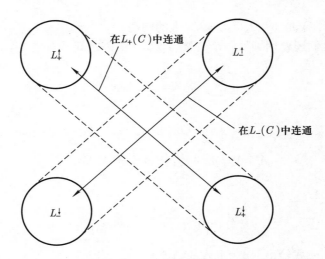

图 1.2　复 Lorentz 群 $L(C)$ 的连通性质. 它包含两个连通分支: 正常复 Lorentz 群 $L_+(C)$, 包含 $L_+^\uparrow$ 和 $L_+^\downarrow$; $L_-(C)$, 包含 $L_-^\uparrow$ 和 $L_-^\downarrow$.

矩阵对 $\{A, B\}$ 与相应的正常复 Lorentz 变换的对应法则可以类比 (1.14) 式得到:

$$\hat{\underset{\sim}{x}} = A\, \underset{\sim}{x}\, B^{\mathrm{T}}. \tag{1.19}$$

这里 $\underset{\sim}{x}$ 仍然由 (1.11) 式定义, 区别在于此处 x^μ 为复数. 显然

$$\Lambda(A_1, B_1)\Lambda(A_2, B_2) = \Lambda(A_1 A_2, B_1 B_2), \tag{1.20}$$

且 $\Lambda(1, 1) = 1$. 容易看出, 给出 $\Lambda(A, B)$ 的矩阵对只能是 $(\pm A, \pm B)$, 作为特殊情况,

$$\Lambda(-1, 1) = \Lambda(1, -1) = -1. \tag{1.21}$$

迄今为止我们讨论的所有群, 都对应一个非齐次群, 其元素由平移和齐次变换组成. 比如 Poincaré 群 $\mathscr{P}$, 其元素为 $\{a, \Lambda\}$, 其中 $\Lambda \in L$, 相应的乘法运算定义为

$$\{a_1, \Lambda_1\}\{a_2, \Lambda_2\} = \{a_1 + \Lambda_1 a_2, \Lambda_1 \Lambda_2\}. \tag{1.22}$$

这样的乘法定义, 可以从 $\{a, \Lambda\}$ 对应的线性变换法则

$$x \to \Lambda x + a$$

得到. $\det \Lambda$ 和 $\operatorname{sgn} \Lambda^0{}_0$ 将 $\mathscr{P}$ 分为四个连通分支, 它们分别被记作 $\mathscr{P}_+^\uparrow$, $\mathscr{P}_-^\uparrow$, $\mathscr{P}_+^\downarrow$ 和 $\mathscr{P}_-^\downarrow$. 复 Poincaré 群 $\mathscr{P}(C)$ 包含复平移, 其乘法规则仍然由 (1.22) 式给出. 它由

$\det \Lambda$ 分为 $\mathscr{P}_{\pm}(C)$ 两个分支. 与 $SL(2,C)$ 对应的非齐次群没有特殊的名称, 我们将其称为非齐次 $SL(2,C)$. 它的元素为 $\{a, A\}$, 其中 a 是平移而 $A \in SL(2,C)$, 群乘法为

$$\{a_1, A_1\}\{a_2, A_2\} = \{a_1 + \Lambda(A_1)a_2, A_1 A_2\}. \tag{1.23}$$

有时候, 将 $\Lambda(A)a$ 简写为 Aa 能够带来一定的便利, 因此在本书中我们会采用这样的简写. 类似地, $SL(2,C) \otimes SL(2,C)$ 对应的非齐次群的元素为 $\{a, \{A, B\}\}$, 其中 a 为复平移而 $A, B \in SL(2,C)$, 乘法法则为

$$\{a_1, \{A_1, B_1\}\}\{a_2, \{A_2, B_2\}\} = \{a_1 + \Lambda(A_1, B_1)a_2, \{A_1 A_2, B_1 B_2\}\}. \tag{1.24}$$

本书准备研究的理论, 都具有 $\mathscr{P}_+^\uparrow$ 不变性, 或是在 $\mathscr{P}$ 的其他子群作用下具有不变性. 相应的态矢量的幺正或反幺正变换将记作 $U(a, \Lambda)$.

至此, 我们就完成了关于这些群本身的讨论. 我们还需要 $SL(2,C)$ 的矩阵表示的更多知识. 这些是本书第三章中构造场的变换规律所需的基本知识[⑦]. 注意到 $SL(2,C)$ 的任意矩阵表示, 或者说一个满足 $S(\mathbf{1}) = \mathbf{1}$ 和 $S(A)S(B) = S(AB)$ 的对应 $A \to S(A)$, 都可以写为

$$T \begin{pmatrix} S_1(A) & 0 & 0 & \cdots \\ 0 & S_2(A) & 0 & \cdots \\ \vdots & & \vdots & \vdots & \ddots \end{pmatrix} T^{-1}, \tag{1.25}$$

其中 $A \to S_1(A)$, $A \to S_2(A)$ 等等都是不可约表示, T 是确定的线性变换, 因此, 我们只需要描述不可约表示.

考虑量 $\xi_{\alpha_1 \cdots \alpha_j \dot\beta_1 \cdots \dot\beta_k}$ 的集合, 其中指标 α 和 $\dot\beta$ 取值为 1 或 2, ξ 关于 α 指标之间或 $\dot\beta$ 指标之间的置换变换都是对称的. 对于任意的 $A \in SL(2,C)$, 我们定义 ξ 的如下线性变换

$$\xi_{\alpha_1 \cdots \alpha_j \dot\beta_1 \cdots \dot\beta_k} \to \sum_{(\rho)\,(\dot\sigma)} A_{\alpha_1 \rho_1} \cdots A_{\alpha_j \rho_j} \bar{A}_{\dot\beta_1 \dot\sigma_1} \cdots \bar{A}_{\dot\beta_k \dot\sigma_k} \xi_{\rho_1 \cdots \rho_j \dot\sigma_1 \cdots \dot\sigma_k}. \tag{1.26}$$

[指标上方的点, 表示该指标的变换遵循 $\bar{A}$ 而非 A; 标记 (ρ) 代表 $\rho_1 \cdots \rho_j$, $(\dot\sigma)$ 代表 $\dot\sigma_1 \cdots \dot\sigma_k$.] $SL(2,C)$ 的这一表示, 通常被记为 $\mathscr{D}^{(j/2, k/2)}$. [$SL(2,C)$ 的] 任意不可约表示都等价于其中之一.

[⑦]不熟悉 $SL(2,C)$ 群有限维表示的读者, 在初读本书时可以跳过这一部分. 文献 9, 10 是关于这些表示的易读材料, 对于复 Lorentz 群, 还可参见文献 7. 我们在此罗列这些内容, 主要是因为我们在第三章和第四章中希望讨论任意自旋的场.

在行列式为 1 的同时要求 A 是幺正的, 人们就得到了 $SL(2, C)$ 的子群 $SU(2)$[⑧]. 明显地, 由 (1.14) 式可知 $SU(2)$ 对应三维空间转动群 [若 A 为幺正矩阵, (1.14) 式的迹 $2\hat{x}^0 = 2x^0$]. $SU(2)$ 的不可约表示等价于某一个 $A \to \mathscr{D}^{(j/2,0)}(A)$, 其中 $A \in SU(2)$. 这些表示通常被记作 $\mathscr{D}^{(j/2)}$, 它们就是角动量为 $j/2$ 的系统的变换. 在表示 $A \to \mathscr{D}^{(j/2,k/2)}(A)$ 中将 A 限制在 $SU(2)$ 上得到的表示, 一般而言不是 $SU(2)$ 的不可约表示. 实际上, 它是 $\mathscr{D}^{(j/2)}$ 和 $\mathscr{D}^{(k/2)}$ 的直积, 因而是

$$\mathscr{D}^{\left(\frac{j+k}{2}\right)}, \mathscr{D}^{\left(\frac{j+k}{2}-1\right)}, \ldots, \mathscr{D}^{\left|\frac{j-k}{2}\right|}$$

的直和.

如果将 $\{A, \bar{A}\}$ 替换为 $\{A, B\}$, 表示 $\mathscr{D}^{(j/2,k/2)}$ 可以从 $SL(2, C)$ 解析延拓到 $SL(2, C) \otimes SL(2, C)$. 我们利用线性对应

$$\xi_{\alpha_1\cdots\alpha_j\dot{\beta}_1\cdots\dot{\beta}_k} \to \sum_{(\rho)} \sum_{(\dot{\sigma})} A_{\alpha_1\rho_1} \cdots A_{\alpha_j\rho_j} B_{\dot{\beta}_1\dot{\sigma}_1} \cdots B_{\dot{\beta}_k\dot{\sigma}_k} \xi_{\rho_1\cdots\rho_j\dot{\sigma}_1\cdots\dot{\sigma}_k}$$

定义矩阵 $\mathscr{D}^{(j/2,k/2)}(A, B)$. 显然,

$$\begin{aligned}
\mathscr{D}^{\left(\frac{j}{2},\frac{k}{2}\right)}(1, -1) &= (-1)^k, \\
\mathscr{D}^{\left(\frac{j}{2},\frac{k}{2}\right)}(-1, 1) &= (-1)^j.
\end{aligned} \tag{1.27}$$

当我们讨论 PCT 定理之时, 将利用这一结果.

有时, 我们讨论的旋量场在空间反射 I_s (也被记作 P)、时间反演 I_t (也被记作 T) 及电荷共轭变换 C 下也具有确定的变换性质. 这三个变换按照某种顺序的乘积, 如 PCT, 无论单个变换是否具有常因子, 总是局域场论的一个对称性. 这就是我们在第四章中将要证明的著名的 PCT 定理. 为了解释 PCT 这一名称, 我们在此给出一般旋量在变换 P, C 和 T 下的变换性质.

清晰起见, 我们首先回顾我们关于对称性的描述与三十年前量子场论对对称性的标准描述之间的关系. 在那里, 对称性被描述为理论方程中的算子 A 的一种替换规则 $A \to \hat{A}$. 在 (1.3) 式的例子中, $\boldsymbol{q}_j(t) \to \hat{\boldsymbol{q}}_j(t) = -\boldsymbol{q}_j(t)$, $\boldsymbol{p}_j(t) \to \hat{\boldsymbol{p}}_j(t) = -\boldsymbol{p}_j(t)$ 为空间反射. 只要运动方程在替换 $A \to \hat{A}$ 下具有形式不变性, 这一对称性就一定成立. 通常人们默认对于任一替换都存在满足

$$(\varPhi, \hat{A}\varPhi) = (\hat{\varPhi}, A\hat{\varPhi}) \tag{1.28}$$

的幺正变换 $\varPhi \to \hat{\varPhi}$. 这一方程对于所有的 $\varPhi$ 都成立, 因此若记 $\hat{\varPhi} = U\varPhi$, 它等价于

$$\hat{A} = U^{-1}AU. \tag{1.29}$$

[⑧]译者注: 英文版原书将二维特殊幺正群记为 SU_2, 这里我们遵照绝大多数文献中的习惯, 将它记为 $SU(2)$.

然而, 很快人们就意识到存在另一类重要的对称性, 它们对应的 $\Phi \to \hat{\Phi}$ 为反幺正变换, 即

$$(\hat{\Phi}, A\hat{\Phi}) = (U\Phi, AU\Phi) = \overline{(\Phi, U^{-1}AU\Phi)} = \left(\Phi, (U^{-1}AU)^*\Phi\right),$$

于是当 U 为反幺正变换时, 我们有

$$\hat{A} = (U^{-1}AU)^* \tag{1.30}$$

而不是 (1.29) 式. (1.30) 式给出

$$\widehat{AB} = (U^{-1}ABU)^* = (U^{-1}BU)^*(U^{-1}AU)^* = \hat{B}\hat{A}. \tag{1.31}$$

这一结果会给出一些不寻常的替代规则. 比如, PCT 对称变换 Θ 具有如下性质: 对于带电标量场 φ (严格的定义将在第三章给出),

$$\Theta^{-1}\varphi(x)\Theta = \varphi(-x)^*, \tag{1.32}$$

其中 Θ 是反幺正算子. 因此, PCT 替换规则为: 将 $\varphi(x)$ 替换为 $\varphi(-x)$, 同时将所有算子乘积逆序. 近来, 我们在 1.2 节中采用的刻画对称性的语言, 由于其更为直接和物理, 变得越来越流行. 不过, 由于有助于确定一般旋量场的变换律, 我们在接下来的段落中将同时采用这两种描述语言.

我们的讨论将从坐标矢量 x 和 Dirac 旋量 ψ 这两种简单情况开始.

对时空中的任意实矢量 x, 我们有与之对应的 2×2 厄米矩阵 $\underset{\sim}{x}$. 其矩阵元可以被看作具有一个带点指标和一个不带点指标的二阶旋量的分量:

$$x_{\alpha\dot\beta} = (\underset{\sim}{x})_{\alpha\dot\beta}. \tag{1.33}$$

由于我们约定带点的指标遵循 $\bar{A}$ 变换规律, 这种记法与 $\underset{\sim}{x} \to A\underset{\sim}{x}A^*$ 的变换律是相容的. 这样, 算子 P 和 T 分别由

$$P: \quad \underset{\sim}{x} \to \zeta\bar{\underset{\sim}{x}}\zeta^{-1}, \quad \text{其中} \ \zeta = \mathrm{i}\tau^2 \tag{1.34}$$

和

$$T: \quad \underset{\sim}{x} \to -\zeta\bar{\underset{\sim}{x}}\zeta^{-1} \tag{1.35}$$

给出. 这里 $\bar{\underset{\sim}{x}}$ 是 $\underset{\sim}{x}$ 的复共轭.

为了得到 (1.34) 和 (1.35) 式的线性变换形式, 我们需要引入复共轭旋量

$$x_{\dot\alpha\beta} = (\bar{\underset{\sim}{x}})_{\dot\alpha\beta}. \tag{1.36}$$

于是 $\underset{\sim}{x}$ 的厄米性可以表示为 $x_{\dot{\alpha}\beta} = x_{\beta\dot{\alpha}}$. 在反射和反演变换下的对变换法则分别为

$$P: \quad \begin{pmatrix} x_{\alpha\dot{\beta}} \\ x_{\dot{\alpha}\beta} \end{pmatrix} \rightarrow \begin{pmatrix} 0 & \zeta \otimes \zeta \\ \zeta \otimes \zeta & 0 \end{pmatrix} \begin{pmatrix} x_{\alpha\dot{\beta}} \\ x_{\dot{\alpha}\beta} \end{pmatrix} \tag{1.37}$$

和

$$T: \quad \begin{pmatrix} x_{\alpha\dot{\beta}} \\ x_{\dot{\alpha}\beta} \end{pmatrix} \rightarrow \begin{pmatrix} 0 & -\zeta \otimes \zeta \\ -\zeta \otimes \zeta & 0 \end{pmatrix} \begin{pmatrix} x_{\alpha\dot{\beta}} \\ x_{\dot{\alpha}\beta} \end{pmatrix}. \tag{1.38}$$

这里 $\zeta \otimes \zeta$ 应理解为线性变换的张量积, 即第一个 ζ 作用在第一个指标上、第二个 ζ 作用在第二个指标上.

到此为止, 我们的讨论处理了复值二阶旋量. 接下来我们转而讨论量子理论中满足同样变换规律的算子 $\xi_{\alpha\dot{\beta}}$ (我们不拘泥于任何特定的物理诠释). 这时 (1.37) 和 (1.38) 式应被理解为算子 $(\xi_{\alpha\dot{\beta}})^* = \xi_{\dot{\alpha}\beta}$ 的替换规则. 因为空间反射为幺正算子 $U(I_s)$, 时间反演为反幺正算子 $U(I_t)$, 我们有

$$P: \quad U(I_s)^{-1} \begin{pmatrix} \xi_{\alpha\dot{\beta}} \\ \xi_{\dot{\alpha}\beta} \end{pmatrix} U(I_s) = \begin{pmatrix} 0 & \zeta \otimes \zeta \\ \zeta \otimes \zeta & 0 \end{pmatrix} \begin{pmatrix} \xi_{\alpha\dot{\beta}} \\ \xi_{\dot{\alpha}\beta} \end{pmatrix}, \tag{1.39}$$

而

$$T: \quad \left[U(I_t)^{-1} \begin{pmatrix} \xi_{\alpha\dot{\beta}} \\ x_{\dot{\alpha}\beta} \end{pmatrix} U(I_t) \right]^* = - \begin{pmatrix} 0 & \zeta \otimes \zeta \\ \zeta \otimes \zeta & 0 \end{pmatrix} \begin{pmatrix} \xi_{\alpha\dot{\beta}} \\ \xi_{\dot{\alpha}\beta} \end{pmatrix},$$

即

$$U(I_t)^{-1} \begin{pmatrix} \xi_{\alpha\dot{\beta}} \\ x_{\dot{\alpha}\beta} \end{pmatrix} U(I_t) = - \begin{pmatrix} \zeta \otimes \zeta & 0 \\ 0 & \zeta \otimes \zeta \end{pmatrix} \begin{pmatrix} \xi_{\alpha\dot{\beta}} \\ \xi_{\dot{\alpha}\beta} \end{pmatrix}. \tag{1.40}$$

第二个简单的例子, 是四分量 Dirac 旋量 ψ. 在这个例子中我们将看到 P 和 T 变换的另一个非平凡实现, 同时还有 C 变换的非平凡实现. ψ 满足

$$\left(\gamma^\mu \frac{\partial}{\partial x^\mu} + m \right) \psi(x) = 0, \tag{1.41}$$

其中 4×4 矩阵 γ^μ 为方程

$$\gamma^\mu \gamma^\nu + \gamma^\nu \gamma^\mu = -2g^{\mu\nu} \tag{1.42}$$

的解[9]. 于是存在 $SL(2, C)$ 的 4×4 表示 $A \rightarrow S(A)$ 满足

$$S(A)^{-1} \gamma^\mu S(A) = \Lambda^\mu_{\ \nu}(A) \gamma^\nu. \tag{1.43}$$

---

[9]译者注: 此处对于 γ 矩阵 (及其反对易关系) 的定义与很多文献中相差一个因子 i(-1).

旋量的变换律为 $\psi(x) \to S(A)\psi(A^{-1}x)$. A 与 $S(A)$ 的对应关系可以显式地写为

$$S(A) = (a^0\mathbf{1} + \boldsymbol{a}\cdot\boldsymbol{\sigma})\frac{1}{2}(1 + \mathrm{i}\gamma_5) + (\bar{a}^0\mathbf{1} - \bar{\boldsymbol{a}}\cdot\boldsymbol{\sigma})\frac{1}{2}(1 - \mathrm{i}\gamma_5), \tag{1.44}$$

其中

$$\gamma_5 = \gamma^0\gamma^1\gamma^2\gamma^3, \qquad \boldsymbol{\sigma} = -\mathrm{i}\gamma_5\boldsymbol{\alpha} = -\mathrm{i}\gamma_5\gamma^0\boldsymbol{\gamma},$$

且

$$A = \sum_{\mu=0}^{3} a^\mu \tau^\mu, \qquad \det A = a^2 = 1.$$

证明 (1.44) 式确实满足 (1.43) 式, 需要一些 γ 矩阵运算的技巧, 还必须用到关系 (1.18).

    存在一种替代法则, 使得 Dirac 方程的 P, C 和 T 为[⑩]

$$
\begin{aligned}
P: &\quad \psi(x) \to -\gamma^0\psi(I_s x), \\
C: &\quad \psi(x) \to C^{-1}\overline{\psi(x)} = \psi^C(x), \\
T: &\quad \psi(x) \to -\gamma^0\gamma_5\psi^C(I_t x) = -\gamma^0\gamma_5 C^{-1}\overline{\psi(I_t x)},
\end{aligned}
\tag{1.45}
$$

其中 C 是满足

$$C\gamma^\mu C^{-1} = \bar{\gamma}^\mu$$

的矩阵. γ 矩阵和 C 矩阵的一种可行的实现为

$$\gamma^0 = -\mathrm{i}\begin{pmatrix} 0 & 1 \\ 1 & 0 \end{pmatrix}, \quad \boldsymbol{\gamma} = -\mathrm{i}\begin{pmatrix} 0 & -\boldsymbol{\tau} \\ \boldsymbol{\tau} & 0 \end{pmatrix}, \quad C = -\begin{pmatrix} 0 & -\zeta \\ \zeta & 0 \end{pmatrix},$$

相应地

$$\mathrm{i}\gamma_5 = \begin{pmatrix} 1 & 0 \\ 0 & -1 \end{pmatrix}, \quad \boldsymbol{\sigma} = \begin{pmatrix} \boldsymbol{\tau} & 0 \\ 0 & \boldsymbol{\tau} \end{pmatrix}, \quad S(A) = \begin{pmatrix} A & 0 \\ 0 & \zeta^{-1}\bar{A}\zeta \end{pmatrix}.$$

在这一表象下, Dirac 方程可以写作关于两个二分量对象 ξ, χ 的一对方程:

$$
\begin{aligned}
\mathrm{i}\left(-\frac{\partial}{\partial x^0} + \sum_{j=1}^{3}\tau^j\frac{\partial}{\partial x^j}\right)\chi + m\xi = 0, \\
\mathrm{i}\left(-\frac{\partial}{\partial x^0} - \sum_{j=1}^{3}\tau^j\frac{\partial}{\partial x^j}\right)\xi + m\chi = 0,
\end{aligned}
\tag{1.46}
$$

[⑩]这里的 $\overline{\psi(x)}$ 表示 $\psi(x)$ 的复共轭, 而不是通常文献中的 $\overline{\psi(x)}^{\mathrm{T}}\gamma^0$.

其中 $\psi = \begin{pmatrix} \xi \\ \chi \end{pmatrix}$.

二分量的 $\eta_{\dot{\alpha}} = (\zeta\chi)_{\dot{\alpha}}$ 在 $SL(2,C)$ 下的变换性质与 ξ 的复共轭相同 (虽然与 ξ 自身不同). 因此 $\xi_\alpha, \eta_{\dot{\alpha}}$ 的替换规则为

$$
\begin{aligned}
P: \quad & \begin{pmatrix} \xi_\alpha \\ \eta_{\dot{\alpha}} \end{pmatrix} \to \mathrm{i} \begin{pmatrix} 0 & -\zeta \\ \zeta & 0 \end{pmatrix} \begin{pmatrix} \xi_\alpha \\ \eta_{\dot{\alpha}} \end{pmatrix}, \\
C: \quad & \begin{pmatrix} \xi_\alpha \\ \eta_{\dot{\alpha}} \end{pmatrix} \to \begin{pmatrix} 0 & 1 \\ 1 & 0 \end{pmatrix} \begin{pmatrix} \bar{\xi}_\alpha \\ \bar{\eta}_{\dot{\alpha}} \end{pmatrix}, \\
T: \quad & \begin{pmatrix} \xi_\alpha \\ \eta_{\dot{\alpha}} \end{pmatrix} \to \begin{pmatrix} \zeta & 0 \\ 0 & \zeta \end{pmatrix} \begin{pmatrix} \bar{\xi}_\alpha \\ \bar{\eta}_{\dot{\alpha}} \end{pmatrix}.
\end{aligned}
\tag{1.47}
$$

借助于 (1.29) 和 (1.30) 式, 我们可以把这些变换律解释为算子在 P, C 和 T 变换下的替换规则. 于是,

$$
\begin{aligned}
U(I_s)^{-1} \begin{pmatrix} \xi_\alpha \\ \eta_{\dot{\alpha}} \end{pmatrix} U(I_s) &= \mathrm{i} \begin{pmatrix} 0 & -\zeta \\ \zeta & 0 \end{pmatrix} \begin{pmatrix} \xi_\alpha \\ \eta_{\dot{\alpha}} \end{pmatrix}, \\
U(C)^{-1} \begin{pmatrix} \xi_\alpha \\ \eta_{\dot{\alpha}} \end{pmatrix} U(C) &= \begin{pmatrix} 0 & 1 \\ 1 & 0 \end{pmatrix} \begin{pmatrix} \xi_\alpha^* \\ \eta_{\dot{\alpha}}^* \end{pmatrix}, \\
U(I_t)^{-1} \begin{pmatrix} \xi_\alpha \\ \eta_{\dot{\alpha}} \end{pmatrix} U(I_t) &= \begin{pmatrix} \zeta & 0 \\ 0 & \zeta \end{pmatrix} \begin{pmatrix} \xi_\alpha \\ \eta_{\dot{\alpha}} \end{pmatrix},
\end{aligned}
\tag{1.48}
$$

$$
\Theta^{-1} \begin{pmatrix} \xi_\alpha \\ \eta_{\dot{\alpha}} \end{pmatrix} \Theta = \mathrm{i} \begin{pmatrix} -1 & 0 \\ 0 & 1 \end{pmatrix} \begin{pmatrix} \xi_\alpha^* \\ \eta_{\dot{\alpha}}^* \end{pmatrix},
\tag{1.49}
$$

其中 $U(C)$ 是将一个态变为其电荷共轭态的幺正算子, Θ 是反幺正的 PCT 算子 $U(I_s)U(C)U(I_t)$. 上述两个例子的比较, 启示我们引入如下适用于一般旋量的定义.

替换法则:

$$
\begin{aligned}
P: \quad & \begin{pmatrix} \xi_{(\alpha)(\dot{\beta})} \\ \eta_{(\dot{\alpha})(\beta)} \end{pmatrix} \to \begin{pmatrix} \mathrm{i}, & j+k \text{ 为奇数} \\ 1, & j+k \text{ 为偶数} \end{pmatrix} \\
& \times \begin{pmatrix} 0 & (-1)^j \zeta \otimes \zeta \otimes \cdots \\ (-1)^k \zeta \otimes \zeta \otimes \cdots & 0 \end{pmatrix} \begin{pmatrix} \xi_{(\alpha)(\dot{\beta})} \\ \eta_{(\dot{\alpha})(\beta)} \end{pmatrix}, \\
C: \quad & \begin{pmatrix} \xi_{(\alpha)(\dot{\beta})} \\ \eta_{(\dot{\alpha})(\beta)} \end{pmatrix} \to \begin{pmatrix} 0 & 1 \\ 1 & 0 \end{pmatrix} \begin{pmatrix} \bar{\xi}_{(\alpha)(\dot{\beta})} \\ \bar{\eta}_{(\dot{\alpha})(\beta)} \end{pmatrix}, \\
T: \quad & \begin{pmatrix} \xi_{(\alpha)(\dot{\beta})} \\ \eta_{(\dot{\alpha})(\beta)} \end{pmatrix} \to \begin{pmatrix} \zeta \otimes \zeta \otimes \cdots & 0 \\ 0 & \zeta \otimes \zeta \otimes \cdots \end{pmatrix} \begin{pmatrix} \bar{\xi}_{(\alpha)(\dot{\beta})} \\ \bar{\eta}_{(\dot{\alpha})(\beta)} \end{pmatrix},
\end{aligned}
\tag{1.50}
$$

$$PCT: \begin{pmatrix} \xi_{(\alpha)(\dot\beta)} \\ \eta_{(\dot\alpha)(\beta)} \end{pmatrix} \to \begin{pmatrix} -\mathrm{i}, & j+k \text{ 为奇数} \\ 1, & j+k \text{ 为偶数} \end{pmatrix} \begin{pmatrix} (-1)^j & 0 \\ 0 & (-1)^k \end{pmatrix} \begin{pmatrix} \xi_{(\alpha)(\dot\beta)} \\ \eta_{(\dot\alpha)(\beta)} \end{pmatrix}.$$
(1.51)

这里 $\xi_{(\alpha)(\dot\beta)} = \xi_{\alpha_1\cdots\alpha_j\dot\beta_1\cdots\dot\beta_k}, \eta_{(\dot\alpha)(\beta)} = \eta_{\dot\alpha_1\cdots\dot\alpha_j\beta_1\cdots\beta_k}.$

对于态的变换, 我们有

$$U(I_s)^{-1} \begin{pmatrix} \xi_{(\alpha)(\dot\beta)} \\ \eta_{(\dot\alpha)(\beta)} \end{pmatrix} U(I_s) = \begin{pmatrix} \mathrm{i}, & j+k \text{ 为奇数} \\ 1, & j+k \text{ 为偶数} \end{pmatrix}$$

$$\times \begin{pmatrix} 0 & (-1)^j \zeta \otimes \zeta \otimes \cdots \\ (-1)^k \zeta \otimes \zeta \otimes \cdots & 0 \end{pmatrix} \begin{pmatrix} \xi_{(\alpha)(\dot\beta)} \\ \eta_{(\dot\alpha)(\beta)} \end{pmatrix},$$

$$U(C)^{-1} \begin{pmatrix} \xi_{(\alpha)(\dot\beta)} \\ \eta_{(\dot\alpha)(\beta)} \end{pmatrix} U(C) = \begin{pmatrix} 0 & 1 \\ 1 & 0 \end{pmatrix} \begin{pmatrix} \xi^*_{(\alpha)(\dot\beta)} \\ \eta^*_{(\dot\alpha)(\beta)} \end{pmatrix},$$
(1.52)

$$U(I_t)^{-1} \begin{pmatrix} \xi_{(\alpha)(\dot\beta)} \\ \eta_{(\dot\alpha)(\beta)} \end{pmatrix} U(I_t) = \begin{pmatrix} \zeta \otimes \zeta \otimes \cdots & 0 \\ 0 & \zeta \otimes \zeta \otimes \cdots \end{pmatrix} \begin{pmatrix} \xi_{(\alpha)(\dot\beta)} \\ \eta_{(\dot\alpha)(\beta)} \end{pmatrix},$$

进而有

$$\Theta^{-1} \begin{pmatrix} \xi_{(\alpha)(\dot\beta)} \\ \eta_{(\dot\alpha)(\beta)} \end{pmatrix} \Theta = \begin{pmatrix} \mathrm{i}, & j+k \text{ 为奇数} \\ 1, & j+k \text{ 为偶数} \end{pmatrix} \begin{pmatrix} (-1)^j & 0 \\ 0 & (-1)^k \end{pmatrix} \begin{pmatrix} \xi^*_{(\alpha)(\dot\beta)} \\ \eta^*_{(\dot\alpha)(\beta)} \end{pmatrix}.$$
(1.53)

我们将上式作为对一般旋量在 PCT 变换下的变换律的定义. (1.50) 和 (1.52) 式中的相位约定是高度任意的. 它们与 (1.37) 和 (1.38) 式相差一个负号. 这些差异一般而言 (但并不总是) 在物理上是重要的, 并且给出了一些差异, 比如矢量与赝矢量之间的差异. 关于相位的物理重要性的讨论将在 3.5 节中再次展开. 除 (1.50) 和 (1.52) 式之外, 还有很多给出相同的 PCT 变换 (1.53) 的变换律. 我们在这里仅仅给出一个例子.

1.4 态的相对论变换律

在本节中, 我们将从描述那些简单而又重要的态的相对论变换律入手, 继而推广到完整理论在 Lorentz 变换下的行为.

1.4.1 真空态

在所有观测者眼中, 真空态 Ψ_0 都是一样的. 它的能量为零、动量为零, 角动量也为零. 选定一个矢量 Ψ_0 表示 Ψ_0, 与这些论断相融洽的变换律就可以写成最简单

的形式:

$$U(a, \Lambda)\Psi_0 = \Psi_0, \quad \text{对于任意的 } \{a, \Lambda\} \in \mathscr{P}_+^\uparrow. \tag{1.54}$$

这一规则给出的是 $\mathscr{P}_+^\uparrow$ 的恒等表示: $\{a, \Lambda\} \to 1$. 值得注意的是, 无论系统的其他态之间具有何种相互作用, 真空永远具有这一性质.

1.4.2 单粒子态与其他基本系统

首先考虑最简单的情形, 即无外场存在下的质量为 m 的单一标量粒子. 其四动量满足 $p^2 = m^2$ 且 $p^0 \geqslant 0$, 并且如果我们用满足[①]

$$\int |\Psi(p)|^2 \, \mathrm{d}\Omega_m(p) < \infty,$$

其中

$$\mathrm{d}\Omega_m(p) = \frac{\mathrm{d}^3\boldsymbol{p}}{\sqrt{m^2 + \boldsymbol{p}^2}} \tag{1.55}$$

的复值函数来描述它的态 Ψ, 就会得到合理的变换律

$$(U(a, \Lambda)\Psi)(p) = \mathrm{e}^{\mathrm{i}p \cdot a}\Psi(\Lambda^{-1}p). \tag{1.56}$$

这里的 $U(a, \Lambda)$ 是幺正的, 因为

$$\begin{aligned}
(U(a, \Lambda)\Phi, U(a, \Lambda)\Psi) &= \int \overline{(U(a, \Lambda)\Phi)(p)} \, (U(a, \Lambda)\Psi)(p) \mathrm{d}\Omega_m(p) \\
&= \int \bar{\Phi}(\Lambda^{-1}p)\Psi(\Lambda^{-1}p)\mathrm{d}\Omega_m(p) \\
&= \int \bar{\Phi}(p)\Psi(p)\mathrm{d}\Omega_m(\Lambda p) = (\Phi, \Psi),
\end{aligned}$$

推导中我们用到了 $\mathrm{d}\Omega_m(\Lambda p) = \mathrm{d}\Omega_m(p)$, 而这是由于 $\mathrm{d}\Omega_m(p)$ 是超双曲面 $p^2 = m^2$ 上的不变体元.

[①]这一关系在 Dirac 符号体系下的表述如下: 令 $|p\rangle$ 表示具有四动量 p 的态 (这个态不是本书意义上的态, 因为它是不可归一化的), 且满足连续归一化条件 $\langle p'|p\rangle = \delta(\boldsymbol{p} - \boldsymbol{p}')p^0$. 于是任意具有质量 m 的态 Φ 都可以展开为 $\Phi = \int \mathrm{d}\Omega_m(p)|p\rangle\langle p|\Phi\rangle$. 这样两个态的标量积为

$$(\Phi, \Psi) = \int \mathrm{d}\Omega_m(p)\overline{\langle p|\Phi\rangle}\langle p|\Psi\rangle.$$

$|p\rangle$ 在 $\{a, \Lambda\} \in \mathscr{P}_+^\uparrow$ 下的变换律为

$$U(a, \Lambda)|p\rangle = \mathrm{e}^{\mathrm{i}\Lambda p \cdot a}|\Lambda p\rangle.$$

显然, 我们的 $\Psi(p)$ 就是 $\langle p|\Psi\rangle$.

为了描述质量 $m > 0$ 和具有任意自旋 s 的粒子在相对论变换下的变换性质, 我们需要一点机械式的推广. 我们采用一组自变量为 p、带有 $2s$ 个旋量指标 $\alpha_1 \cdots \alpha_{2s}$ 并且关于这些指标置换对称的复值函数

$$\Psi_{\alpha_1 \cdots \alpha_{2s}}(p)$$

描述态 $\boldsymbol{\Psi}$. 标量积被定义为

$$(\Phi, \Psi) = \int d\Omega_m(p) \sum_{\alpha_1 \cdots \alpha_{2s}} \sum_{\beta_1 \cdots \beta_{2s}} \overline{\Phi}_{\alpha_1 \cdots \alpha_{2s}}(p) \prod_{j=1}^{2s} \left(\frac{\tilde{p}}{m}\right)_{\alpha_j \beta_j} \Psi_{\beta_1 \cdots \beta_{2s}}(p), \quad (1.57)$$

其中 $\tilde{p} = p_\mu \tau^\mu$. 这一标量积的正定性, 即 $(\Phi, \Phi) \geqslant 0$, 且若 $(\Phi, \Phi) = 0$ 则 $\Phi = 0$, 也许并不一目了然. 但实际上这是矩阵 $\tilde{p}/m$ 正定性的自然结果 (其迹与行列式分别为 $2p^0/m$ 和 1, 因此它的本征值均大于零). 我们在此用构造非齐次 $SL(2, C)$ 表示的方式给出态在 $\mathscr{P}_+^\uparrow$ 下的变换:

$$(U(a, A)\Psi)_{\alpha_1 \cdots \alpha_{2s}}(p) = e^{ip \cdot a} \sum_{\beta_1 \cdots \beta_{2s}} \prod_{j=1}^{2s} (A)_{\alpha_j \beta_j} \Psi_{\beta_1 \cdots \beta_{2s}}(A^{-1}p). \quad (1.58)$$

利用 [参见 (1.17) 式]

$$A^* \tilde{p} A = \widetilde{A^{-1}p} \quad (1.59)$$

可知, 这一 $U(a, A)$ 的定义使得它保证标量积不变. 注意 (1.58) 式只含不带点的指标. 为了揭示 (1.58) 式描述的是自旋为 s 的系统, 我们考察幺正变换 A. 这些变换保持 $p = (m, 0, 0, 0)$ 不变. 显然, 静止粒子的振幅依照 (1.26) 式后描述的 $SU(2)$ 群自旋为 s 的表示 $\mathscr{D}^{(s)}$ 变换, 而这正是系统具有自旋 s 这一论断的含义.

类似的变换律也适用于自旋为 s 的零质量粒子. 有兴趣的读者可以查阅本章参考文献.

这些变换律的一个重要性质, 就是它们提供了一个可观测量的极大对易集. 比如, 我们可以选取动量 $\boldsymbol{p}$ 和沿 $\boldsymbol{p}$ 方向的角动量分量. 这样一些极大对易集存在的原因, 在于单粒子态作为 $\mathscr{P}_+^\uparrow$ 的表示是不可约的. 换言之, 任何与所有 $U(a, A)$ 都对易的算子, 一定是恒等算子的常数倍.

如果一个物理系统的态, 在变换律 $\{a, \Lambda\} \to U(a, \Lambda)$ 下构成 $\mathscr{P}_+^\uparrow$ 的不可约表示, 我们就说这个系统是一个基本系统 (elementary system). 基本系统的一个特征, 就是人们无法凭它们在 $U(a, \Lambda)$ 下的变换性质得知这个系统在通常意义下究竟是基本的还是复合的. 这里所谓的基本和复合的通常意义, 与人们常说的电子是基本的, 而氘核是复合的时候所用的, 是一个意思. 基本系统唯一可确定的性质, 就是它

的质量和自旋. 为了强调这一点, 我们引入记号 $[m, s]$ 代表变换律 (1.58). 在任一基本粒子理论中, 基本系统张成理论的 Hilbert 空间 $\mathscr{H}$ 的一个真子空间 $\mathscr{H}_1$.

至少当限定讨论的对象不包含或者可以忽略零质量粒子带来的特殊问题的时候, 我们预期所有稳定的粒子都是基本系统. 这一附加的限制性要求, 与所谓的红外问题相关. 与零质量场耦合的粒子, 会获得一团虚粒子云, 这将改变该粒子的变换律, 使得它可能不具有确定的质量. 为了描述这样的粒子, 需要用质量空间的一个波包来刻画虚粒子云的行为. 这些都是非常有趣且重要的课题. 不过在本书中, 我们不打算讨论这些问题. 因此, 当必要的时候, 我们将假设我们讨论的系统不包含零质量粒子.

1.4.3 双粒子或多粒子态, 碰撞态

给定若干没有相互作用的系统, 人们可以通过对波函数做乘积的方法, 以它们为基石构建组合系统. 如果这些系统中有一些是相同的, 那么相应的波函数乘积必须是对称化或者反对称化的, 具体依赖于这些全同系统遵循的统计. 这一操作唯一确定了组合系统遵从的变换律. 例如, 由两个质量分别为 m_1 和 m_2 的自由标量粒子组成的态 Ψ, 可以用复值函数 $\Psi(p_1, p_2)$ 描述. 这里 $p_1^2 = m_1^2$, $p_2^2 = m_2^2$, 且 $p_1^0 \geqslant 0$, $p_2^0 \geqslant 0$. 此时标量积为

$$(\Phi, \Psi) = \iint \mathrm{d}\Omega_{m_1}(p_1) \mathrm{d}\Omega_{m_2}(p_2) \bar{\Phi}(p_1, p_2) \Psi(p_1, p_2),$$

且变换律为

$$(U(a, \Lambda)\Phi)(p_1, p_2) = \mathrm{e}^{\mathrm{i}(p_1 + p_2) \cdot a} \Phi(\Lambda^{-1} p_1, \Lambda^{-1} p_2).$$

上述变换律可以简记为 $[m_1, 0] \otimes [m_2, 0]$. 如果 $m_1 = m_2 = m$, 且 $\Psi(p_1, p_2)$ 关于两个自变量是交换对称的, 变换律可简写为 $([m, 0] \otimes [m, 0])_s$. 记 $M^2 = (p_1 + p_2)^2$, 则 M 是组合系统的质量. 由于粒子之间的相对动量的可能取值为零到正无穷, 因而 M 的可能值为 $m_1 + m_2$ 到正无穷. $\boldsymbol{p}_1 + \boldsymbol{p}_2 = 0$ 的振幅还依赖于相对动量, 因而在有转动的情况下, 系统可能具有任意轨道角动量. 这意味着组合系统包含子系统 $[M, \ell]$, 其中自旋 ℓ 可以取任意整数, 质量 M 可以在从 $m_1 + m_2$ 到正无穷的区间上任意取值. 进一步, 对于双粒子系统, $[M, \ell]$ 唯一确定了系统的态, 换言之, 无穷小平移和 Lorentz 变换算子 P_μ, $M^{\mu\nu}$ 构成了算子的不可约集. 因此, 每个表示的重复度为 1[⑫].

现在, 让我们思考当基本系统存在相互作用的时候, 变换律会发生什么变化. 假定当系统之间相互远离时这种相互作用会变弱, 人们有理由预期对于无相互作用

[⑫]译者注: 若重复度不止 1 的话, 仅凭 $[M, \ell]$ 就无法唯一地确定系统的状态.

组合系统的任意具有质量 M 与自旋 ℓ 的态, 在相互作用系统中都有一个与之对应的态. 在相互作用系统中, 这个态可能会发生散射, 但是它仍将是相互作用系统的一个可能的态. 另一方面, 相互作用的存在, 可能会催生质量通常会小于 $m_1 + m_2$ 的新束缚态, 但是原则上, 质量更大的束缚态也是可以存在的. 这些都是相互作用导致的额外的基本系统.

类似的论断, 对于三粒子或多粒子的情况也是适用的. 它们与双粒子系统唯一的区别在于, 当组合系统被解构为基本系统时, 对应任意给定的大于组分质量之和的质量和整数自旋, 都存在无穷多独立的态. 也就是说, 此时分解得到的不可约表示的重复度是无穷大. 这一结论可以被直接推广到组分系统具有自旋的情形.

迄今为止的故事告诉我们, 如果人们预先知道了理论预言的一系列具有分立质量的基本系统, 就可以写下理论在 $\mathscr{P}_+^\uparrow$ 下的变换律. 在适当的基底选择下, 这些变换律将会与由具有相同分立质量的无相互作用粒子组成的系统的变换律相同. 比如说, 描述单一种类、质量为 m、不组成束缚态的中性介子的理论, 其能谱将如图 1.3 所示.

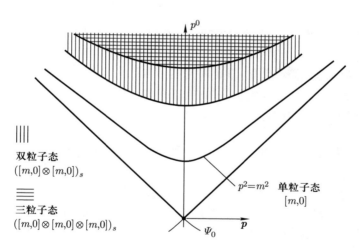

图 1.3 无束缚态中性标量介子理论的能谱.

另一种表达上一段思想的说法是, 理论基本系统的碰撞态与真空态张成整个 Hilbert 空间. 接下来, 我们将用稍为不同的方式具体化这一表述.

给定一个基本子系统的集合, 人们可以构建这样的一些态: 它们最初分离, 而后发生碰撞, 继而产生由基本子系统乘积构成的出射波. 类似地, 通过对速度进行反演, 人们还可以描述入射波为基本子系统乘积的态[15]. 在初始波包趋于平面波的

---

[15]译者注: 这实际上是一个时间反演.

极限下[14], 这些态成为被碰撞束流所属的基本子系统的动量和自旋标记的静态碰撞态 (非归一化的). 满足出射波条件的被称为入态 (in-states)[15]; 满足入射波条件的被称为出态 (out-states). 它们张成的 Hilbert 空间分别被记作 $\mathscr{H}_{\mathrm{in}}$ 和 $\mathscr{H}_{\mathrm{out}}$. 入态和出态的变换性质, 可以通过上述它们对应的束流的变换性质推出. 上述关于 $U(a, \Lambda)$ 的假设的一个更强的版本是 $\mathscr{H}_{\mathrm{in}} = \mathscr{H}_{\mathrm{out}} = \mathscr{H}$. 这一假设通常被称为渐近完备性 (asymptotic completeness). 在渐近完备的理论中, 如果一个算子将一个具有一组给定动量和自旋的出态变换为具有相同动量和自旋的入态, 且这对出态和入态分别是归一化的, 则该算子必然是幺正算子. 这一算子被称为理论的 S 算子 (散射算子). 而 S 矩阵为 $(\Phi^{\mathrm{out}}, \Psi^{\mathrm{in}}) = (\Phi^{\mathrm{in}}, S\Psi^{\mathrm{in}})$[16].

值得注意的是, 一旦人们接受了渐近完备性条件, 无论是否在处理场论问题, 渐近场的概念 (入态场或出态场) 就都已经被唯一确定了 (对场的严格定义将在第三章给出, 在此我们只是简单地提及). 我们只需要定义入态场的产生与湮灭算子 $a_r^{\mathrm{in}}(p)^*$ 和 $a_r^{\mathrm{in}}(p)$. 将它们应用于一个入态, 它们会分别将这个态映射到多一个粒子 (具有动量 p 和 r 携带的自旋) 和少一个粒子的态. 于是入态场为

$$\varphi_\alpha^{\mathrm{in}}(x) = \int \mathrm{d}\Omega_m(p) \left[\sum_r \Psi_\alpha(p, r) \mathrm{e}^{-\mathrm{i}p\cdot x} a_r(p) + \sum_r \Psi_\alpha^{\mathrm{c}}(p, r) \mathrm{e}^{+\mathrm{i}p\cdot x} a_r(p)^* \right],$$

其中 Ψ 是 c-数旋量. [简单起见, 我们考虑的是自己为自身反粒子的粒子, 否则的话, $\varphi_\alpha^{\mathrm{in}}(x)$ 不会等于其复共轭, 表达式中的 $a_r(p)^*$ 也必须被反粒子产生算子 $b_r(p)^*$ 取代.] 入态的变换律告诉我们

$$U(a, \Lambda)\varphi_\alpha^{\mathrm{in}}(x)U(a, \Lambda)^{-1} = \sum_{\alpha'} S_{\alpha\alpha'}(\Lambda^{-1})\varphi_{\alpha'}^{\mathrm{in}}(\Lambda x + a).$$

同时, 如果所有的入态场组成的集合是不可约的, 则算子 $U(a, \Lambda)$ 可以用与自由场问题中相同的函数形式写为入态场的函数. 类似的分析也适用于出态场. 由 S 算子的定义有 $S^{-1}\varphi^{\mathrm{in}}(x)S = \varphi^{\mathrm{out}}(x)$.

1.4.4 与相对论不变性一般性分析之间的关系[17]

上述讨论表明, 对于一个相对论不变的理论, 如果它的态矢量空间是由它所包含的基本系统的碰撞态张成的, 那么在适当的基底下, 它具有本质上唯一确定的相

---

[14]译者注: 意指最初的那些分离部分的波包. 作者在这里首先对于碰撞后产生的出射波进行了限制, 即它们必须是基本子系统的乘积, 因而出射波的成分是清晰的.

[15]译者注: 即出射波渐近趋于平面波.

[16]译者注: 根据定义, $S\Phi^{\mathrm{out}} = \Phi^{\mathrm{in}}$, 故由 S 的幺正性有 $(\Phi^{\mathrm{out}}, \Psi^{\mathrm{in}}) = (S\Phi^{\mathrm{out}}, S\Psi^{\mathrm{in}}) = (\Phi^{\mathrm{in}}, S\Psi^{\mathrm{in}})$.

[17]更多的细节可参见文献 5,6,7.

对论变换律. 这一变换律, 与由具有与之相同质量和自旋的基本子系统组成的无相互作用理论所遵循的变换律是相同的. 在我们看来, 任何关于粒子的相对论理论, 如果它的相对论变换律不满足上述规律, 都需要异于寻常的物理解释 (按照约定, 我们在做出上述断言的时候, 忽略了与零质量粒子相关的困难).

将前文中归纳推理性的讨论得到的结果, 与基于 $\mathscr{P}_+^{\uparrow}$ 对称性最一般性要求的相对论不变性的一般分析给出的结果进行比较, 在某种意义上将是有趣的.

定理 1.1 告诉我们, 如果 $\{a, \Lambda\}$ 是系统的对称性, 则对于每一个相干子空间, 一定存在一个被确定到相差一个常数相因子的幺正或反幺正变换 $U(a, \Lambda)$ 与之对应. 在系统的研究中, 我们必须从相应的射线出发, 分析 $U(a, \Lambda)$ 定义中的任意相因子的物理意义. 简要分析如下.

假定 $\mathscr{P}_+^{\uparrow}$ 中的操作 $\{a, \Lambda\}$ 是系统的对称性. 简单起见, 我们假设跃迁概率是群参数的连续函数. 这意味着, 如果 $\boldsymbol{\Phi}$ 和 $\boldsymbol{\Psi}$ 是物理上可实现的态, 且 $\{a, \Lambda\}$ 作用于 $\boldsymbol{\Psi}$ 得到 $\boldsymbol{\Psi}_{a\Lambda}$, 那么

$$|(\boldsymbol{\Phi}, \boldsymbol{\Psi}_{a\Lambda})|^2 \tag{1.60}$$

是关于变量 (a, Λ) 的连续函数. 利用 $\mathscr{P}_+^{\uparrow}$ 结构的知识, 由此假设可以知道算子 $U(a, \Lambda)$ 为相干子空间到其自身的幺正变换 (而不是反幺正变换). 要得到这一结论, 注意恒等变换 $U(0, 1)$ 不改变 $\boldsymbol{\Psi}$, 因此变换后的态不会属于另一相干子空间. 由 (1.60) 式的连续性, 同样的结论适用于恒等变换足够小邻域中的任意变换 $\{a, \Lambda\}$. 由于 $\mathscr{P}_+^{\uparrow}$ 是连通的, 这一论证可以反复使用得到一族邻域, 进而到达 $\mathscr{P}_+^{\uparrow}$ 中的任意元素. $U(a, \Lambda)$ 是幺正而非反幺正变换这一事实, 还可以通过下述简单论证得到: 反幺正变换的平方一定是幺正变换, 而平移和限制 Lorentz 变换总可以写作一个变换的平方.

因此, $\mathscr{P}_+^{\uparrow}$ 不变相干子空间中存在一族依赖于参数 (a, Λ) 的幺正算子 U. $U(a, \Lambda)$ 相差一个相因子的唯一性导致如下结果[⑮]:

$$U(a_1, \Lambda_1)U(a_2, \Lambda_2) = \omega(a_1, \Lambda_1; a_2, \Lambda_2)U(a_1 + \Lambda_1 a_2, \Lambda_1 \Lambda_2),$$

其中 $|\omega| = 1$. 将该式中的 $U(a, \Lambda)$ 替换为 $\mathrm{e}^{\mathrm{i}\alpha(a, \Lambda)}U(a, \Lambda)$, 不会改变这一变换的物理内涵, 只是将 $\omega(a_1, \Lambda_1; a_2, \Lambda_2)$ 改为了 $\exp\mathrm{i}[\alpha(a_1, \Lambda_1) + \alpha(a_2, \Lambda_2) - \alpha(a_1 + \Lambda_1 a_2, \Lambda_1 \Lambda_2)]\omega$. 因此重点在于, 是否存在一种适当的 α 的选取, 使得所有的 ω 可以同时消去. 众所周知的结论是: 总可以通过适当的选取, 使得 $\omega = \pm 1$; 若将 $\mathscr{P}_+^{\uparrow}$ 替换为 $SL(2, C)$, 则可以使 $\omega = +1$, 并且 $\{a, \Lambda\} \rightarrow U(a, \Lambda)$ 为连续幺正表示. 在此, 我们不加证明地给出 Wigner 得到的如下定理.

---

⑮译者注: 英文版原书该式右侧的平移参数为 $a + \Lambda a_2$, 显然为笔误.

定理 1.2 任意差一个因子的 $\mathscr{P}_+^\uparrow$ 的连续幺正表示, 都可以通过适当的相因子选择给出非齐次 $SL(2,C)$ 群的一个连续表示 $\{a,\Lambda\} \to U(a,\Lambda)$.

我们的下一个任务就是, 对这些非齐次 $SL(2,C)$ 群的连续幺正表示的数学上的分析结果做一总结. 任一幺正表示 $\{a,\Lambda\} \to U(a,\Lambda)$ 都幺正等价于一个可以分解为一系列不可约表示的表示. 如果有两个幺正表示, 它们所含的不可约表示的成分, 以及各不可约表示的重复度都是一样的, 则它们是幺正等价的. 不可约表示被一组参数描述, 首先就是描述态的动量的参数. [能动量的概念, 可以有纯粹群论的定义方式. 因为平移群的任意幺正表示都具有形式 $U(a,\mathbf{1}) = \exp \mathrm{i} P^\mu a_\mu$, 其中 P^μ 是互相对易的自伴算子.] 该参数的取值分为六种情况: $p^2 = m^2 > 0, p^0 > 0$; $p^2 = m^2 > 0, p^0 < 0$; $p^2 = 0, p^0 > 0$; $p^2 = 0, p^0 < 0$; $p^2 = -m^2 < 0$; $p = 0$. 对于前两种情况, 这些不可约表示就是前文中讨论过的表示, 并且被参数 $[m,s]$ 描述, $s = 0, \frac{1}{2}, 1, \frac{3}{2}, \cdots$. 负能的表示可以简单地类比得到. 对于第三和第四种情况, 其表示为 $[0,s]$, 且 $s = 0, \pm\frac{1}{2}, \pm 1, \pm\frac{3}{2}, \cdots$, 其中 $\pm$ 反映了具有自旋 $|s|$ 的无质量粒子的螺旋度. 比如, $\left[0, \pm\frac{1}{2}\right]$ 表示分别给出了具有相应螺旋度的中微子和反中微子的变换律, 而 $[0, \pm 1]$ 则是右旋 (左旋) 圆偏振光子的变换律. 负能零质量粒子的表示是类似的. 对于零质量粒子, 存在另一类不同的表示, 但它们描述的系统具有无限大的自旋. 剩下的两种表示分别具有虚质量 ($p^2 < 0$) 和零动量. 它们中唯一具有明显物理意义的就是恒等表示, 即任意 Lorentz 变换在其中都对应恒等变换 $\mathbf{1}$ 的一维 Hilbert 空间. 它描述了真空态的变换规律.

现在, 我们讨论前文中的假设加在变换律上的限制的物理意义. 它包含三个部分.

1. 不存在负能态, 即变换律中不存在负能 $m \geqslant 0$ 和虚质量不可约表示的成分.

2. 存在唯一的 $p = 0$ 的态, 即真空态. 因此, 唯一满足 $p = 0$ 的不可约表示是恒等表示, 其变换律为对态矢量乘以 1.

3. 存在一系列具有确定质量的不可约表示 $[m_i, s_i], i = 1, 2, \cdots$, 它们的乘积组成了具有相应质量和自旋的无相互作用粒子的理论.

诚然, 在第三条假设中, 我们排除了零质量无穷自旋表示, 自然界中并不存在与之对应的态.

在本书的大部分章节中, 我们只用到假设 1 和 2. 假设 3 对于碰撞理论的进一步研究是至关重要的.

参 考 文 献

本章的内容, 通常被公正地称为 Wigner 主义 (Wignerism): 量子力学中的对称性理论. 其原始文献有:

1. E. P. Wigner, *Gruppentheorie und ihre Anwendung auf die Quantenmechanik der Atomspektren*, Friedr. Vieweg Braunschweig, 1931; 英文译版: *Group Theory and Its Application to the Quantum Mechanics of Atomic Spectra*, Academic, New York, 1959. 这篇文献给出了分析量子力学中的对称性的一般方法, 并且对转动群进行了具体的分析.

2. E. P. Wigner, "Über die Operation der Zeitumkehr in der Quantenmechanik", *Gött. Nach.*, 546–559 (1932). 反幺正对称性的概念第一次出现在这篇文献中.

3. E. P. Wigner, "Unitary Representations of the Inhomogeneous Lorentz Group", *Ann. Math.*, **40**, 149 (1939).

4. G. C. Wick, E. P. Wigner, and A. S. Wightman, "Intrinsic Parity of Elementary Particles", *Phys. Rev.*, **88**, 101 (1952). 超选择定则的概念第一次出现在这篇文献中.

下列文献总结了相对论量子力学的应用:

5. A. S. Wightman, "Quelques problèmes mathématiques de la théorie quantique relativiste", pp. 6–11 in *Les problèmes mathématiques de la théorie quantique des champs*, Centre National de la Recherche Scientifique, 1959.

6. A. Barut and A. S. Wightman, "Relativistic Invariance and Quantum Mechanics", *Nuovo Cimento Suppl.*, **14**, 81–94 (1959).

7. A. S. Wightman, "L'Invariance dans la mécanique quantique relativiste", pp. 161–226 in *Dispersion Relations and Elementary Particles*, Wiley, New York, 1960.

8. S. Schweber, *An Introduction to Relativistic Quantum Field Theory*, Part One, Harper and Row, New York, 1961.

9. B. L. van der Waerden, *Die gruppentheoretische Methode in der Quantenmechanik*, Springer, Berlin, 1932.

10. G. Ya. Liubarski, *The Application of Group Theory in Physics*, translated by S. Dedijer, Pergamon, New York, 1960.

文献 5, 6, 7, 8 包含了相当全面的内容. 建议认真的学生完成文献 7 中关于非齐次 Lorentz 群的习题, 它们为本章中相应部分简略的描述提供了很好的补充.

第二章 一些数学工具

在 30 年代的那些岁月里, 一个理论物理学家所需的数学知识, 已经被量子理论微扰论败坏到, 退化得只剩下基本的拉丁和希腊字母表的程度.

——R. Jost

本章中, 我们有两个贯穿始终的数学概念, 那就是分布 (distribution) 和全纯函数 (holomorphic function). 我们将在前四节讨论它们. 最后一节包含简要的关于 Hilbert 空间的内容.

2.1 分布的定义

分布[①]是函数概念的一种推广, 其目的在于使得在物理学家中广为使用的数学操作精确化. Dirac δ 函数及其导数都是分布的例子, 其定义为

$$
\begin{aligned}
&\int f(x)\delta(x)\mathrm{d}x = f(0), \\
&\int f(x)\delta'(x)\mathrm{d}x = -f'(0), \\
&\qquad\qquad \vdots \\
&\int f(x)\delta^{(n)}(x)\mathrm{d}x = (-1)^n \frac{\mathrm{d}^n f}{\mathrm{d}x^n}\bigg|_{x=0},
\end{aligned}
\tag{2.1}
$$

其中 $f(x)$ 是定义在实轴上的适当光滑的函数. 显然, $\delta(x)$ 不是一个函数 [对于 $x \neq 0$, 它 $= 0$, 于是 (如果 δ 是一个函数) $\int f(x)\delta(x)\mathrm{d}x = 0$]. 实际上, 它是将任一适当光滑的函数 f 变为一个数 $[f(0)]$ 的一种规则. 多光滑才算适当光滑呢? 为了使得定义式 (2.1) 对于任意的 n 都有意义, $f(x)$ 在 $x = 0$ 处的任意阶导数必须都存在. 一般而言, 基于不同类型的 f, 我们希望有不同的对于分布的定义. 定义分布的对象函数 f 称为检验函数 (test function).

[①]译者注: 无论在中文文献还是英文文献中, 这一对象都有分布 (distribution) 和广义函数 (generalized function) 两种并用的名称. 英文版原书采用了 "distribution" 一词, 故本译本采用 "分布" 一词.

(2.1) 式这类定义式的根本特征是定义了一个线性泛函 (linear functional), 也就是说, 对于每一个检验函数 f, 都指定了一个复数 $T(f)$, 且

$$T(\alpha f) = \alpha T(f), \quad T(f_1 + f_2) = T(f_1) + T(f_2) \tag{2.2}$$

[例如, 依此约定 (2.1) 式应写为 $\delta(f) = f(0)$]. 于是, 如果当 f_n 趋于 f 时, 有 $T(f_n)$ 趋于 $T(f)$, 则 $T(f)$ 是连续的. 就像定义分布的检验函数集有不同的选择一样, 检验函数序列的收敛性 $f_n \to f$ 也有不同的定义. 如果检验函数集上指定了一种收敛性, 则分布被定义为检验函数上的连续线性泛函.

分布何以构成了函数概念的推广呢? 如果 T 是与检验函数定义在相同空间上的函数, 那么对于任一检验函数 f, 乘积 $T(x)f(x)$ 可能都定义了一个可积函数, 于是线性泛函

$$T(f) = \int T(x)f(x)\mathrm{d}x \tag{2.3}$$

定义的 $T(f)$ 关于 f 是连续的. 这样, 函数 T 就定义了一个分布. 反过来, 如果存在一个函数使得 (2.3) 式成立, 我们就说分布 T 是一个函数. 很明显, 在这一分布与函数的对应关系中, 两个只在零测集上取值不同的函数是不加区分的, 因为它们将给出相同的线性泛函 (2.3).

函数理论中的很多普通术语可以直接移植到分布中. 比如说, 对于函数 T, 可以定义其支集, 记作 $\operatorname{supp} T$[②]. 该闭集是满足 T 为零的最大开集的补集. 而当检验函数能够涵盖足够多的支集在 $\mathcal{O}$ 内的正函数时, 断言 T 在开集 $\mathcal{O}$ 上为零, 几乎等价于说对任意的支集包含于 $\mathcal{O}$ 的检验函数都有 $T(f) = 0$ (我们用几乎等价, 因为零测集是个例外). 因此我们采用分布 T 的支集的定义: $\operatorname{supp} T$ 是使得 T 为零的最大开集的补集. T 在一个开集上为零的含义是, 对于所有支集在此开集内的检验函数, T 将它们都映射为零. 这一定义明确了在某点邻域为零, 而非在某一点为零的概念. 对于我们处理的问题, 前一个概念已经足够了.

除了两个重要的结果, 本书中我们将要处理的是称为缓增分布 (tempered distributions) 的特殊分布. 这时的检验函数集记作 $\mathscr{S}$, 当需要指明检验函数的自变量空间时, 也被记作 $\mathscr{S}(\mathbf{R}^n)$ 或 $\mathscr{S}_{x_1 \cdots x_n}$. 这里 $\mathbf{R}^n$ 表示带有通常 Euclid 距离

$$|x - y| = \left[\sum_{j=1}^{n} (x_j - y_j)^2\right]^{1/2}$$

的 n 维实矢量空间. $\mathscr{S}$ 包含所有满足如下条件的复值无穷阶可微函数 f: 该函数自身及其任意阶微商在无穷远处以快于 Euclid 距离任意幂次的速度趋于零. 为了

[②]应注意避免将 $\operatorname{supp} T$ 与 $\sup T$ 混淆, 后者表示 T 的极小上界, 或称上确界.

精确表述这一条件, 我们引入下列记号. 令 k 表示整数序列 $k_1, \cdots, k_n$, x^k 表示幂函数乘积

$$x^k = x_1^{k_1} \cdots x_n^{k_n}. \tag{2.4}$$

D^k 表示微分算子

$$\mathrm{D}^k = \frac{\partial^{|k|}}{(\partial x_1)^{k_1} \cdots (\partial x_n)^{k_n}}, \tag{2.5}$$

其中 $|k| = k_1 + k_2 + \cdots + k_n$. 现在, 定义

$$\|f\|_{r,s} = \sum_{k, |k| \leqslant r} \sum_{\ell, |\ell| \leqslant s} \sup_x \left| x^k \mathrm{D}^\ell f(x) \right|. \tag{2.6}$$

对任意非负整数对 r, s 和任意无穷阶可微函数 f, 这一公式给出的 $\|f\|_{r,s}$ 为非负实数或 $+\infty$. 如果存在 r, s 使得 $\|f\|_{r,s} = 0$, 则 $f = 0$, 因为这时 $\sup_x |f(x)| = 0$. 进一步, $\|\alpha f\|_{r,s} = |\alpha| \|f\|_{r,s}$ 且 $\|f + g\|_{r,s} \leqslant \|f\|_{r,s} + \|g\|_{r,s}$, 因此 $\| \ \|_{r,s}$ 是一个范数 (norm). 类 $\mathscr{S}$ 是对于任意的非负整数对 r, s 都满足

$$\|f\|_{r,s} < \infty$$

的全体无穷阶可微函数 f 的集合[③]. 显然, 这一定义与前面的叙述性定义表达了同一含义.

为了定义 $\mathscr{S}$ 中的收敛概念, 我们再次借助 $\| \ \|_{r,s}$. $\mathscr{S}$ 中的序列 f_n 在 $\mathscr{S}$ 中收敛到 f, 若对于所有的 r 和 s 都有

$$\lim_{n \to \infty} \|f_n - f\|_{r,s} = 0. \tag{2.7}$$

这一构架给出缓增分布的一个简洁的定义. 缓增分布 T 是满足如下条件的定义在 $\mathscr{S}$ 上的线性泛函: 若对于任意的 r, s 都有

$$\lim_{n \to \infty} \|f_n - f\|_{r,s} = 0,$$

则

$$\lim_{n \to \infty} |T(f_n) - T(f)| = 0. \tag{2.8}$$

与实变函数 F 的情形类似, 连续性的定义可以改写为其他形式. 对于函数,

$$x_n \to x \quad \text{时必有} \quad F(x_n) \to F(x),$$

---

③译者注: 在文献中, 这类函数也被称为速降函数.

等价于: 对于任意的 $\varepsilon > 0$, 存在 $\delta > 0$ 使得

$$|y - x| < \delta \quad \text{时必有} \quad |F(y) - F(x)| < \varepsilon.$$

对于分布, 第二种定义的类比给出: 缓增分布 T 在 f 处是连续的, 若对于任意的 $\varepsilon > 0$, 都存在非负整数 r, s 和 $\delta > 0$, 使得

$$\|g - f\|_{r,s} < \delta \quad \text{时必有} \quad |T(g) - T(f)| < \varepsilon. \tag{2.9}$$

我们将视情况选择使用等价表达式 (2.8) 或 (2.9) 中方便的一个.

保证 (2.8) 或 (2.9) 式成立的一种方法, 是要求对于某一组非负整数对 r, s, 存在常数 C 使得

$$|T(f)| \leqslant C\|f\|_{r,s} \tag{2.10}$$

[于是显然地, $|T(f_n) - T(f)| = |T(f_n - f)| \leqslant C\|f_n - f\|_{r,s}$].

实际上, 条件 (2.10) 不仅是 T 连续性的充分条件, 而且是必要条件, 这一点由 T 的线性性容易证明 [我们在此不会证明, 只是使用这一结论. 它是文献 Gårding-Lions[3] 第 25 页的定理 (5-1). 关于 Hilbert 空间上算子的完全类似的断言, 将在 2.6 节证明]. 顺便说一句, (2.10) 式表明, 如果一个线性泛函在 $f = 0$ 处连续, 则它在整个 $\mathscr{S}$ 上都连续[④].

有一类重要的线性泛函, 它们以如下明显的方式满足条件 (2.10):

$$T(f) = \sum_{0 \leqslant |k| \leqslant s} \int F_k(x_1, \cdots, x_n) \mathrm{D}^k f(x_1, \cdots, x_n) \mathrm{d}x_1 \cdots \mathrm{d}x_n, \tag{2.11}$$

其中 F_k 是连续函数, 且存在依赖于 k 的 C_k 和 j, 使得

$$|F_k(x)| \leqslant C_k(1 + |x|^j). \tag{2.12}$$

显然, 存在 C 和 r, s, 使得

$$|T(f)| \leqslant C\|f\|_{r,s},$$

[④]译者注: 本段和上一段中关于有界线性泛函的连续性的结果, 读者可以在大部分泛函分析的入门教科书中查到.

因此 T 是缓增分布[5]. 这类分布通常利用分部积分形式化地写作

$$T(x) = \sum_{0 \leqslant |k| \leqslant s} (-1)^{|k|} \mathrm{D}^k F_k(x). \tag{2.13}$$

一般而言, 这一公式不能刻板地按照定义理解, 因为其中的 F_k 不一定是可微的, $\mathrm{D}^k F_k$ 也不一定可积.

可以证明, 任意缓增分布都可以写为 (2.11) 式的形式. 我们在此不会证明这一结果 (这是 Gårding-Lions 书第 28 页的一道习题), 给出这一结论只是为了告诉实用主义读者, 以 (2.11) 式作为缓增分布的定义也是可以的, 这样做在后面不会导致任何错误.

在两重意义上, 缓增分布是非常受限的, 这两重意义可以粗略地描述如下: 当 $x \to \infty$ 时, 缓增分布增长的速度最快也只能是多项式级的, 并且最快只能达到有限次. 第一重意义的核心体现为有不等式 (2.12), 以及 (2.11) 式中至多包含有限项, 而第二重意义体现为 (2.11) 式中的 D^k 至多只作用到某一个最大值 $|k|$. 诚然, 多项式增长和相应阶数的精确定义是存在的, 但我们不需要这些定义.

本书中出现的唯一一类非缓增的分布是 $\mathscr{D}'$, 即全体有紧支集的无穷阶可微函数构成的空间 $\mathscr{D}$ 上的连续线性泛函[6]. $\mathscr{D}$ 中的收敛概念定义如下: 如果 f_n 的支集都包含在一个紧致的集合 K 中, 且 f_n 及其各阶导函数在 K 中一致收敛到 f 及其对应阶导函数, 则称在 $\mathscr{D}$ 中有 $f_n \to f$.

显然, $\mathscr{D}$ 中的元素都是 $\mathscr{S}$ 中的元素, 因此 $\mathscr{S}'$ ($\mathscr{S}$ 上的缓增分布) 中的元素都可以定义在 $\mathscr{D}$ 中的元素上. 进一步, $\mathscr{D}$ 中元素的收敛序列, 因其在 $\mathscr{D}$ 中收敛到 $\mathscr{D}$

---

[5]译者注: 英文版原书中没有给出这一步的证明, 其推导是直接的. 由于

$$
\begin{aligned}
|T(f)| &= \left| \sum_{0 \leqslant |k| \leqslant s} \int F_k(x_1, \cdots, x_n) \mathrm{D}^k f(x_1, \cdots, x_n) \mathrm{d}x_1 \cdots \mathrm{d}x_n \right| \\
&\leqslant \sum_{0 \leqslant |k| \leqslant s} \left| \int F_k(x_1, \cdots, x_n) \mathrm{D}^k f(x_1, \cdots, x_n) \mathrm{d}x_1 \cdots \mathrm{d}x_n \right| \\
&\leqslant \sum_{0 \leqslant |k| \leqslant s} \int \left| F_k(x_1, \cdots, x_n) \mathrm{D}^k f(x_1, \cdots, x_n) \right| \mathrm{d}x_1 \cdots \mathrm{d}x_n \\
&\leqslant \sum_{0 \leqslant |k| \leqslant s} \int C_k \left| (1 + |x|^{j_k}) \mathrm{D}^k f(x_1, \cdots, x_n) \right| \mathrm{d}x_1 \cdots \mathrm{d}x_n,
\end{aligned}
$$

此时的积分可以分为单位球内外两部分进行. 单位球内的被积函数可以直接由 $\|f\|_{0,s}$ 和 $\|f\|_{j_k,s}$ 估计上界, 而单位球外部的被积函数可以由 $|x|^{-n-1}\|f\|_{n+1,s}$ 和 $|x|^{-n-1}\|f\|_{n+1+j_k,s}$ 估计上界. 因此求和中的每一项积分都为 $C\|f\|_{r,s}/s$ 所控制. 由于求和只有有限多项, 因此总可以选择其中最大的 $C\|f\|_{r,s}$, 此时有 $|T(f)| \leqslant C\|f\|_{r,s}$.

[6]集合 S 是紧致的, 如果它满足如下条件: 给定一族开集 $\{\mathcal{O}_i\}$ 使得对任意的 $x \in S$ 都存在某个 i 满足 $x \in \mathcal{O}_i$, 则一定存在该族的一个有限子集满足同样的性质. 简单说, S 是紧致的, 如果它的任意开覆盖都有有限子覆盖. 在 Euclid 空间中, 一个集合是紧致的, 当且仅当它是有界闭集.

的某元素, 在 $\mathscr{S}$ 中也必然收敛到同一元素. 因此 $\mathscr{S}' \subset \mathscr{D}'$, 或者用通俗的语言讲, 缓增分布是分布. 然而, $\mathscr{D}'$ 中存在很多不属于 $\mathscr{S}'$ 的元素. 例如, 指数增长的普通连续函数. 又比如

$$T(x) = \sum_{n=0}^{\infty} \delta^{(n)}(x-n).$$

对于 $\mathscr{D}$ 中任意的检验函数, 上式的无穷级数都截断为有限求和. 然而, 当检验函数的支集扩张到无穷远时, 其导函数增长速度的阶并没有界限, $\mathscr{D}'$ 中的元素不必是有限阶的.

对于 $\mathscr{S}'$ 和 $\mathscr{D}'$, 我们都可以定义序列 T_n 收敛到分布 T 的概念: $T_n \to T$, 若对于任意的检验函数 f, 复数序列 $T_n(f) \to T(f)$. 当然, 由于 f 是不同的, 两个收敛的概念也不一样. 下面给出一个实际工作中遇到的分布收敛的典型例子. 假设对于任意的 n, τ_n 是检验函数之间的连续映射, 并且对于任意的检验函数 f 都有 $\tau_n(f) \to \tau(f)$, 其中 $\tau(f)$ 是另一个检验函数之间的连续映射. 于是, 对于给定的分布 V, 我们定义 $T_n(f) = V[\tau_n(f)]$ 和 $T(f) = V[\tau(f)]$, 则有 $T_n \to T$.

如果以拓扑矢量空间的工具描述 $\mathscr{S}, \mathscr{S}', \mathscr{D}$ 和 $\mathscr{D}'$, 分布序列的收敛性可以用更为系统化的语言处理 (实质上, 我们已经在对 $\mathscr{S}$ 引入范数族 $\| \; \|_{r,s}$ 的时候这样做了). 我们建议读者参阅本章文献 1, 2, 3, 以了解此种观点的完整进展. 在此, 我们仅对后文阐述中必需的内容做三点评注. 首先, $\mathscr{S}$ 和 $\mathscr{D}$ 都是可分拓扑空间[①]. 说明这一点所需的稠密矢量序列, 可以通过如下方式构造. 取所有系数的实部和虚部均为有理数的 $x_1, \cdots, x_n$ 的多项式, 而后将它们乘以无穷可微函数的序列, 要求这些无穷可微函数在半径为 n 的球面内部为 1, 同时在半径为 $n+1$ 的球面外部为 0. 这样得到的集合是可数的, 而根据 Weierstrass 定理, 人们总可以使用多项式来逼近紧致集上的连续函数, 这使 $\mathscr{S}$ 和 $\mathscr{D}$ 中的所有矢量看起来都像是上述构造序列的一个极限点. 在此我们不打算证明这一点 (具体的证明请参见本章文献 24 的第 373 页).

其次, $\mathscr{S}'$ 和 $\mathscr{D}'$ 都是完备的. 换言之, 若 T_k 是一个分布序列, 且对于任意的检验函数 f, $T_k(f)$ 是实 Cauchy 列, 那么存在分布 T 使得 $T_k \to T$.

最后要说明的是, 拓扑矢量空间描述中的一个核心角色, 就是有界集 (bounded set) 的概念. 拓扑矢量空间中一个集合 S 称为有界的, 如果对矢量空间中 0 点的任意邻域 N, 都存在一个实数 $\lambda > 0$ 使得 $\lambda S \subset N$. $\mathscr{S}, \mathscr{S}', \mathscr{D}$ 和 $\mathscr{D}'$ 中的有界集可以刻画如下. 集合 $S \subset \mathscr{S}$ 有界, 当且仅当所有的 $\| \; \|_{r,s}$ 都是 S 上的有界函数. 集合 $S \subset \mathscr{D}$ 有界, 当且仅当存在确定的紧致集 K 满足 $f \in S$ 能够推出 $\text{supp} f \subset K$, 并且对于任一非负整数 k, 都存在实数 M_k 使得 S 中的 f 都满足

---

①译者注: 一个拓扑空间称为可分的, 如果它有可数的稠密子集.

$\sup_{x \in K} |\mathrm{D}^k f(x)| \leqslant M_k$. 集合 $S \subset \mathscr{S}'$ 有界, 如果对于任意的 $f \in \mathscr{S}$, 当 T 在 S 中变化时, $T(f)$ 有界, 同样的定义在将 $\mathscr{S}'$ 和 $\mathscr{S}$ 分别替换为 $\mathscr{D}'$ 和 $\mathscr{D}$ 后也成立. 后文中我们唯一需要有界集概念的结果是: $\mathscr{D}'$ 中分布的收敛序列在 $\mathscr{D}$ 的有界集上一致收敛. 我们将在 2.5 节中以如下方式使用这一结果. 我们首先有一个分布的序列 T_n, 它在形如 $f_a(x) = f(x - a)$ 的每一个检验函数上都收敛, 其中 a 取遍某个区域 $|a| \leqslant \rho$. 于是, 由于 f_a 构成 $\mathscr{D}$ 上的有界集, 我们得出分布序列在 a 中一致收敛 (证明参见本章文献 1 的第 74 页).

关于分布定义的最后一个一般性质. 前文中我们已经完成了 $\mathscr{S}$ 和 $\mathscr{D}$ 上分布定义的讨论, 其中所有检验函数的定义域都是 $\mathbf{R}^n$. 所有的讨论都可以照搬到只定义在 $\mathbf{R}^n$ 中某个开子集 $\mathcal{O}$ 的情形中. 我们不会解释所有的细节, 只想指出 $\mathscr{D}(\mathcal{O})$ 的元素是无穷可微的, 并且其支集是包含在 $\mathcal{O}$ 中的 $\mathbf{R}^n$ 的紧致子集. 在 2.5 节中, 将会用到 $\mathscr{D}(\mathcal{O})$ 上的连续线性泛函 $\mathscr{D}'(\mathcal{O})$.

2.1.1　分布的一些性质

引入分布这一概念的主要动机之一, 是对于总可以对其进行微分运算的一类对象的需求. 分布 T 的微商 $\partial T / \partial x_j$ 定义为

$$\frac{\partial T}{\partial x_j}(f) = -T\left(\frac{\partial f}{\partial x_j}\right). \tag{2.14}$$

(2.14) 式定义了一个分布是前文定义的一个自然结论. 如果序列 f_n 在 $\mathscr{S}$ ($\mathscr{D}$) 中收敛到 f, 则 $\partial f_n / \partial x_j$ 在 $\mathscr{S}$ ($\mathscr{D}$) 中收敛到 $\partial f / \partial x_j$. 进而

$$\mathrm{D}^p T(f) = (-1)^{|p|} T(\mathrm{D}^p f). \tag{2.15}$$

人们也可以等价地用 $\mathscr{S}'$ (或 $\mathscr{D}'$) 中的极限定义 T 的导数,

$$\lim_{a_j \to 0} (a_j)^{-1} (T_{a_j} - T), \tag{2.16}$$

其中 T_{a_j} 是对 T 的第 j 坐标平移得到的分布的简写. 根据 $\mathscr{S}'$ (或 $\mathscr{D}'$) 中收敛性的定义, (2.16) 式的含义为对任意的 $f \in \mathscr{S}$ (或 $\in \mathscr{D}$),

$$\frac{\partial T}{\partial x_j}(f) = \lim_{a_j \to 0} (a_j)^{-1} (T_{a_j} - T)(f). \tag{2.17}$$

但上式正是

$$\lim_{a_j \to 0} (a_j)^{-1} [T_{a_j}(f) - T(f)] = \lim_{a_j \to 0} T[a_j^{-1}(f_{-a_j} - f)]$$
$$= -T\left(\frac{\partial f}{\partial x_j}\right),$$

其中

$$f_{-a_j}(x) = f[x - (0, \cdots, a_j, \cdots, 0)],$$

推导中利用了 $a_j^{-1}[f_{-a_j}(x) - f(x)]$ 在 $\mathscr{S}$ (或 $\mathscr{D}$) 中收敛到 $-(\partial f/\partial x_j)(x)$.

上述对导数的定义中用到的对第 j 变量进行平移的操作, 是一般的 $\mathbf{R}^n$ 上的非奇异非齐次线性变换 $\{a, L\}$:

$$x \rightarrow Lx + a$$

的特殊情形. 对于 $f \in \mathscr{S}$ (或 $\in \mathscr{D}$) 和 $\mathscr{S}'$ (或 $\mathscr{D}'$) 中的分布 T, 记

$$(\{a, L\}f)(x) = f(L^{-1}(x - a))$$

及

$$T_{\{a,L\}}(f) = |\det L|^{-1} T(\{a, L\}f).$$

容易验证上式定义了一个 $\mathscr{S}'$ (或 $\mathscr{D}'$) 中的分布. 如果 T 是一个函数, 约定

$$T_{\{a,L\}}(x) = T(Lx + a).$$

注意对于 $f \in \mathscr{S}$ (或 $\in \mathscr{D}$) 和 $\mathscr{S}'$ (或 $\mathscr{D}'$) 中的分布 T, 有

$$\{a, L\}(\{b, M\}f) = \{a + Lb, LM\}f$$

和

$$(T_{\{a,L\}})_{\{b,M\}} = T_{\{a+Lb, LM\}}.$$

分布在 $\{a, L\}$ 下的不变性定义是直接的:

$$T_{\{a,L\}} = T.$$

这类平移的一个特例, 将出现在 3.3 节关于期望值的处理中. 届时我们有 $\mathbf{R}^{4n}$ 中的缓增分布, 并且用 n 个四矢量 $x_1, \cdots, x_n$ 表示 $\mathbf{R}^{4n}$ 中的点. 对于任意实四矢量 a, 真空期望值在线性变换

$$x_1, \cdots, x_n \rightarrow x_1 + a, \cdots, x_n + a \tag{2.18}$$

下不变. 我们的课题, 是刻画具有这一不变性的全体缓增分布. 当分布 T 是一个函数时, 该特殊情况的答案是明显的, 即 T 只依赖于变量的差 $x_1 - x_2, \cdots, x_{n-1} - x_n$.

这一结论对于分布依然成立, 然而这需要我们下面给出的一些论据. 首先, 做非奇异线性变换

$$(x_1, \cdots, x_n) \to (X, \xi_1, \cdots, \xi_{n-1}),$$

其中

$$X = n^{-1}[x_1 + \cdots + x_n], \quad \xi_1 = x_1 - x_2, \cdots, \xi_{n-1} = x_{n-1} - x_n. \tag{2.19}$$

这一变换将原分布 T 变为分布 T_1. 分布 T 在变换 (2.18) 下的不变性等价于 T_1 在

$$X, \xi_1, \cdots, \xi_{n-1} \to X + a, \xi_1, \cdots, \xi_{n-1} \tag{2.20}$$

下的不变性. 这一不变性, 进一步等价于性质

$$\frac{\partial T_1}{\partial X_\mu} = 0, \quad \mu = 0, 1, 2, 3. \tag{2.21}$$

利用导数的定义式 (2.17), 从不变性 (2.20) 到 (2.21) 的推导是显然的. 反之, 如果对于 X_μ 的导数为零, 我们可以有如下推导. 给定具有性质 $\int f_0(x)\mathrm{d}x = 1$ 的函数 $f_0 \in \mathscr{S}(\mathbf{R}^1)$ (或 $\in \mathscr{D}(\mathbf{R}^1)$), 对 $f \in \mathscr{S}(\mathbf{R}^{4n})$ (或 $\in \mathscr{D}(\mathbf{R}^{4n})$) 定义

$$\chi(X, \xi_1, \cdots, \xi_{n-1}) = f(X, \xi_1, \cdots, \xi_{n-1})$$
$$- f_0(X_0) \int \mathrm{d}y\, f(y, X_1, X_2, X_3, \xi_1, \cdots, \xi_{n-1}), \tag{2.22}$$

于是 χ 也是 $\mathscr{S}(\mathbf{R}^{4n})$ (或 $\mathscr{D}(\mathbf{R}^{4n})$) 中的元素, 并且满足

$$\int \chi(y, X_1, X_2, X_3, \xi_1, \cdots, \xi_{n-1})\mathrm{d}y = 0. \tag{2.23}$$

满足 (2.23) 式的检验函数 χ 总可以写成 $\frac{\partial}{\partial X_0}\chi_1$ 的形式, 其中

$$\chi_1(X_0, \cdots, X_3, \xi_1, \cdots, \xi_{n-1}) = \int_{-\infty}^{X_0} \mathrm{d}y\, \chi(y, X_1, X_2, X_3, \xi_1, \cdots, \xi_{n-1}).$$

因此,

$$T_1(\chi) = T_1\left(\frac{\partial}{\partial X_0}\chi_1\right) = -\frac{\partial T_1}{\partial X_0}(\chi_1) = 0. \tag{2.24}$$

于是 $T_1(f)$ 可以写为

$$T_1(f) = T_1\left(f_0(X_0) \int \mathrm{d}y\, f(y, X_1, X_2, X_3, \xi_1, \cdots, \xi_{n-1})\right)$$
$$= T_2\left(\int \mathrm{d}y\, f(y, X_1, X_2, X_3, \xi_1, \cdots, \xi_{n-1})\right), \tag{2.25}$$

其中 T_2 是 $X_1, X_2, X_3, \xi_1, \cdots, \xi_{n-1}$ 上的分布. 对 X_1, X_2, X_3 进行相同的操作, 我们就得到了方程 $T(x_1, \cdots, x_n) = T(\xi_1, \cdots, \xi_{n-1})$ 的确切含义, 同时解决了找出所有满足在变换 (2.18) 下不变的分布的问题.

另一个在函数中具有定义, 并且可以自然地推广到分布中的操作, 就是函数乘法 (multiplication by a function, 见本章文献 1 的第五章). 对于分布 T 和函数 g, 我们定义

$$(gT)(f) = T(gf), \tag{2.26}$$

其中 $(gf)(x) = g(x)f(x)$. 为了使 (2.26) 式定义一个分布, 我们需要 g 满足 gf 是关于 f 连续的检验函数. 为此, 如果 $f \in \mathscr{D}$, 只要 g 为无穷阶可微函数即可, 因为这时 $D^p(gf)$ 作为 g 和 f 以及它们的各阶导函数的乘积的线性组合, 在 $\mathscr{D}$ 中 f 为零的区域为零. 若 $f \in \mathscr{S}$, 一个任意的无穷阶可微函数 g 就不够了, 因为它可能增长过快. 然而, 如果 g 及其各阶导函数被多项式函数控制住, 即对任意的 p,

$$|D^p g(x)| \leqslant |P_p(x)| \quad \text{对任意的 } x \text{ 均成立},$$

则容易看出如果 f_n 在 $\mathscr{S}$ 中收敛到 f, 就有 gf_n 在 $\mathscr{S}$ 中收敛到 gf. 当 g 满足这一限制时, 从 $\mathscr{D}$ 到 $\mathscr{D}$ 或从 $\mathscr{S}$ 到 $\mathscr{S}$ 的映射 $f \to gf$ 是连续的, 并且当 T 属于 $\mathscr{D}'$ ($\mathscr{S}'$) 时, gT 属于 $\mathscr{D}'$ ($\mathscr{S}'$).

可以写为函数 $g \in \mathscr{S}$ 和缓增分布 T_1 的乘积 gT_1 的那些缓增分布 T, 是一类特殊的缓增分布 —— 速降缓增分布 (tempered distributions of fast decrease). 在 2.2 节中, 我们还将遇到它们.

另一类操作是将关于某一变量的函数 S 乘以关于另一变量的函数 T: $S(x)T(y)$. 这一操作定义了张量积 (tensor product):

$$(S \otimes T)(x, y) = S(x)T(y)$$

(参见本章文献 1 的第四章). 将这一概念推广到 S 和 T 都是分布的情况的工作是平凡的, 只要我们将张量积定义为依赖于两个变量的泛函即可:

$$(S \otimes T)(f, g) = S(f)T(g), \tag{2.27}$$

其中 f 和 g 是检验函数. 说明 (2.27) 式定义了一个关于双变量函数的分布需要进一步的分析, 也就是赋予

$$(S \otimes T)(h) = \iint h(x, y) \, dx \, dy \, S(x)T(y)$$

明确的含义. 只要这一分布是存在的, 它的唯一性就是显然的, 这是

$$\sum_i f_i(x)g_i(y)$$

在 $\mathscr{D}_{x,y}$ 和 $\mathscr{S}_{x,y}$ 中稠密的结果 (为了证明这一点, 人们可以回顾讨论 $\mathscr{D}$ 和 $\mathscr{S}$ 可分性时用到的函数). $S \otimes T$ 的存在性可以通过注意到人们能够计算

$$S_x(T_y(h(x,y))) \tag{2.28}$$

得到, 其中 x 与 y 指代检验函数与分布中相对应的变量, 这样就得到了满足 (2.27) 式的分布.

我们需要用到的最后一种操作是卷积 (convolution). 对于 $\mathscr{S}$ (或 $\mathscr{D}$) 中的一对元素 f 和 g, 它的定义为

$$(f * g)(x) = \int f(x - \xi)g(\xi)\mathrm{d}\xi. \tag{2.29}$$

不难看出 $f * g$ 仍然是 $\mathscr{S}$ (或 $\mathscr{D}$) 中的元素. 进一步, 由定义不难直接验证 $f * g$ 关于 f 和 g 都是连续的. $*$ 运算是交换的,

$$(f * g)(x) = \int f(y)g(x - y)\mathrm{d}y = (g * f)(x). \tag{2.30}$$

记 $\hat{f}(x) = f(-x)$, 利用公式

$$(f * T)(h) = T(\hat{f} * h), \tag{2.31}$$

上面的运算可以扩展到两个因子之中一个是分布 T, 另一个是检验函数 f 的情形. 当 T 退化为 $\mathscr{S}$ 或 $\mathscr{D}$ 中的函数时, 这一定义与 (2.29) 式是一致的, 因为

$$\begin{aligned}
(f * g)(h) &= \int \mathrm{d}x \left[\int f(x - \xi)g(\xi)\mathrm{d}\xi \right] h(x) \\
&= \int \mathrm{d}\xi \left[\int \mathrm{d}x\, f(x - \xi)h(x) \right] g(\xi) \\
&= \int \mathrm{d}\xi \left[\int \mathrm{d}x\, \hat{f}(\xi - x)h(x) \right] g(\xi) = g(\hat{f} * h).
\end{aligned}$$

应该注意的是, (2.31) 式还有另一种写法:

$$(f * T)(h) = (f \otimes T)(h_1),$$

其中 $h_1(x, y) = h(x + y)$. $f \otimes T$ 定义在 h_1 上并不是显然的, 因为 h_1 关于 x 和 y 既不属于 $\mathscr{D}$, 也不属于 $\mathscr{S}$. 对于 $f \in \mathscr{D}$, 这一表达式总归可以通过如下方式获得

明确的意义. 令 $\chi \in \mathscr{D}$ 是 x 的函数, 并且满足当 $x \in \operatorname{supp} f$ 时 $\chi(x) = 1$. 于是 $(f * T)(h) = (f\chi * T)(h) = (f \otimes T)(h_2)$, 其中 $h_2(x, y) = \chi(x)h(x + y) \in \mathscr{D}_{x,y}$ 并且关于 h 连续. 除去一些微妙的细节, 类似的分析对于 $\mathscr{S}$ 也成立 (参见本章文献 1 第二卷第 102 页). 由于 $f * h$ 是关于 h 的取值在 $\mathscr{S}$ 或 $\mathscr{D}$ 上的连续线性泛函, (2.31) 式的右边定义了 h 的一个连续线性泛函.

实际上, 对于 $T \in \mathscr{S}'$ (或 $\in \mathscr{D}'$) 和 $f \in \mathscr{S}$ (或 $\in \mathscr{D}$), $f * T$ 是一个无穷阶可微函数. 在实际工作中, 从 T 到 $f * T$ 的变换操作非常重要, 这就是 (f) 正规化 (regularization). 为了说明 $f * T$ 是无穷阶可微函数, 注意到 $T(\hat{f}_{-x})$ 是 x 的无穷阶可微函数 $[\hat{f}_{-x}(\xi) = \hat{f}(\xi - x) = f(x - \xi)]$, 并且它和 $f * T$ 在检验函数 h 上给出的结果为[8]

$$(f * T)(h) = T(\hat{f} * h) = (T \otimes h)(\hat{f}_{-x})$$
$$= \int T(\hat{f}_{-x})\mathrm{d}x\, h(x).$$

最后一步推导的合法性来自张量积的构造式 (2.28), 因而它可以 "成功地" 给出结果.

2.1.2 Schwartz 核定理

在实际问题, 比如, 2.5 节和 3.3 节中将会遇到的问题中, 人们必须处理 $\mathscr{S}$ 或 $\mathscr{D}$ 上的分离的 (separately) 连续多线性泛函. 它们是关于变量 $f_1, \cdots, f_k \in \mathscr{S}$ 或 $\mathscr{D}$ 的复值函数 T, 且满足

$$T(f_1, \cdots, \alpha f_j' + \beta f_j'', \cdots, f_k)$$
$$= \alpha T(f_1, \cdots, f_j', \cdots, f_k) + \beta T(f_1, \cdots, f_j'', \cdots, f_k), \quad (2.32)$$

其中 $j = 1, \cdots, k$. 当其他变量函数固定时, T 关于每一个 f_j 都是一个分布. 当然, 一种明显的构造这类对象的方法, 就是选取一个关于所有变量的分布 G[9], 然后将其特化在具有乘积形式 $f(x_1, \cdots, x_k) = f_1(x_1) \cdots f_k(x_k)$ 的检验函数上. Schwartz 的一个非凡的发现是, 不存在其他的情形, 即任意的 T 都可以表示为 $T(f_1, \cdots, f_k) = G(f_1 \cdots f_k)$. G 称为多线性泛函的核. 这一术语来源于与积分方程理论的类比, 彼时人们考虑形如 $Tf(x) = \int k(x, y)f(y)\mathrm{d}y$ 的积分算子, 而 k 称为 T 的核.

---

[8]译者注: 读者应能认识到, 下式中的函数的自变量是不同于 x 的 ξ.

[9]译者注: 读者在此应该注意区分, 分布 T 的作用对象是 k 个具有相同自变量 x 的检验函数 $f_1(x), \cdots, f_k(x)$; 而分布 G 的作用对象是一个具有 k 个自变量 $x_1, \cdots, x_k$ 的检验函数 $f(x_1, \cdots, x_k)$.

对于我们所提到的核定理的唯一足够基础的证明, 可以在 Gelfand 和 Vilenkin 合著的本章文献 5 中找到. 然而那只是对于 $\mathscr{D}'$ 情况的证明, 似乎并不存在一个与之类比的、同样基础的对于 $\mathscr{S}'$ 情况的证明. 故而我们满足于仅仅给出这一定理的结论.

定理 2.1 (核定理)　令 T 是关于变量 $f_1, \cdots, f_k \in \mathscr{S}$ (或 $\in \mathscr{D}$) 的多线性泛函, 并且当固定其余变量时, 对于每个变量函数都是连续的, 则存在唯一的关于全部变量 $f_1, \cdots, f_k$ 的分布 $G \in \mathscr{S}'$ (或 $\in \mathscr{D}'$), 满足

$$T(f_1, f_2, \cdots, f_k) = G(f_1 f_2 \cdots f_k).$$

容易举例说明, 即使 T 关于它的任意一个变量的行为都是良好的, G 也可能出现奇异的行为. 一个具体的例子就是 $G(x, y) = -\delta'(x - y)$. 这时, $G(f_1 f_2) = T(f_1, f_2) = \int f_1'(x) f_2(x) \mathrm{d}x = -\int f_1(x) f_2'(x) \mathrm{d}x$, 所以当另一个变量固定时, $T(f_1, f_2)$ 关于每一个变量都是无穷阶可微的, 即[①]

$$T(x_1, f_2) = -f_2'(x_1) \quad \text{且} \quad T(f_1, x_2) = f_1'(x_2).$$

2.2　Fourier 变换

在 $\mathscr{S}$ 中, 我们利用方程

$$(\mathscr{F}f)(p) = \frac{1}{(2\pi)^{n/2}} \int \mathrm{e}^{-\mathrm{i}p \cdot x} f(x) \mathrm{d}x, \tag{2.33}$$

$$(\overline{\mathscr{F}}f)(p) = \frac{1}{(2\pi)^{n/2}} \int \mathrm{e}^{\mathrm{i}p \cdot x} f(x) \mathrm{d}x \tag{2.34}$$

定义线性变换 $\mathscr{F}$ 和 $\overline{\mathscr{F}}$. 这里 $p \cdot x$ 表示所研究问题中的非退化标量积 (non-degenerate scalar product). 例如, 它可以是 Euclid 标量积 $p \cdot x = \sum\limits_{j=1}^{n} p^j x^j$. 后文中, 我们将研究 n 为 4 的倍数且 $p \cdot x$ 为 Minkowski 标量积 (Minkowski scalar products)

$$p \cdot x = \sum_{k=1}^{n/4} \sum_{\mu, \nu=0}^{3} p_{k\mu} g^{\mu\nu} x_{k\nu}$$

[①]译者注: 下式中的记号 $T(x_1, f_2)$ $[T(f_1, x_2)]$ 的含义是, 对于自变量为 x_1 (x_2) 的检验函数, 给定检验函数 f_2 (f_1) 后, 得到的 $T(\cdot, f_2)$ $[T(f_1, \cdot)]$ 是自变量为 x_1 (x_2) 的检验函数的分布, 并且它可以写为积分表达式 $(T(\cdot, f_2))(f_1) = \int T(x_1, f_2) f_1(x_1) \mathrm{d}x_1$ $[(T(f_1, \cdot))(f_2) = \int T(f_1, x_2) f_2(x_2) \mathrm{d}x_2]$.

的特殊情况, 其中 $g^{00} = 1 = -g^{jj}, j = 1, 2, 3,$ 且 $g^{\mu\nu} = 0, \mu \neq \nu$. 很明显, 上述积分是一致绝对收敛的, 当在积分号内对被积函数乘以 x^k 或做微分后, 这一结论仍然成立. 于是, 通过若干次分部积分, 我们有

$$\mathscr{F}(\mathrm{D}^k f)(p) = (+\mathrm{i}p)^k (\mathscr{F}f)(p), \quad \overline{\mathscr{F}}(\mathrm{D}^k f)(p) = (-\mathrm{i}p)^k (\overline{\mathscr{F}}f)(p), \quad (2.35)$$

$$\mathscr{F}[(-\mathrm{i}x)^k f](p) = \mathrm{D}^k(\mathscr{F}f)(p), \quad \overline{\mathscr{F}}[(+\mathrm{i}x)^k f](p) = \mathrm{D}^k(\overline{\mathscr{F}}f)(p). \quad (2.36)$$

由 (2.35) 和 (2.36) 式我们马上可以得到 $\mathscr{F}$ 和 $\overline{\mathscr{F}}$ 的连续性, 这是因为, 例如

$$|p^r \mathrm{D}^s(\mathscr{F}f)(p)| = \left| \frac{1}{(2\pi)^{n/2}} \int \frac{\mathrm{e}^{-\mathrm{i}p\cdot x}}{(1+|x|^2)^t} \mathrm{D}^r[(\mathrm{i}x)^s f(x)](1+|x|^2)^t \mathrm{d}x \right|$$

$$\leqslant \sup_x [|\mathrm{D}^r(x^s f(x))|(1+|x|^2)^t] \times \frac{1}{(2\pi)^{n/2}} \int \frac{\mathrm{d}x}{(1+|x|^2)^t}. \quad (2.37)$$

对于足够大的正数 t, 等式左侧显然被某一个常数乘以 f 的某一个范数 $\|f\|_{p,q}$ 控制住[①]: $\|\mathscr{F}f\|_{r,s} \leqslant C\|f\|_{p,q}$, 这正是 $\mathscr{S}$ 中连续性的含义.

本质上是 $\mathscr{S}$ 中函数的 Fourier 反演定理的一个至关重要的引理如下.

引理 变换 $\mathscr{F}$ 和 $\overline{\mathscr{F}}$ 是 $\mathscr{S}$ 中的同构, 即它们是 $\mathscr{S}$ 到 $\mathscr{S}$ 的连续一一到上映射, 且逆映射也是连续的. 实际上, 它们彼此互为对方在 $\mathscr{S}$ 上的逆映射:

$$\mathscr{F}\overline{\mathscr{F}} = \overline{\mathscr{F}}\mathscr{F} = 1. \quad (2.38)$$

证明 我们考察积分

$$\frac{1}{(2\pi)^{n/2}} \int \mathrm{e}^{-\mathrm{i}p\cdot x} \mathrm{d}x \int \mathrm{d}q \mathrm{e}^{\mathrm{i}q\cdot x} f(q). \quad (2.39)$$

如果引理成立, 其结果应为 $f(p)$. 形式上, 只需要交换积分顺序并利用

$$\frac{1}{(2\pi)^n} \int \mathrm{e}^{\mathrm{i}x\cdot(p-q)} \mathrm{d}x = \delta(p-q). \quad (2.40)$$

人们可以用多种方式验证这一点. 我们将 (2.39) 式改写为

$$\lim_{\varepsilon \to 0} \frac{1}{(2\pi)^n} \int \mathrm{e}^{-\mathrm{i}p\cdot x} \mathrm{d}x \exp(-\varepsilon|x|^2) \int \mathrm{d}q \mathrm{e}^{\mathrm{i}q\cdot x} f(q), \quad \varepsilon > 0. \quad (2.41)$$

当 $\varepsilon > 0$ 时, 关于两个积分变量的积分同时存在, 因此我们可以交换积分次序. 利用积分

$$\int \exp(-\varepsilon|x|^2 + \mathrm{i}r \cdot x) \mathrm{d}x = (\pi/\varepsilon)^{n/2} \exp(-|r|^2/4\varepsilon), \quad (2.42)$$

[①]译者注: 请勿将此处范数的标记 p 与 Fourier 变换后的自变量 p 混淆.

我们得到 (2.41) 式为

$$\lim_{\varepsilon \to 0} \frac{1}{(4\pi\varepsilon)^{n/2}} \int \cdots \int \exp(-|p-q|^2/4\varepsilon) f(q) \mathrm{d}q. \tag{2.43}$$

证明 (2.43) 式就是 $f(p)$ 的步骤是标准化的. 首先说明当 $\varepsilon \to 0$ 时任意球面 $|p-q|^2 = R^2$ 外部的贡献趋于零, 于是 (2.43) 式与 $f(p)$ 的差可以做如下估计:

$$\left| \frac{1}{(4\pi\varepsilon)^{n/2}} \int_{|p-q| \leqslant R} \exp(-|p-q|^2/4\varepsilon)[f(q) - f(p)] \mathrm{d}q \right|$$
$$\leqslant \sup_{|p-q| \leqslant R} |f(q) - f(p)| \to 0 \quad 若 \quad R \to 0. \qquad \blacksquare$$

现在, 我们可以定义 $\mathscr{S}'$ 上的 Fourier 变换了. 定义的方法由与 $\mathscr{S}$ 中函数的 Parseval 公式保持一致得到:

$$\frac{1}{(2\pi)^{n/2}} \int g(p) \mathrm{d}p \int \mathrm{e}^{-\mathrm{i}p \cdot x} \mathrm{d}x\, h(x)$$
$$= \frac{1}{(2\pi)^{n/2}} \int \mathrm{d}x\, h(x) \int \mathrm{e}^{-\mathrm{i}p \cdot x} g(p) \mathrm{d}p. \tag{2.44}$$

当被积函数 $g(p)h(x)$ 行为良好时, 上式是交换积分顺序合法性的直接结论. 如果我们将 h 视作 $\mathscr{S}'$ 中的元素, 方程 (2.44) 可以写作

$$(\mathscr{F}h)(g) = h[\mathscr{F}(g)]. \tag{2.45}$$

这一结果启发我们, 对于 $\mathscr{S}'$ 中的任意元素 T, 定义

$$(\mathscr{F}T)(f) = T(\mathscr{F}f). \tag{2.46}$$

这样定义的 $\mathscr{F}$ 显然是 $\mathscr{S}'$ 到自身的一个线性变换. 进一步, $\mathscr{F}$ 在 $\mathscr{S}'$ 上是连续的, 因为当 T_n 在 $\mathscr{S}'$ 中收敛到 T 时,

$$(\mathscr{F}T_n)(f) = T_n(\mathscr{F}f) \to T(\mathscr{F}f) = (\mathscr{F}T)(f),$$

因此在 $\mathscr{S}'$ 中, $\mathscr{F}T_n \to \mathscr{F}T$.

类似的结论, 对于定义为 $\mathscr{S}'$ 上线性变换

$$(\overline{\mathscr{F}}T)(f) = T(\overline{\mathscr{F}}f) \tag{2.47}$$

的 $\overline{\mathscr{F}}$ 也成立. 这样定义的 $\mathscr{F}$ 与 $\overline{\mathscr{F}}$ 之间的关系, 由下述定理给出.

定理 2.2 分别由 (2.46) 与 (2.47) 式定义的 $\mathscr{S}'$ 上的变换 $\mathscr{F}$ 与 $\overline{\mathscr{F}}$, 是对方在 $\mathscr{S}'$ 上的逆同构. 即, 它们是 $\mathscr{S}'$ 到 $\mathscr{S}'$ 上的连续线性一一映射, 且在 $\mathscr{S}'$ 中

$$\mathscr{F}\overline{\mathscr{F}} = \overline{\mathscr{F}}\mathscr{F} = 1. \tag{2.48}$$

证明 我们已经说明了 $\mathscr{F}$ 与 $\overline{\mathscr{F}}$ 是 $\mathscr{S}'$ 到 $\mathscr{S}'$ 的连续线性映射. 下述论断能够说明它们是 $\mathscr{S}'$ 到 $\mathscr{S}'$ 上的, 这用到 $\mathscr{S}$ 的性质: 如果 $T \in \mathscr{S}'$, 则由

$$V(f) = T(\overline{\mathscr{F}}f)$$

定义的 $\mathscr{S}'$ 中的元素 V 具有性质

$$(\mathscr{F}V)(f) = T(\mathscr{F}\overline{\mathscr{F}}f) = T(f),$$

因此 $\mathscr{S}'$ 中的任意元素都是 $\mathscr{S}'$ 中某个元素在 $\mathscr{F}$ 下的像. 类似的论证也适用于 $\overline{\mathscr{F}}$. 于是方程 (2.48) 就是定义和 (2.38) 式的简单推论:

$$(\mathscr{F}\overline{\mathscr{F}}T)(f) = (\overline{\mathscr{F}}T)(\mathscr{F}f) = T(\overline{\mathscr{F}}\mathscr{F}f) = T(f),$$
$$(\overline{\mathscr{F}}\mathscr{F}T)(f) = (\mathscr{F}T)(\overline{\mathscr{F}}f) = T(\mathscr{F}\overline{\mathscr{F}}f) = T(f). \qquad \blacksquare$$

定理 2.2 足以涵盖后文中将要涉及的几乎全部运算, 不过对于尚不熟悉这些内容的读者, 我们建议他们直接从定义出发练习证明下列结果:

(a)

$$\mathscr{F}[\delta(x)] = \frac{1}{(2\pi)^{n/2}}.$$

(b)

$$\mathscr{F}(\exp(\mathrm{i}k \cdot x)) = (2\pi)^{n/2}\delta(p - k). \tag{2.49}$$

(c) 方程 (2.35) 与 (2.36) 对于缓增分布同样成立.

后文中还会用到 $\mathscr{F}$ 的另一个性质: 其与卷积的关系. 对于 $\mathscr{S}$ 中函数, 我们有

$$[\mathscr{F}(f * g)](k) = (2\pi)^{-n/2} \int \mathrm{e}^{-\mathrm{i}k \cdot x}\mathrm{d}x \left[\int f(x - \xi)g(\xi)\mathrm{d}\xi\right]$$
$$= (2\pi)^{-n/2} \int \mathrm{e}^{-\mathrm{i}k \cdot \xi}\mathrm{d}\xi\, g(\xi) \left[\int \mathrm{e}^{-\mathrm{i}k \cdot (x-\xi)}\mathrm{d}(x - \xi)\, f(x - \xi)\right]$$
$$= (2\pi)^{n/2}(\mathscr{F}f)(k)(\mathscr{F}g)(k). \tag{2.50}$$

因此, 除去一个因子 $(2\pi)^{n/2}$, $\mathscr{F}$ 将卷积转化为乘积. 这一结论可以推广到 $f \in \mathscr{S}$ 和 $T \in \mathscr{S}'$ 之间的卷积中:

$$[\mathscr{F}(f * T)](g) = (f * T)(\mathscr{F}g) = T(\hat{f} * \mathscr{F}g)$$
$$= (2\pi)^{n/2}T\{\mathscr{F}[(\overline{\mathscr{F}}\hat{f})g]\} = (2\pi)^{n/2}(\mathscr{F}T)[(\mathscr{F}f)g]$$
$$= (2\pi)^{n/2}[(\mathscr{F}f)(\mathscr{F}T)](g), \tag{2.51}$$

推导中用到了 $\mathscr{F}$ 和 $f * T$ 的定义 (2.46) 和 (2.31) 式, 以及基本的等式 $\overline{\mathscr{F}}\hat{f} = \mathscr{F}f$. 我们可以将 (2.51) 式写为

$$f * T = (2\pi)^{n/2}\overline{\mathscr{F}}[(\mathscr{F}f)(\mathscr{F}T)], \tag{2.52}$$

其中展示了如下定理的第一部分.

定理 2.3 速降缓增分布的 Fourier 变换是被多项式控制住的无穷阶可微函数.

证明 我们只需要再证明多项式界限的存在性. 由于所有的缓增分布都可以写为 (2.11) 的形式, 这一点是显然的. ∎

2.3 Laplace 变换与全纯函数

众所周知, 具体对于 $\mathscr{S}(\mathbf{R}^1)$ 中的函数 f, 形如

$$g(x) = \int_0^\infty \mathrm{e}^{\mathrm{i}kx} f(k)\mathrm{d}k \tag{2.53}$$

的积分是某个全纯函数的边界值. 换言之, Laplace 变换

$$g(x + \mathrm{i}y) = \int_0^\infty \mathrm{e}^{\mathrm{i}k(x+\mathrm{i}y)} f(k)\mathrm{d}k \tag{2.54}$$

在上半平面 $y > 0$ 中是全纯的. [显然, (2.54) 式中额外的因子 e^{-ky} 只是为了进一步改善本已良好收敛的积分的收敛性. 对于 $y > 0$,

$$\frac{\mathrm{d}g(z)}{\mathrm{d}z} = \lim_{\Delta z \to 0}\left[\frac{g(z + \Delta z) - g(z)}{\Delta z}\right]$$

存在, 且与方向无关. 这正是定义单复变全纯函数的一种方法.] 本节中, 我们讲授从两个方面对这一例子进行一般化推广所得到的一系列定理. 首先, 我们引入多复变量, 同时将正 k 轴推广为一个凸锥. 其次, 我们将边值由函数推广为分布. 上半平面 $y > 0$ 的推广, 将给出称为管状域的对象, 其中多复变量的实部不受限制, 而虚部被限制在一个锥的内部. 管状域中的全纯函数不是任意的, 作为在一个锥外部取值为零的缓增分布的 Laplace 变换, 它们具有一系列确定特点的有界性. 具体阐明这些有界性条件, 对于了解它们在场论中的应用是至关重要的.

由于多复变全纯函数在理论物理中的应用只是近些年的事, 我们首先回顾它们的定义和基本性质. 我们将 n 维复矢量空间记为 $\mathbf{C}^n$. $\mathbf{C}^n$ 中某点 w 邻域中定义的函数 f 称为在点 w 处是全纯的[①] (holomorphic at the point w), 如果存在多元幂级

[①] 亦常称为解析的 (analytic).

数

$$\sum_{k_1,\cdots,k_n=0}^{\infty} a_{k_1 k_2\cdots k_n}(z_1-w_1)^{k_1}\cdots(z_n-w_n)^{k_n} \tag{2.55}$$

在 w 的某个邻域中关于 z 收敛到 $f(z)$. 与一元幂级数的情形类似, 人们可以证明, 如果 (2.55) 式在 z 收敛, 则对于任意的 $\varepsilon > 0$ 和 ζ, 它在

$$|\zeta_j-w_j|\leqslant R_j=|z_j-w_j|-\varepsilon,\quad j=1,\cdots,n \tag{2.56}$$

中绝对一致收敛. 我们称这样的区域为多圆盘 (polydisc).

    Weierstrass 证明了一个与单复变全纯函数理论中情形类似的定理, 这个定理断言, 人们可以对上述幂级数逐项求微分. 利用这一结论, 有

$$a_{k_1\cdots k_n}=\frac{1}{k_1!\cdots k_n!}\frac{\partial^{|k|}f(z_1,\cdots,z_n)}{(\partial z_1)^{k_1}\cdots(\partial z_n)^{k_n}}\bigg|_{z_1=w_1,\cdots,z_n=w_n}. \tag{2.57}$$

因此, 特别地, 如果我们取 n 个 z 的虚部为零, $z_1,\cdots,z_n$ 的全纯函数是 n 个 z 的实部的无穷阶可微函数. 如果人们在 (2.55) 式中关于 $z_1,\cdots,z_n$ 一致收敛的多圆盘上, 将 Cauchy 积分公式运用 n 次得到

$$f(z_1,\cdots,z_n)=\frac{1}{(2\pi\mathrm{i})^n}\int_{|\zeta_1-w_1|=R_1}\cdots\int_{|\zeta_n-w_n|=R_n}\frac{f(\zeta_1,\cdots,\zeta_n)\mathrm{d}\zeta_1\cdots\mathrm{d}\zeta_n}{(\zeta_1-z_1)\cdots(\zeta_n-z_n)},\tag{2.58}$$

就不难看出上述结果有多么特别. 由此易得

$$\frac{1}{k_1!\cdots k_n!}\left|\frac{\partial^{|k|}f(z_1,\cdots,z_n)}{(\partial z_1)^{k_1}\cdots(\partial z_n)^{k_n}}\right|\leqslant\frac{C}{R_1^{k_1}\cdots R_n^{k_n}}. \tag{2.59}$$

这一不等式深刻地刻画了无穷阶可微函数与全纯函数的差异. 对于 (2.59) 式的含义, 我们尚没有一个直观的物理图像. 然而人们会看到, 在很多物理问题中, 特别是第三章和第四章将要考虑的情形, 物理定律导致理论中一些重要的函数满足不等式 (2.59). 正如我们将要看到的, 这是一个非常重要的结果.

    有两个相互关联而又制约了单复变全纯函数行为的原理, 在多复变函数中仍然成立: 解析延拓 (analytic continuation) 与实环境 (real environment) 上取值对函数的决定性. 由第一条原理, 人们可以通过考虑一系列相交的多圆盘唯一地扩张全纯函数的定义域. 当然, 一般而言, 不同的相交盘序列对于 $\mathbf{C}^n$ 中同一点会给出不同的函数值, 为了保证单值性, 人们不得不引入函数的一个 Riemann "面". 这些内容对我们后文中的应用不是必需的. 第二条原理的依据是, 全纯函数幂级数展开的全部系数都可以通过沿实轴方向按照 (2.57) 求导得到. 因此, 一个全纯函数在 $\mathbf{C}^n$ 中

某点的整个复邻域的行为, 被它在一个实环境上的值决定了. 实环境的含义为, 只变化复变量的实部得到的 $\mathbf{R}^n$ 的一个开集.

全纯函数被它在实环境中的取值唯一确定的一个重要的例子, 出现在对于在 $L_+^\uparrow$ 下遵循一定变换律的全纯函数的集合的研究中 (参见定理 2.11 和 3.5). 彼时我们希望从定义在限制 Lorentz 群上的函数出发将它唯一地扩张到复 Lorentz 群上. 前述原理的一个直接的结论是, 我们有 Lorentz 群的一组参数化, 对于实群包含独立实参数 $\lambda_1, \cdots, \lambda_6$, 对于复群包含相应的六个独立复参数, 并且问题中所涉及的函数是这些复参数的全纯函数. 由于任意群元 g 的邻域总可以通过将单位变换的某一邻域 N 乘以 g 得到, 这一参数化只需要在单位变换的一个邻域 N 内成立就足够了, 对于 g 的邻域 gN 中的相应元素, 只要采用 N 中的相同参数化即可.

在实际应用中, 会遇到两类函数:

$$F(\Lambda\zeta_1, \cdots, \Lambda\zeta_n) \tag{2.60}$$

和

$$S(\Lambda)_{\alpha\beta},$$

其中 F 是关于其变量的全纯函数. 由于全纯函数的全纯函数是全纯的, 第一个函数满足我们的要求的关键在于找到 Λ 的适当参数化. 矩阵 $S(\Lambda)$ 是 $SL(2, C)$ 群的一个不可约表示 $\mathscr{D}^{(j/2, k/2)}$, 其中 $j + k$ 为偶数 [因此它也是 $L_+^\uparrow$ 的一个表示, 因为此时 $\mathscr{D}^{(j/2, k/2)}(A) = \mathscr{D}^{(j/2, k/2)}(-A)$]. 现在, $\mathscr{D}^{(j/2, k/2)}(A)_{\alpha\beta}$ 是 A 矩阵元及其复共轭的多项式, 而 A 的矩阵元可以局部地表示为 $\Lambda(A)$ 的矩阵元的解析函数, 因此又一次可以由 Λ 的参数化得到所需的展开. 附带地, 其解析延拓由 $\mathscr{D}^{(j/2, k/2)}(A, B)_{\alpha\beta}$ 给出, 后者可以局部地表示为 $\Lambda(A, B)$ 矩阵元的函数.

至此, 剩余的工作只是给出 Λ 的一个合适的参数化. 为此, 注意到矩阵 $\Lambda^\mu{}_\nu$ 可以写为某一矩阵 $\Sigma^\mu{}_\nu$ 的指数, 且

$$\Lambda^{\mathrm{T}} G \Lambda = G \quad \text{等价于} \quad \Sigma^{\mathrm{T}} = -G\Sigma G$$

或

$$\Sigma_{\mu\nu} = -\Sigma_{\nu\mu}.$$

这样得到的六个独立参数 $\Sigma_{01}, \Sigma_{02}, \Sigma_{03}, \Sigma_{12}, \Sigma_{13}, \Sigma_{23}$, 对 $L_+^\uparrow$ 的情况是实数, 对 $L_+(C)$ 的情况是复数, 并且可以作为 $\lambda_1, \cdots, \lambda_6$ 提供单位变换足够小邻域内的一组合适的参数化.

人们自然会问, 实环境的概念在全纯函数定义域的边界上是否依然重要. 对于单复变的情形, 众所周知结论是确定的; 对 n 变量情形的推广将通过定理 2.17 得到.

后文中, 我们将会多次用到一个判定多复变函数是否全纯的有用的判据.

定理 2.4 令 F 是定义在 $\mathbf{C}^n$ 中开集 D 上的函数, 则 F 全纯的一个充要条件是, F 是连续函数, 并且对于每一个变量都分别是全纯的.

注 如果去掉定理中的连续性条件, 定理依然是成立的. 这是被称为 Hartog 定理的深刻结果 (参见 Bochner 和 Martin 著作的第七章). 将 Hartog 定理类比到无穷阶可微函数将得到错误的结果. 这是全纯函数特殊性的又一明证.

证明 在以 $w_1, \cdots, w_n$ 为中心的 D 中的适当多圆盘中, 我们可以得到 (利用分别全纯的性质) 逐次积分

$$F(z_1, \cdots, z_n) = \frac{1}{2\pi\mathrm{i}} \int_{|\zeta_j - w_j| = R_j} \frac{\mathrm{d}\zeta_1}{\zeta_1 - z_1} \frac{1}{2\pi\mathrm{i}} \int \frac{\mathrm{d}\zeta_2}{\zeta_2 - z_2} \cdots \frac{1}{2\pi\mathrm{i}} \int \frac{\mathrm{d}\zeta_n}{\zeta_n - z_n} F(\zeta_1, \cdots, \zeta_n).$$

但是由连续性条件, 逐次积分可以化为多重积分. 利用级数展开

$$\frac{1}{(\zeta_1 - z_1) \cdots (\zeta_n - z_n)} = \sum_{k_1, \cdots, k_n = 0}^{\infty} \frac{(z_1 - w_1)^{k_1}}{(\zeta_1 - w_1)^{k_1 + 1}} \cdots \frac{(z_n - w_n)^{k_n}}{(\zeta_n - w_n)^{k_n + 1}}$$

在任意子多圆盘中一致收敛, 交换积分与求和的次序, 我们就得到了 F 的收敛的级数展开. ∎

像所有的连续函数一样, 定义在开集 $\mathcal{O}$ 上的全纯函数 F 构成 $\mathscr{D}(\mathcal{O})'$ 中的一个分布:

$$F(f) = \int \mathrm{d}x_1 \mathrm{d}y_1 \cdots \mathrm{d}x_n \mathrm{d}y_n \, f(x_1, y_1, \cdots, x_n, y_n) F(z_1, \cdots, z_n),$$

其中 f 是支集在 $\mathcal{O}$ 中的任意检验函数. 在 2.5 节楔边定理的证明中, 我们需要用到 $\mathscr{D}(\mathcal{O})'$ 中收敛性与紧致集上全纯函数序列 $F_k, k = 1, 2, \cdots$ 一致收敛性之间的关系. 它们之间的关系很简单: 二者是等价的. 很明显, 由于在 $\mathcal{O}$ 的紧致子集上全纯函数序列 F_k 一致收敛到 $\mathcal{O}$ 上的全纯函数 F, 对于任意的 $f \in \mathscr{D}(\mathcal{O})$, 我们有

$$F_k(f) \to F(f). \tag{2.61}$$

反之, 如果 $\lim_{k \to \infty} F_k(f)$ 对于任意的 $f \in \mathscr{D}(\mathcal{O})$ 都存在, 我们可以将半径为 $R_1, \cdots, R_n$ 的多重 Cauchy 积分

$$F_k(w_1, \cdots, w_n) = \frac{1}{(2\pi)^n} \int_0^{2\pi} \mathrm{d}\theta_1 \cdots \int_0^{2\pi} \mathrm{d}\theta_n F_k(w_1 + R_1 \mathrm{e}^{\mathrm{i}\theta_1}, \cdots, w_n + R_n \mathrm{e}^{\mathrm{i}\theta_n})$$

用支集在正实轴与原点附近足够小邻域直积内的满足

$$\int_0^\infty \cdots \int_0^\infty R_1 \mathrm{d}R_1 \cdots R_n \mathrm{d}R_n \, g(R_1, \cdots, R_n) = 1$$

的无穷阶可微函数 g 均匀化. 于是[13]

$$F_k(w_1, \cdots, w_n) = F_k(f_w),$$

其中

$$f_w(x_1, y_1, \cdots, x_n, y_n) = (2\pi)^{-n} g(|z_1 - w_1|, \cdots, |z_n - w_n|).$$

$f_w \in \mathscr{D}(\mathcal{O})$, 所以 $\mathscr{D}(\mathcal{O})'$ 的收敛性推出 $F_k(w_1, \cdots, w_n)$ 在 $w_1, \cdots, w_n \in \mathcal{O}$ 点点收敛. 进一步, 当 $w_1, \cdots, w_n$ 在足够小的紧致集 K 中变化时, f_w 在 $\mathscr{D}(\mathcal{O})$ 中的某个有界集中变化, 收敛过程在 K 上是一致的. 因此极限函数 F 是一个全纯函数. 至此, 我们完成了对全纯函数的一般性说明. 接下来我们转向对 Laplace 变换定义和性质的研究.

　　如果 T 是 $\mathscr{D}'_p$ 中的分布[14], 则 $\mathrm{e}^{-p \cdot \eta} T$ 当然也是 $\mathscr{D}'_p$ 中的分布, 后者同时也可能是 $\mathscr{S}'$ 中的分布. 如果是这样, 我们就可以将 T 的 Laplace 变换定义为 $\mathscr{S}'_\xi$ 中的分布[15]

$$\mathscr{L}(T) = \mathscr{F}(\mathrm{e}^{-p \cdot \eta} T). \tag{2.62}$$

---

[13]译者注: 这一步是由于

$$\begin{aligned}
F_k(f_w) &= \int \mathrm{d}x_1 \mathrm{d}y_1 \cdots \mathrm{d}x_n \mathrm{d}y_n \, f_w(x_1, y_1, \cdots, x_n, y_n) F_k(z_1, \cdots, z_n) \\
&= \frac{1}{(2\pi)^n} \int \mathrm{d}x_1 \mathrm{d}y_1 \cdots \mathrm{d}x_n dy_n \, g(|z_1 - w_1|, \cdots, |z_n - w_n|) F_k(z_1, \cdots, z_n) \\
&= \frac{1}{(2\pi)^n} \int \mathrm{d}X_1 \mathrm{d}Y_1 \cdots \mathrm{d}X_n \mathrm{d}Y_n \, g(|Z_1|, \cdots, |Z_n|) F_k(w_1 + Z_1, \cdots, w_n + Z_n) \\
&= \frac{1}{(2\pi)^n} \int_0^\infty R_1 \mathrm{d}R_1 \int_0^{2\pi} \mathrm{d}\theta_1 \cdots \int_0^\infty R_n \mathrm{d}R_n \int_0^{2\pi} \mathrm{d}\theta_n \, g(R_1, \cdots, R_n) \\
&\quad \times F_k(w_1 + R_1 \mathrm{e}^{\mathrm{i}\theta_1}, \cdots, w_n + R_n \mathrm{e}^{\mathrm{i}\theta_n}) \\
&= \frac{1}{(2\pi)^n} \int_0^\infty R_1 \mathrm{d}R_1 \cdots \int_0^\infty R_n \mathrm{d}R_n \, g(R_1, \cdots, R_n) \\
&\quad \times \int_0^{2\pi} \mathrm{d}\theta_1 \cdots \int_0^{2\pi} \mathrm{d}\theta_n F_k(w_1 + R_1 \mathrm{e}^{\mathrm{i}\theta_1}, \cdots, w_n + R_n \mathrm{e}^{\mathrm{i}\theta_n}) \\
&= \int_0^\infty R_1 \mathrm{d}R_1 \cdots \int_0^\infty R_n \mathrm{d}R_n \, g(R_1, \cdots, R_n) F_k(w_1, \cdots, w_n) \\
&= F_k(w_1, \cdots, w_n).
\end{aligned}$$

[14]译者注: 读者应还记得此处的下标 p 表示该分布作用于自变量为 p 的检验函数.

[15]译者注: 这一定义利用了前文中函数与分布的乘积、以及分布的 Fourier 变换的定义, 即

$$\mathscr{L}(T)(f(\xi)) = \mathscr{F}(\mathrm{e}^{-p \cdot \eta} T)(f(\xi)) = (\mathrm{e}^{-p \cdot \eta} T)(\mathscr{F}[f(\xi)]) = T(\mathrm{e}^{-p \cdot \eta}(\mathscr{F} f)(p)),$$

其中第二个等号用到分布的 Fourier 变换的定义 (2.46), 需要 $\mathrm{e}^{-p \cdot \eta} T$ 属于 $\mathscr{S}'_p$; 第三个等号用到了函数与分布的乘积的定义, 同时将 $f(\xi)$ 进行 Fourier 变换变为 $(\mathscr{F} f)(p)$.

实际上, $\mathscr{L}(T)$ 依赖于参数 η, 不过我们不打算显式地标明这一点. 对于函数 T, 定义 (2.62) 为

$$\mathscr{L}(T)(\xi,\eta) = \frac{1}{(2\pi)^{n/2}} \int e^{-ip\cdot(\xi-i\eta)} T(p) dp. \tag{2.63}$$

Fourier 变换的符号约定在此导致指数上的参数为 $\xi - i\eta$ 而非 $\xi + i\eta$. 这是由于我们力图在第三章和第四章中得到通常物理上习惯的符号. 为了使这一定义有意义, T 的支集并不需要满足任何特殊的要求. 比如, 如果 $T(p) = \exp(-|p|^2)$, 则 Laplace 变换显然对于任意的 η 都存在. 于是, 我们处理的对象有时也被称为双边 Laplace 变换, 单边变换 (2.53) 是它的特殊情况.

关于使得 $\mathscr{L}(T)$ 存在的 η 的第一个事实, 由下述定理 2.5 陈述.

定理 2.5　令 T 是 $\mathscr{D}'_p$ 中的分布, 则全体使得 $e^{-p\cdot\eta}T$ 属于 $\mathscr{S}'_p$ 的 η 构成一个凸集.

证明　假设 $e^{-p\cdot\eta'}T$ 和 $e^{-p\cdot\eta''}T$ 属于 $\mathscr{S}'_p$. 令 $\eta = t\eta' + (1-t)\eta'', 0 \leqslant t \leqslant 1$. 定义无穷阶可微函数

$$a(p) = \frac{\exp(-p\cdot\eta)}{\exp(-p\cdot\eta') + \exp(-p\cdot\eta'')}. \tag{2.64}$$

因此 a 是有界函数 [对任意两个正实数, $c < d$ 推出 $c^t < d^t$, 因此 $c < c^t d^{(1-t)} < d$. 将此不等式应用于 $e^{-p\cdot\eta'}$ 和 $e^{-p\cdot\eta''}$ 即给出 $0 < a(p) \leqslant 1$][19]. 进一步有 a 对 p 的所有偏导数都是有界的. 这是由于它们无非是形如 (2.64), 抑或是将其中的 η 替换为 η' 或 η'' 得到的类似函数的乘积的线性组合. 因此, 等式

$$\exp(-p\cdot\eta)T = a[\exp(-p\cdot\eta')T] + a[\exp(-p\cdot\eta'')T]$$

将 $\exp(-p\cdot\eta)T$ 表示为 $\mathscr{S}'_p$ 中两个分布之和[20]. ■

---

[19]译者注: 这两个不等式证明如下. 由于 $d^{(1-t)} > 0$, 将 $c^t < d^t$ 两边同时乘以 $d^{(1-t)}$ 即有 $c^t d^{(1-t)} < d$. 由于 $c^{(1-t)} < d^{(1-t)}$, 两边同时乘以 $c^t > 0$ 有 $c < c^t d^{(1-t)}$. 综合上两式就有 $c < c^t d^{(1-t)} < d$. 对于 $e^{-p\cdot\eta'} > 0$ 和 $e^{-p\cdot\eta''} > 0$, 不妨设 $e^{-p\cdot\eta'} < e^{-p\cdot\eta''}$, 则由前面证明的不等式有 $e^{-p\cdot\eta'} < e^{-tp\cdot\eta'}e^{-(1-t)p\cdot\eta''} = e^{-p\cdot\eta} < e^{-p\cdot\eta''}$, 于是有 $0 < a(p) \leqslant 1$.

[20]译者注: 书中的这一公式等式右侧的符号是含义不明的, 然而至此为止作者确实完成了定理的证明, 只需要注意到对于任意的检验函数 $f \in \mathscr{S}_p$, 都有

$$\exp(-p\cdot\eta)T(f(p)) = a(p)(\exp(-p\cdot\eta') + \exp(-p\cdot\eta''))T(f(p))$$
$$= a(p)(\exp(-p\cdot\eta')T)(f(p)) + a(p)(\exp(-p\cdot\eta'')T)(f(p))$$
$$= a(p)T'(f(p)) + a(p)T''(f(p)),$$

其中 $T' = \exp(-p\cdot\eta')T$, $T'' = \exp(-p\cdot\eta'')T$ 均为缓增分布. 而证明的前半部分已经说明 $a(p)$ 作为 p 的函数, 其自身和任意阶导函数都是有界的, 因此被多项式函数控制住. 由 2.1 节 (2.26) 式下面一段的讨论, 我们知道 aT' 和 aT'' 均属于 $\mathscr{S}'_p$, 因此它们的和 $\exp(-p\cdot\eta)T \in \mathscr{S}'_p$, 定理得证.

定理 2.5 表明, 对于每一个 $T \in \mathscr{D}'$, Laplace 变换的定义 (2.62) 都给出了 η 空间中的一个凸集 (可以是空集!), 使得 T 的 Laplace 变换在其中存在. 下面我们给定 η 空间中的一个集合 Γ, 来看看什么样的分布 T 在 $\eta \in \Gamma$ 中存在 Laplace 变换.

定理 2.6 令 Γ 是 $\mathbf{R}^n$ 中的一个凸开集, T 是 $\in \mathscr{D}'_p$ 的分布, 且对于任意的 $\eta \in \Gamma$ 都有 $\mathrm{e}^{-p \cdot \eta} T \in \mathscr{S}'_p$, 则 $\mathscr{L}(T)$ 是管状域 $\mathbf{R}^n - \mathrm{i}\Gamma$ 中 $\xi - \mathrm{i}\eta$ 的全纯函数. 当 η 在 Γ 的紧致子集 K 中取值时, 存在多项式 P_K, 使得 $\mathscr{L}(T)$ 满足有界条件

$$|\mathscr{L}(T)(\xi - \mathrm{i}\eta)| \leqslant |P_K(\xi)|. \tag{2.65}$$

反之, 对于一个管状域 $\mathbf{R}^n - \mathrm{i}\Gamma$ 中的全纯函数, 如果对 Γ 的任一紧致子集 K 都存在多项式 P_K 使得它满足 (2.65) 式, 则它是唯一确定的分布 $T \in \mathscr{D}'_p$ 的 Laplace 变换, 且对于任意的 $\eta \in \Gamma$ 都有 $\mathrm{e}^{-p \cdot \eta} T \in \mathscr{S}'_p$.

注 1. 管状域显然是 $\mathbf{C}^n$ 的一类具有特殊平移不变性的子集: 它们在实平移变换下不变. 在数学文献中, 习惯上的定义是要求具有纯虚平移变换不变. 这当然仅仅是一种约定的习惯.

2. 对于单复变 $\xi - \mathrm{i}\eta$ 的情形, 如果 Γ 为锥 $\eta > 0$, 本定理处理的就是下半平面中的全纯函数. 有界限制 (2.65) 要求, 全纯函数在任意水平方向条状区域 $0 < a \leqslant \eta \leqslant b < \infty$ 中, 都被某个多项式 $P_{a,b}(\xi)$ 控制住. 由于多项式依赖于 a 和 b, 我们无法控制全纯函数在大 η 和小 η 极限下的行为. 下面的两个例子很好地说明了这一点:

$$\mathrm{e}^{-z^2/2} = \frac{1}{\sqrt{2\pi}} \int_{-\infty}^{\infty} \mathrm{d}k \; \mathrm{e}^{\mathrm{i}kz} \mathrm{e}^{-k^2/2} \tag{2.66}$$

和

$$\sqrt{\pi} \frac{\mathrm{e}^{\mathrm{i}/4z}}{\sqrt{-\mathrm{i}z}} = \int_0^{\infty} \mathrm{d}k \; \mathrm{e}^{\mathrm{i}kz} \frac{\cosh\sqrt{k}}{\sqrt{k}}. \tag{2.67}$$

第一个函数在 $y \to \infty$ 时沿虚轴方向以 $\mathrm{e}^{y^2/2}$ 的速率增长, 第二个函数在 $y \to 0$ 时增长速率为 $y^{-1/2}\mathrm{e}^{1/4y}$.

证明 证明的第一步, 是说明当 η 在 Γ 的特定子集中取值时, $\mathrm{e}^{-p \cdot \eta} T$ 可以写为 $\mathscr{S}'_p$ 中分布的线性组合, 并且每一项都是 $\mathscr{S}$ 中函数与 $\mathscr{S}'$ 中分布的乘积. 也就是说, $\mathrm{e}^{-p \cdot \eta} T$ 是速降缓增分布. 根据定理 2.3, 这类分布的 Fourier 变换是 ξ 的无穷阶可微函数. 特殊的形式进一步保证, 它同时是 ξ 和 η 的无穷阶可微函数. 接下来我们再说明这一函数满足 ξ 和 $-\eta$ 的 Cauchy-Riemann 方程, 于是根据定理 2.4, 它是 $\xi - \mathrm{i}\eta$ 的全纯函数.

令 $\eta^{(1)}, \cdots, \eta^{(\ell)}$ 是 Γ 中的一组矢量, 且满足它们的凸包 H, 即形如 $\sum\limits_{j=1}^{\ell} t_j \eta^{(j)}$,

其中 $\sum\limits_{j=1}^{\ell} t_j = 1, t_j \geqslant 0, j = 1, \cdots, \ell$ 的矢量构成的锥, 具有非空内部. 如果 η 是其内

部的一个矢量, 则函数

$$a(p, \eta) = \exp(-p \cdot \eta) \left[\sum_{j=1}^{\ell} \exp(-p \cdot \eta^{(j)}) \right]^{-1} \tag{2.68}$$

关于 p 是有界的. [证明与 (2.64) 式的有界性的证明是非常类似的: 如果 $a_i > 0$, 则

$$\sum_{i=1}^{\ell} t_i \ln a_i \leqslant \sup_i \ln a_i, \quad \text{对于} \quad \sum_{j=1}^{\ell} t_j = 1, t_j \geqslant 0, j = 1, \cdots, \ell.$$

因此 $|a(p, \eta)| \leqslant 1$.] 于是同样的结论对于它关于 p 的任意导函数也都成立, 且当给定 H 中的 η 时是一致的. 对于给定的 H 中的 η, $a(p, \eta)$ 关于 p 和 η 的导函数被 p 的多项式 η 一致地控制住. 因此, 利用

$$\exp(-p \cdot \eta) T = \sum_{j=1}^{\ell} a(p, \eta)[\exp(-p \cdot \eta^{(j)}) T], \tag{2.69}$$

我们就把等式左侧表示为 $\mathscr{S}_p'$ 中元素的线性组合, 也就是说, 方括号中的分布乘以一个 p 的无穷阶可微函数, 且这个函数关于 p 的导函数是有界的, 关于 η 的导函数是多项式有界的. 这些足以说明, $\exp(-p \cdot \eta) T$ 的 Fourier 变换是 $\mathscr{S}_p'$ 中的 η 可微分布. 但是为了说明它是一个函数, 我们需要比 (2.69) 式更强的结果[15].

我们断言, 对于 Γ 中的任意紧致子集 K, 都存在 $\varepsilon > 0$, 使得对于任意的 $\eta \in K$, 都有

$$\exp(\varepsilon \sqrt{1 + |p|^2}) \exp(-p \cdot \eta) T = T_1 \in \mathscr{S}_p'. \tag{2.70}$$

为了证明这一点, 我们取 $\eta \in K$. 如果 ρ 是满足 $|\rho| \leqslant \varepsilon$ 的实矢量, 则对于足够小的 $\varepsilon, \eta + \rho$ 会落在 Γ 中有限个矢量张成的凸包中. 因此, 对于这些 $\eta + \rho$, 人们可以用 (2.68) 式构造 $a(p, \eta + \rho)$. 如果我们定义

$$b(p, q) = \exp[\varepsilon \sqrt{1 + |p|^2}] a(p, q),$$

---

[15]译者注: 一个分布是一个函数的定义, 参见 2.1 节 (2.3) 式下面的讨论. 到目前为止的部分, 只能说明在凸包内部 $e^{-p \cdot \eta} T$ 是缓增分布, 因而 Laplace 变换 $\mathscr{L}(T)$ 至少作为分布是存在的. 这与定理的目标, 即证明 $\mathscr{L}(T)$ 不仅是分布, 而且是函数, 并且是 $\xi - i\eta$ 的全纯函数还有相当的距离. 因此我们需要接下来更强的结果.

对于 $|q - \eta| \leqslant \varepsilon$ 我们有

$$\begin{aligned}
|b(p,q)| &\leqslant \exp[\varepsilon(1 + |p|)]|a(p,q)| \\
&\leqslant \exp(\varepsilon) \sup_{|\rho| \leqslant \varepsilon} \exp(-\rho \cdot p)|a(p,q)| \\
&\leqslant \exp(\varepsilon) \sup_{|\rho| \leqslant \varepsilon} |a(p, q + \rho)|.
\end{aligned}$$

因此对于足够接近 η 的任意的 q, $b(p,q)$ 关于 p 都是有界的[19]. 进而它关于 p 和 q 的导函数被 p 的多项式控制住, 因为这些导函数是 $\exp(\varepsilon\sqrt{1 + |p|^2})$ 和 $a(p,q)$ 的导函数的线性组合. 如果我们写下

$$\exp(\varepsilon\sqrt{1 + |p|^2}) \exp(-p \cdot \eta)T = \sum_{j=1}^{\ell} b(p,q)[\exp(-p \cdot \eta^{(j)})T],$$

就得到 (2.70) 式当 η 在 K 中一点的邻域内时成立. 然而, 由于 K 是紧致的, 它能够被有限个这样的邻域覆盖, 因此选取其中最小的 ε 就可以得到, 上面的结论在 K 内都是成立的[20]. (2.70) 式的有效性保证了对于任意给定的紧致集 K, 都有 $\exp(-p \cdot \eta)T = \exp(-\varepsilon\sqrt{1 + |p|^2})T_1$, 其中 T_1 是 $\mathscr{S}_p'$ 中的元素, 并且当 η 在 K 中变化时, T_1 在一个有界集中变化. 所以, $\exp(-p \cdot \eta)T$ 是一个速降缓增分布, 并且 $\mathscr{L}(T)(\xi, \eta)$ 是 ξ 和 η 的无穷阶可微函数[21]. 进一步有, 对于任意的 $\eta \in K$,

$$|\mathscr{L}(T)(\xi, \eta)| < |P_K(\xi)|, \tag{2.71}$$

其中 P_K 是某一多项式.

现在

$$\begin{aligned}
\frac{\partial}{\partial \xi_j} \mathscr{L}(T)(\xi, \eta) &= \mathscr{F}(-\mathrm{i}p_j \mathrm{e}^{-p \cdot \eta}T) \\
&= \mathrm{i}\frac{\partial}{\partial \eta_j} \mathscr{L}(T)(\xi, \eta)
\end{aligned}$$

正是复变量 $\xi_j - \mathrm{i}\eta_j, j = 1, \cdots, n$ 的 Cauchy-Riemann 方程. 所以 $\mathscr{L}(T)$ 是 $\xi - \mathrm{i}\eta$ 的全纯函数. 这样我们就完成了定理前半部分的证明.

反过来, 对于凸开集 Γ, 假设 $F(\xi - \mathrm{i}\eta)$ 是管状域 $\mathbf{R}^n - \mathrm{i}\Gamma$ 中的全纯函数, 并且对于 Γ 的任意紧致子集 K 都存在多项式 P_K 使得

$$|F(\xi - \mathrm{i}\eta)| \leqslant |P_K(\xi)|, \quad \eta \in K. \tag{2.72}$$

---

[19]译者注: 注意这里的 ρ 是与 q 无关的独立矢量, 因此有推导中第二行的不等式.

[20]译者注: K 的紧致性是重要的, 因为当 $|p| \to \infty$ 时, 有界性要求 $\varepsilon \to 0$.

[21]译者注: 这里用到了速降缓增分布的定义, 即可以写为一个 $\mathscr{S}$ 中函数与缓增分布乘积的缓增分布. 而 T 的 Laplace 变换 $\mathscr{L}(T)$ 是速降缓增分布 $\mathrm{e}^{-p \cdot \eta}T$ 的 Fourier 变换, 由上一节结尾处的定理 2.3 可得, 它是无穷阶可微函数, 并且被 (ξ 的) 多项式控制住.

(2.72) 式保证了对于任一 $\eta \in \Gamma$, $F(\xi - i\eta)$ 都是关于 ξ 的分布, 因此我们马上可以写下分布 $\hat{F} \in \mathscr{S}'_p$, 而 F 应该是它乘以 $\mathrm{e}^{\eta \cdot p}$ 的 Laplace 变换

$$\hat{F}(p, \eta) = \overline{\mathscr{F}}_\xi[F(\xi - i\eta)].$$

如果我们将它乘以 $\mathrm{e}^{\eta \cdot p}$, 得到的分布可能不再属于 $\mathscr{S}'_p$, 但是一定属于 $\mathscr{D}'_p$. 假如我们能证明

$$\frac{\partial}{\partial \eta_j}[\mathrm{e}^{p \cdot \eta} \hat{F}(p, \eta)] = 0, \tag{2.73}$$

我们就可以得到

$$\hat{F}(p, \eta) = \mathrm{e}^{-p \cdot \eta} T(p), \quad T \in \mathscr{D}'_p, \tag{2.74}$$

从而完成定理的证明. 然而, 眼下我们甚至还不清楚 $\hat{F}(p, \eta)$ 是否是 η 可微的, 还谈不到 (2.73) 式成立与否. 为了得到可微性, 我们需要说明 F 的全纯性与不等式 (2.72) 一起给出了 F 导函数的类似不等式.

我们首先对于单复变的情形解释证明的思路. 此时作为管状域中的紧致子集, 我们选取闭区间 $0 < a \leqslant \eta \leqslant b$ (选取合适的坐标原点, 总可以使它位于 $\xi - i\eta = z$ 的下半平面). 取足够高幂次的 z 的幂函数 z^k, 使得 $f(z)z^{-k}$ 在条形区域 $a \leqslant \eta \leqslant b$ 中有界. 这样, 利用图 2.1 所示的围道 C, 在 $a < -\mathrm{Im}\,z < b$ 中可以得到积分表示

$$\begin{aligned}
\frac{f(z)}{z^{k+2}} &= \frac{1}{2\pi i} \int_C \frac{f(\zeta)\mathrm{d}\zeta}{\zeta^{k+2}(\zeta - z)}, \\
\frac{\mathrm{d}f/\mathrm{d}z}{z^{k+2}} &= (k+2)\frac{f(z)}{z^{k+3}} + \frac{1}{2\pi i} \int_C \frac{f(\zeta)\mathrm{d}\zeta}{\zeta^{k+2}(\zeta - z)^2}.
\end{aligned} \tag{2.75}$$

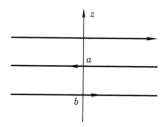

图 2.1 平面 $z = \xi - i\eta$ 上的围道 C.

利用这些表示, 人们可以马上得出在条形区域中 $|f(z)| \leqslant c|z|^k$ 可以推出 $|\mathrm{d}f/\mathrm{d}z| \leqslant d|z|^{k+2}$. n 变量情况的结论是类似的. 选择 Γ 的形如 n 个区间直积的紧致子集, 证明对于足够大的 $k_1, \cdots, k_n$, (2.72) 式保证 $F(z)(z_1^{-k_1} \cdots z_n^{-k_n})$ 是有界的 (再一次利

用适当的坐标原点选取使得这些区间都位于下半平面). 与 (2.75) 式有所区别, 人们将得到多重 Cauchy 积分公式, 然而结果是相同的: $F(\xi - \mathrm{i}\eta)$ 的偏导函数是多项式有界的.

由于这一点直接推出 $\hat{F}$ 的可微性, 我们可以计算 (2.73) 式中的微商:

$$\frac{\partial}{\partial \eta_j}[\mathrm{e}^{p\cdot\eta}\hat{F}(p,\eta)] = p_j\mathrm{e}^{p\cdot\eta}\hat{F}(p,\eta) + \mathrm{e}^{p\cdot\eta}\frac{\partial\hat{F}}{\partial\eta_j}(p,\eta)$$

$$= \mathrm{e}^{p\cdot\eta}\mathscr{F}\left[\mathrm{i}\frac{\partial}{\partial\xi_j}F(\xi-\mathrm{i}\eta) + \frac{\partial F}{\partial\eta_j}(\xi-\mathrm{i}\eta)\right] = 0. \qquad \blacksquare$$

现在让我们转向由 T 具有在锥状域中的支集且 T 是缓增的这两条要求给出的对全纯函数 $\mathscr{L}(T)$ 的进一步的限制.

首先让我们试探性地考虑这件事. 对于某一给定的矢量 a, 如果 T 的支集落在半空间 $p\cdot a > A$ 中, 那么对于 $\eta \in \Gamma$, "积分"

$$\int \mathrm{e}^{-\mathrm{i}p\cdot(\xi-\mathrm{i}\eta)}T(p)\mathrm{d}p \qquad (2.76)$$

在将其中的指数函数替换为

$$\mathrm{e}^{-\mathrm{i}p\cdot(\xi-\mathrm{i}\eta)}\mathrm{e}^{-t(p\cdot a - B)}, \qquad \text{其中} \quad B < A, \quad t \geqslant 0$$

时, 收敛性会变得更好, 或者说

$$\mathrm{e}^{tB}\int \mathrm{e}^{-\mathrm{i}p\cdot[\xi - \mathrm{i}(\eta+ta)]}T(p)\mathrm{d}p$$

对于所有的 $B < A$ 和 $t \geqslant 0$ 都应该存在. 但是这就意味着如果 $\eta \in \Gamma$, 对于任意给定的、满足 T 的支集包含于半平面 $p\cdot a > A$ 的矢量 a, 一定有对于所有 $t \geq 0$, $\eta + ta \in \Gamma$. 当然, 这一结论只有当 Γ 是非空集合时才是有意义的. 如果 T 是缓增的, 由于当 $\eta = 0$ 时, Laplace 变换退化为 Fourier 变换, 所以 Γ 至少包含一个点 $\eta = 0$. 它不一定包含任何其他的点, 比如考虑例子 $T(p) = (1 + |p|^2)^{-2n}$[22]. 然而, 如果 T 是缓增的, 并且其支集落在某个半平面内, 前述试探性的讨论与 Γ 必为凸集的事实结合起来, 就能够得出 Γ 必为锥状域. 我们将看到, 这正是量子场论中的情况.

定理 2.7　设 $T \in \mathscr{D}'_p$ 且 Γ (作为 $\mathbf{R}^n$ 中的一个凸集) 由满足 $\mathrm{e}^{-p\cdot\eta}T \in \mathscr{S}'_p$ 的矢量 η 组成. 如果 T 的支集落在某半平面 $p\cdot a > A$ 内, 那么 Γ 包含全体形如 $\eta + ta$ 的点, 其中 $\eta \in \Gamma$ 且 $t \geq 0$.

---

[22]译者注: 此函数的积分, 只要 $\eta \neq 0$, 在 $p \to +\infty$ 或 $p \to -\infty$ 的其中一边总会表现出病态的行为, 因此是不存在的.

证明 令 $\varepsilon > 0$, 选取满足如下条件的单变量无穷阶可微函数 q, q 在 $x \geqslant A$ 的区域为 1, 在 $x \leqslant A - \varepsilon$ 的区域为 0. 定义 $g_\varepsilon(p) = q(p \cdot a)$. 对于 $\eta \in \Gamma$, 分布 $\exp[-p \cdot (\eta + ta) + At]T$ 属于 $\mathscr{D}'$, 且由于 T 的支集落在半平面 $p \cdot a \geqslant A$ 内部, 这一分布的支集也落在该半平面内. 并且, 如果 $f \in \mathscr{D}, t \geqslant 0$,

$$\{\exp[-p \cdot (\eta + ta) + At]T\}(f)$$
$$= [\exp(-p \cdot \eta)T]\{[\exp(-tp \cdot a + At)]g_\varepsilon f\} \tag{2.77}$$

不依赖于 g_ε, 说明存在 ε 使得它满足上述要求. 现在, 由于当 f 属于 $\mathscr{S}$ 时 $[\exp(-tp \cdot a + At)]g_\varepsilon f$ 也属于 $\mathscr{S}$, 并且连续地依赖于 f, 所以 (2.77) 式右侧可以连续延拓到 $\mathscr{S}'$. 因此, $\exp[-p \cdot (\eta + ta)]T \in \mathscr{S}'_p$, 所以 $\eta + ta \in \Gamma$. ∎

在第三章和第四章的实际应用中, T 的自变量为 $p_1, \cdots, p_n$, 其中每个 p_j 都是一个实四矢量, 并且除非所有的 p_j 都位于未来光锥内部或之上, 否则 T 为零. 这一叙述在后文中会十分常见, 因此我们引入记号 $\boldsymbol{V}_+$ 表示所有满足 $p^2 = (p^0)^2 - (\boldsymbol{p})^2 > 0$ 且 $p^0 > 0$ 的实四矢量 p, $\overline{\boldsymbol{V}}_+$ 表示 $\boldsymbol{V}_+$ 的闭包, 即满足 $p^2 \geqslant 0$ 和 $p^0 \geqslant 0$ 的 p 的集合. 由于在第三章和第四章中, T 将会是缓增的, 运用定理 2.7 可知对于所有的形如 $a_1, \cdots, a_n$ 且 $a_j \in \boldsymbol{V}_+, j = 1, \cdots, n$ 的 a, $\mathscr{L}(T)(\xi - \mathrm{i}a)$ 都是解析的. 在后文中[24], 管状域 $\boldsymbol{R}^{4n} - \mathrm{i}\Gamma$ 将被记作 $\mathscr{T}_n$, 其中 $\Gamma = (a_1, \cdots, a_n)$ 且 $a_j \in \boldsymbol{V}_+, j = 1, \cdots, n$, 有时也不加声明地直接将它简称为管状域 (the tube).

支集在半平面内的分布的 Laplace 变换拥有比 (2.72) 式所述更强的有界性质. 虽然这一性质适用于更一般的管状域, 我们给出一个干净的对于 $\mathscr{T}_n$ 的结果, 以将我们的注意力集中于此.

定理 2.8 设 $T \in \mathscr{D}'_p$ 且对于任意的 $\eta \in \Gamma$ 有 $\mathrm{e}^{-p \cdot \eta}T \in \mathscr{S}'_p$. 这里的 $p \cdot \eta$ 表示 $\sum\limits_{j=1}^{n}\sum\limits_{\mu=0}^{3} p_{j\mu}\eta_j{}^\mu$, 且 Γ 为锥状域 $\eta_j \in \boldsymbol{V}_+, j = 1, \cdots, n$. 如果 $p \in \mathrm{supp}\, T$ 意味着 $p_j \in \overline{\boldsymbol{V}}_+, j = 1, \cdots, n$, 那么对于任意的 $\eta \in \Gamma$, 存在多项式 P_η 对所有 ξ 和 $a \in \Gamma$ 都满足

$$|\mathscr{L}(T)[\xi - \mathrm{i}(\eta + a)]| \leqslant |P_\eta(\xi - \mathrm{i}a)|. \tag{2.78}$$

反之, 如果 F 是 $\mathscr{T}_n = \boldsymbol{R}^{4n} - \mathrm{i}\Gamma$ 中的全纯函数, 并且存在某一多项式 P_η 使得 F 对于任意的 $\eta \in \Gamma$ 都满足不等式 (2.78), 那么 F 一定是某个支集落在 Γ 中的分布的 Laplace 变换.

---

[24]译者注: 英文版原书此处对于管状域 $\mathscr{T}_n$ 的定义为 $\boldsymbol{R}^n - \mathrm{i}\Gamma$, 疑为笔误.

证明 (2.78) 式的证明, 需要借助 Bros-Epstein-Glaser 引理. 参见学术出版社 (Academic Press) 1975 年版的 M. Reed 和 B. Simon 合著的 *Methods of Modern Mathematical Physics* 第二卷 *Fourier Analysis, Self-Adjointness* 的第 21 到 27 页.

反之, 若 F 是 $\mathbf{R}^{4n} - \mathrm{i}\Gamma = \mathscr{T}_n$ 中的全纯函数, 且其有界性质满足 (2.78) 式. 则它显然满足 (2.72) 式, 因此它是分布 $T \in \mathscr{D}'$ 的 Laplace 变换, 并且对于任意的 $\eta \in \Gamma$ 都有 $\mathrm{e}^{-p\cdot\eta}T \in \mathscr{S}'_p$. 余下的工作只是证明 T 的支集在 Γ 内.

选取其紧支集完全落在 Γ 外的检验函数 g, 则[24]

$$T(g) = [\mathrm{e}^{-p\cdot(\eta+a)}T][\mathrm{e}^{p\cdot(\eta+a)}g] = \{\mathscr{F}[\mathrm{e}^{-p\cdot(\eta+a)}T]\}\{\overline{\mathscr{F}[\mathrm{e}^{p\cdot(\eta+a)}g]}\}$$
$$= \int \mathrm{d}\xi\, F[\xi - \mathrm{i}(\eta+a)]G[\xi - \mathrm{i}(\eta+a)],$$

其中

$$G(\xi - \mathrm{i}\eta) = (2\pi)^{-2n}\int \mathrm{e}^{\mathrm{i}p\cdot(\xi-\mathrm{i}\eta)}g(p)\mathrm{d}p.$$

接下来, 通过选取适当的 a, 可以使得在 g 的整个支集上都有 $p\cdot(\eta+a) < 0$, 且当 $a \to \infty$ 时有 $p\cdot(\eta+a) \to -\infty$. 于是, 当 a 在 Γ 中趋于 ∞ 时, $G[\xi - \mathrm{i}(\eta+a)]$ 在 $\mathscr{S}_\xi$ 中趋于 0. 因此当 $a \to \infty$ 时, 对于给定的足够大的 k, 有

$$|T(g)| \leqslant \int \mathrm{d}\xi\, |P_\eta(\xi - \mathrm{i}a)|\,|G[\xi - \mathrm{i}(\eta+a)]|$$
$$\leqslant \int \frac{\mathrm{d}\rho}{[1+|\rho|^2]^k}\sup_\xi[1+|\xi|^2]^k\,|P_\eta(\xi - \mathrm{i}a)G[\xi - \mathrm{i}(\eta+a)]| \to 0. \qquad \blacksquare$$

从例子 (2.67) 中已经可以看出, 作为 Laplace 变换的全纯函数不一定是有边界值的, 即便在分布理论的意义上也是如此. 如果该全纯函数是缓增分布 T 的 Laplace 变换, 则它的边界值就是 T 的 Fourier 变换.

定理 2.9 若 $T \in \mathscr{S}'_p$, 且 $\mathscr{L}(T)$ 对于定理 2.8 中描述的所有 $\eta \in \Gamma$ 都存在, 那么

$$\lim_{\eta\to 0}\int \mathscr{L}(T)(\xi - \mathrm{i}\eta)f(\xi)\mathrm{d}\xi = [\mathscr{F}(T)](f), \qquad (2.79)$$

即当 η 在 Γ 的闭锥中趋于 0 时, $\mathscr{L}(T)$ 在 $\mathscr{S}'_\xi$ 中收敛到 $\mathscr{F}(T)$.

反之, 如果当 η 在任一上述闭锥中趋于 0 时, 都有 $\mathscr{L}(T)$ 在 $\mathscr{S}'_\xi$ 中收敛到 $\mathscr{F}(T)$, 则 T 是一个缓增分布.

证明 定理的第一部分结论, 可以直接由 (2.69) 式及其说明得到. $\exp(-p\cdot\eta)T$ 是 Γ 内任意有限多矢量构成的凸包中关于 η 连续的取值在 $\mathscr{S}'_p$ 上的函数.

---

[24] 译者注: 英文版原书此公式第二行积分末尾另有一个 "$\mathrm{d}\xi$", 显然为笔误.

反向的结果意味着

$$\left[\lim_{\eta \to 0} \mathscr{F}(\mathrm{e}^{-p \cdot \eta} T)\right](f) = \lim_{\eta \to 0} T(\mathrm{e}^{-p \cdot \eta} \mathscr{F} f)$$

对于任意的 $f \in \mathscr{S}$ 都存在. $\mathscr{S}'$ 的完备性断言存在一个缓增分布 T_1 使得该极限为 $T_1(\mathscr{F} f)$. 但是对于 $\mathscr{F} f \in \mathscr{D}$, 显然 $T_1(\mathscr{F} f) = T(\mathscr{F} f)$. 因此 $T_1 = T$, 并且 T 是缓增的. ∎

定理 2.9 对由缓增分布 Laplace 变换给出的全纯函数进行了刻画, 但是它并没有很直接地将 $\mathscr{L}(T)$ 表达为一个全纯函数. 本节最后一个定理将给出一个更为直接的论断.

定理 2.10 对于定理 2.8 中描述的 Γ, 在 $\eta = 0$ 和 $\eta \in \Gamma$ 的区域内, 令 $\mathrm{e}^{-p \cdot \eta} T \in \mathscr{S}'_p$, 则对于 Γ 中的任意紧致子集 K, 都存在多项式 P_K 和整数 r 使得当 $\eta \in K$ 时, 对于所有的 ξ 和满足 $0 < t < 1$ 的 t, 都有

$$|\mathscr{L}(T)(\xi - \mathrm{i} t \eta)| \leqslant \frac{P_K(\xi)}{t^r}. \tag{2.80}$$

反之, 如果 F 是 $\mathscr{T}_n$ 中满足 (2.80) 式的全纯函数, 则必有 $F = \mathscr{L}(T)$, 其中 T 是一个缓增分布.

证明 为了得到 (2.80) 式, 我们再次利用定理 2.6 的证明中用到的论证. 在那里我们证明了 $\mathrm{e}^{-tp \cdot \eta} T$ 总可以写作 $a(p, t\eta) T_1$, 其中对于所有的 $\eta \in K$ 和 $0 < t < 1$ 都有 $T_1 \in \mathscr{S}'$ 以及 $a \in \mathscr{S}_p$, 且当 η 在 K 中取值时, a 在一个有界集上取值. 因此, $\mathscr{L}(T)(\xi - \mathrm{i} t \eta)$ 是缓增分布 T_1 作用在检验函数 $(2\pi)^{-2n} a(p, t\eta) \mathrm{e}^{-\mathrm{i} p \cdot \xi}$ 上得到的结果. 作为这一点的结论, 存在整数 k, l 和常数 C 使得[25]

$$|\mathscr{L}(T)(\xi - \mathrm{i} t \eta)| \leqslant C \|\mathrm{e}^{-\mathrm{i} p \cdot \xi} a(p, t\eta)\|_{k,l}. \tag{2.81}$$

对不等式右侧进行直接的估计可以得到, 存在 r 使得当 η 在 K 中取值时, 它 $\leqslant t^{-r} P_K(\xi)$.

为了证明逆命题, 我们选取 $f \in \mathscr{S}$, 研究 t 的函数

$$\int F(\xi - \mathrm{i} t \eta) f(\xi) \mathrm{d}\xi = h(t).$$

我们有

$$\frac{\mathrm{d} h}{\mathrm{d} t}(t) = \int \sum_j \frac{\partial}{\partial (\xi - \mathrm{i} t \eta)_j} F(\xi - \mathrm{i} t \eta) (-\mathrm{i} \eta_j) f(\xi) \mathrm{d}\xi$$

---

[25]注意 (2.81) 的右侧是由 T_1 作用在 $(2\pi)^{-2n} a(p, t\eta) \mathrm{e}^{-\mathrm{i} p \cdot \xi}$ 上, 根据 (2.10) 式得到的结论. 因此这里 $\|\mathrm{e}^{-\mathrm{i} p \cdot \xi} a(p, t\eta)\|_{k,l}$ 的自变量应该是 T_1 对应检验函数的自变量 p.

$$= \int F(\xi - it\eta)(i\eta) \cdot \frac{\partial}{\partial \xi} f(\xi) d\xi,$$

$$\vdots$$

$$h^{(j)}(t) = \int F(\xi - it\eta) \left(i\eta \cdot \frac{\partial}{\partial \xi}\right)^j f(\xi) d\xi.$$

因此, 由 (2.80) 式, 存在足够大的确定的 k 使得

$$|h^{(j)}(t)| \leqslant C \sup_{\xi} \frac{|P_\eta(\xi)| \left|\left(i\eta \cdot \frac{\partial}{\partial \xi}\right)^j f(\xi)\right| (1 + |\xi|^2)^k}{t^r}. \tag{2.82}$$

现在

$$h^{(j)}(t) = -\int_t^1 d\tau \, h^{(j+1)}(\tau) + h^{(j)}(1),$$

所以对于 $r > 1$,

$$|h^{(j)}(t)| \leqslant \left(\frac{1}{t^{r-1}} - 1\right) \frac{E}{r-1} + |h^{(j)}(1)|, \tag{2.83}$$

其中 E 代表 (2.82) 式中的分子. (2.83) 式说明 $h^{(j)}(t)$ 关于 t 是有界的, 它被一系列当 f 在 $\mathscr{S}$ 中趋于 0 时趋于 0 的 t 的 $-(r-1)$ 次项的和控制住. 将此展开式代入 $h^{(j-1)}(t)$ 的公式, 会得到类似的结果[20], 只是其中的幂次 $-(r-1)$ 被替换为 $-(r-2)$. 如果我们从一个足够大的 j 开始这一过程, 比如说 $j = r+1$, 并且将 (2.83) 式推广到涵盖 $1/\tau$ 必须被积掉的情况, 我们看到 $h(t)$ 关于 t 被一系列当 f 在 $\mathscr{S}$ 中趋于 0 时趋向 0 的项的和控制住. 因此

$$\lim_{t \to 0} \int F(\xi - it\eta) f(\xi) d\xi$$

存在, 并且根据定理 2.6 和 2.9, F 是一个缓增函数的 Laplace 变换. ∎

我们可以简单地概括一下从定理 2.7 到定理 2.10 的一系列结果: 能够表示为支集在 Γ 内的缓增分布的 Laplace 变换的全纯函数, 是 $\mathscr{T}_n$ 中关于 $\xi - i\eta$ 的全纯函数, 且当 η 趋于无穷大或零时, 随 η 呈多项式增长.

2.4　管状域与扩张管状域

在上一节中, 我们已经看到, 一个在某个锥状域外部为零的缓增分布的 Laplace 变换是在某个特定管状域内全纯的函数的边界. 在本节中, 我们考虑一个或一系列

---

[20]译者注: 此时 $h^{(j)}$ 已被 $t^{-(r-1)}$ 而非 t^{-r} 控制住.

在该特定管状域内全纯, 且在 $SL(2, C)$, 或者等价地在限制 Lorentz 群 $L_+^\uparrow$ 变换下满足确定变换规律的函数. 我们说明这些函数必将在一个更大的, 称为扩张管状域的区域内全纯, 并且在正常复 Lorentz 群 $L_+(C)$ 变换下具有一定的变换性质.

将复变量 ζ_j 分为实部和虚部, $\zeta_j = \xi_j - \mathrm{i}\eta_j, j = 1, \cdots, n$, 由 $\eta_j \in \boldsymbol{V}_+, j = 1, \cdots, n$, 我们已经将管状域 $\mathscr{T}_n$ 定义为 $4n$ 维复空间 $\mathbf{C}^{4n}$ 中的开集. 扩张管状域 (extended tube) $\mathscr{T}_n'$ 是 $\mathscr{T}_n$ 经过所有正常复 Lorentz 变换得到的全部开集的并. 换言之, $\zeta_1, \cdots, \zeta_n \in \mathscr{T}_n'$ 当且仅当存在 $\varLambda \in L_+(C)$ 和点 $w_1, \cdots, w_n \in \mathscr{T}_n$ 使得

$$\zeta_1, \cdots, \zeta_n = \varLambda w_1, \cdots, \varLambda w_n.$$

我们考虑的全纯函数满足的变换规律形如

$$\sum_\beta S(A)_{\alpha\beta} f_\beta(\zeta_1, \cdots, \zeta_n) = f_\alpha(\varLambda(A)\zeta_1, \cdots, \varLambda(A)\zeta_n), \tag{2.84}$$

其中 $A \to S(A)$ 是 $SL(2, C)$ 的一个矩阵表示. 在 (2.84) 式中, 点 $(\zeta_1, \cdots, \zeta_n)$ 落在 $\mathscr{T}_n$ 中. 我们在 1.3 节 (1.25) 式后面曾经提到, 通过选取 f_β 适当的线性组合, 我们能够得到对于这些线性组合的等价的等式, 使得其中的变换规律是 $SL(2, C)$ 的不可约表示. 所以, 不失一般性, 从一开始就可以假定 $A \to S(A)$ 是一个不可约表示, 比如 $\mathscr{D}^{(j/2, k/2)}$. 我们马上可以断言, 只要 f_α 不都为零, $j + k$ 一定为偶数. 因为根据 (1.26) 式, (2.84) 式在 $A = -1$ 的时候给出

$$(-1)^{j+k} f_\alpha(\zeta_1, \cdots, \zeta_n) = f_\alpha(\zeta_1, \cdots, \zeta_n).$$

这意味着 $A \to S(A)$ 实际上是 $L_+^\uparrow(R)$ 的表示, 因为当 $j + k$ 为偶数时, $S(A) = S(-A)$.

让我们在 (2.84) 式中固定 $\zeta_1, \cdots, \zeta_n \in \mathscr{T}_n$, 考虑将等式两侧都看作 $SL(2, C)$ 适当选取的六个实参数, 或者等价的 Lorentz 群 $L_+^\uparrow$ 的六个实参数的函数. 对于实的 $\varLambda$, 矩阵 $S(A) = S[\varLambda(A)]$ 是其参数的解析函数, 因而对于实 $\varLambda \in L_+^\uparrow$ 集合邻域的复 Lorentz 变换 $\varLambda(A, B)$, $S(A)$ 有唯一的解析延拓 $S(A, B)$. 自此, 复 Lorentz 变换 $\varLambda_1$ 的邻域的含义为: 在适当的参数化下, 其六个参数位于 $\varLambda_1$ 的六个参数的复邻域中的所有的 $\varLambda \in L_+(C)$. Lorentz 变换集合的邻域的定义是类似的. (2.84) 式右侧的解析延拓为 $f_\alpha[\varLambda(A, B)\zeta_1, \cdots, \varLambda(A, B)\zeta_n]$. 因此该公式的解析延拓

$$\sum_\beta S(A, B)_{\alpha\beta} f_\beta(\zeta_1, \cdots, \zeta_n) = f_\alpha[\varLambda(A, B)\zeta_1, \cdots, \varLambda(A, B)\zeta_n] \tag{2.85}$$

在给定 $\mathscr{T}_n$ 中的 $\zeta_1, \cdots, \zeta_n$ 和 $\varLambda(A, B)\zeta_1, \cdots, \varLambda(A, B)\zeta_n$ 时, 对于任意的实 $\varLambda \in L_+^\uparrow$, 特别是对于恒等变换, 都在其某个复邻域中成立. 如果 $\varLambda\zeta_1, \cdots, \varLambda\zeta_n$ 在 $\mathscr{T}_n$ 外, 等

式右侧是未经定义的, 此时 (2.85) 式不再是已知函数之间的等式. 这时, 我们可以尝试利用 (2.85) 式将 f_α 的定义域扩张到 $\mathscr{T}_n$ 之外. 我们得到的, 是在 $\mathscr{T}_n'$ 中所有的 n 四矢量 $z_1, \cdots, z_n$ 上都有定义的函数 f_α. 如果 $z_1, \cdots, z_n \in \mathscr{T}_n'$, 并且 $z_j = \Lambda\zeta_j$ $[\zeta_j \in \mathscr{T}_1, \Lambda \in L_+(C)]$, 我们就利用 (2.85) 式来定义 $f(z_1, \cdots, z_n)$. 如果 $z \in \mathscr{T}_n'$ 可以由 $\mathscr{T}_n$ 中的两个不同的点 ζ 和 w 通过不同的复 Lorentz 变换到达, 那么 (2.85) 式通过这两条途径定义的 $f_\alpha(z_1, \cdots, z_n)$ 必须要得到相同的值才行, 这一点的证明并不是平凡的, 因为我们需要证明上述延拓是单值的. 因此, 如果 $\zeta_1, \cdots, \zeta_n \in \mathscr{T}_n$, $w_1, \cdots, w_n \in \mathscr{T}_n$, 并且

$$z_j = \Lambda(A_1, B_1)\zeta_j = \Lambda(A_2, B_2)w_j, \quad j = 1, 2, \cdots, n,$$

我们必须证明

$$\sum_\beta S(A_1, B_1)_{\alpha\beta} f_\beta(\zeta_1, \cdots, \zeta_n) = \sum_\beta S(A_2, B_2)_{\alpha\beta} f_\beta(w_1, \cdots, w_n),$$

或者由群乘法, 等价的

$$f_\alpha(\zeta_1, \cdots, \zeta_n) = \sum_\beta S(A_1^{-1}A_2, B_1^{-1}B_2)_{\alpha\beta} f_\beta(w_1, \cdots, w_n),$$

$$\zeta_1 \cdots, \zeta_n \in \mathscr{T}_n, \ w_1, \cdots, w_n \in \mathscr{T}_n. \tag{2.86}$$

记 $A = A_1^{-1}A_2, B = B_1^{-1}B_2$, 则有 $\zeta_j = \Lambda(A, B)w_j$, (2.86) 式就回到了 (2.85) 式的形式. 因此, 如果 (2.85) 式对于任意的 $\Lambda \in L_+(C)$ 和 $\zeta_1, \cdots, \zeta_n \in \mathscr{T}_n$, $w_1, \cdots, w_n \in \mathscr{T}_n$ 都成立, 单值性就得到了保证. 迄今为止我们只证明了当 Λ 位于 $L_+^\uparrow$ 的小邻域内, 或者说它是接近实的时候, (2.85) 式是成立的. 证明 (2.85) 式对于任意 $\Lambda \in L_+(C)$ 都成立的要点, 是如图 2.2 所示引理.

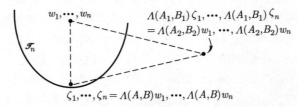

图 2.2　扩张管状域 $\mathscr{T}_n'$ 上定义的函数的单值性源于如下事实, 如果 $w_1, \cdots, w_n$ 和 $\Lambda w_1, \cdots,$ $\Lambda w_n \in \mathscr{T}_n$, 则存在一条由正常复 Lorentz 变换构成的曲线 $\{\Lambda(t), 0 \leqslant t \leqslant 1\}$, 满足 $\Lambda(0) = 1, \Lambda(1) = \Lambda$, 并且对于任意的 $0 \leqslant t \leqslant 1$ 都有 $\Lambda(t)\zeta_1, \cdots, \Lambda(t)\zeta_n \in \mathscr{T}_n$. 图中 $A = A_1^{-1}A_2, B = B_1^{-1}B_2$.

引理 若 $\zeta_1\cdots,\zeta_n \in \mathscr{T}_n$, $\Lambda\zeta_1,\cdots,\Lambda\zeta_n \in \mathscr{T}_n$, 且 $\Lambda \in L_+(C)$, 则存在一条由正常复 Lorentz 变换构成的连续曲线 $\{\Lambda(t), 0 \leqslant t \leqslant 1\}$, 满足 $\Lambda(0) = 1$, $\Lambda(1) = \Lambda$, 并且对于任意的 $0 \leqslant t \leqslant 1$ 都有 $\Lambda(t)\zeta_1,\cdots,\Lambda(t)\zeta_n \in \mathscr{T}_n$.

我们稍后会证明这条引理. 利用它, 我们可以证明如下定理.

定理 2.11 若 $f_\alpha(\zeta_1,\cdots,\zeta_n)$ 在 $SL(2,C)$ 下按 (2.84) 式的方式变化, 并且关于 $\zeta_j = \xi_j - i\eta_j$, $j = 1, 2, \cdots, n$ 在管状域 $\eta_j \in \boldsymbol{V}_+$ 内全纯, 那么 $f_\alpha(\zeta_1,\cdots,\zeta_n)$ 在扩张管状域上具有在 $L_+(C)$ 下满足变换关系 (2.85) 的单值解析延拓.

证明 假定 $w_j = \Lambda\zeta_j$, $j = 1, 2, \cdots, n$, 其中 $\Lambda \in L_+(C)$ 且 $\zeta_1\cdots,\zeta_n \in \mathscr{T}_n$, $w_1,\cdots,w_n \in \mathscr{T}_n$, 令 $\Lambda(t)$ 为引理中给出的 $L_+(C)$ 中的曲线. 我们知道, 当 Λ 在恒等变换的某个复邻域中时, (2.85) 式是成立的, 这个邻域当然包含曲线 $\Lambda(t)$ 的一部分, $0 \leqslant t \leqslant t_1$. 由于 $\Lambda(t_1)\zeta_1,\cdots,\Lambda(t_1)\zeta_n \in \mathscr{T}_n$, 我们可以对 $\Lambda(t_1)$ 的复邻域运用 (2.85) 式, 利用 $S(A, B)$ 的群性质, 我们说明了直到某个 $t_2 > t_1$, (2.85) 式对于曲线上的任意 $\Lambda(t)$ 都是成立的[20]. 通过有限步重复这一过程 (解析延拓中著名的重叠邻域), 我们发现 (2.85) 式对于 $\Lambda = \Lambda(1)$ 成立[21]. 于是前面的讨论[22]告诉我们, (2.85) 式给出的到 $\mathscr{T}'$ 的解析延拓是单值的. 如此定义的函数的全纯性, 是等式

$$\frac{\partial}{\partial[\Lambda(A,B)\zeta_j]^\mu} f_\alpha(\Lambda(A,B)\zeta_1,\cdots,\Lambda(A,B)\zeta_n)$$

$$= \sum_\beta S(A,B)_{\alpha\beta} \sum_{\nu=0}^3 \frac{\partial f_\beta(\zeta_1,\cdots,\zeta_n)}{\partial\zeta_j^\nu} \frac{\partial\zeta_j^\nu}{\partial[\Lambda(A,B)\zeta_j]^\mu}$$

的直接结论. ∎

引理的证明 方便起见, 这里我们利用 1.3 节中给出的 2×2 矩阵表示讨论问题, 彼时 $\Lambda(A, B)$ 是通过变换

$$\underset{\sim}{z} \to A\underset{\sim}{z}B^{\mathrm{T}} \quad (\text{这里我们用 } \underset{\sim}{z} \text{ 代替 } \underset{\sim}{\zeta})$$

实现的. 我们可以利用 $\mathscr{T}_n$ 在实限制 Lorentz 变换下的不变性将 A 和 B 改写为更

---

[20] 译者注: 这一步的意思是说, 视 $\Lambda(t_1)\zeta_1,\cdots,\Lambda(t_1)\zeta_n \in \mathscr{T}_n$ 为 (2.85) 式左侧的 $\zeta_1,\cdots,\zeta_n$, 我们知道该式右侧 $\Lambda(A,B)$ 在恒等变换某复邻域中时, 该式是成立的. 该复邻域一定包含曲线 $\Lambda(t)$ 的一部分 $(t_2' - \varepsilon, t_2 + \varepsilon)$, 其中 $\varepsilon > 0$, $t_2' < t_1 < t_2$. 利用群乘法, 我们就知道直到某个 $t_2 > t_1$, (2.85) 式对于曲线上的任意 $\Lambda(t)$ 都是成立的.

[21] 译者注: 这一结论需要说明 $\Lambda(1)$ 确实可以通过上述方法经过 "有限步" 到达, 这一论证用到连续曲线 $\Lambda(t)$ 的像是 $L_+(C)$ 中的闭集和有限开覆盖原理. 由于曲线上的每一点都在 $\mathscr{T}_n$ 中, 因此在其上每一点都有恒等变换的复邻域使得在其中 (2.85) 式成立并且是单值的, 这些邻域构成了曲线的一个开覆盖, 它一定有有限子覆盖. 在这个子覆盖中重复正文中的论证即可.

[22] 译者注: 指 (2.86) 与 (2.85) 式的等价性.

简单的形式, 从而使构造符合要求的曲线的工作变得非常简单. 我们有

$$CA\underset{\sim}{z}B^{\mathrm{T}}C^* = [CA(\bar{B})^{-1}C^{-1}]C\bar{B}\underset{\sim}{z}B^{\mathrm{T}}C^*.$$

对于任意行列式为 1 的 B, C, $\underset{\sim}{z} \to C\bar{B}\underset{\sim}{z}B^{\mathrm{T}}C^*$ 是实限制 Lorentz 变换. 进一步, 通过适当选择矩阵 C, 方括号内的矩阵总可以化为两种 Jordan 标准型[20]

$$K = \pm \begin{pmatrix} 1 & 1 \\ 0 & 1 \end{pmatrix} \tag{2.87}$$

或

$$K = \begin{pmatrix} \exp(\alpha + \mathrm{i}\beta) & 0 \\ 0 & \exp[-(\alpha + \mathrm{i}\beta)] \end{pmatrix}, \quad \alpha, \beta \text{ 为实数} \tag{2.88}$$

中的一种. 因此, 只要说明对于 Lorentz 变换 $\underset{\sim}{z} \to K\underset{\sim}{z}$, 可以构造引理中所述曲线即可. (2.87) 式中负号的情况可以不用考虑, 因为这些 $\underset{\sim}{K}$ 将管状域内的矢量映射到管状域外[21]. 对于剩下的两种情况, 我们分别构造曲线

---

[20] 参见 P. R. Halmos *Finite-Dimensional Vector Space*, 2nd Ed., Van Nostrand, Princeton, N.J., 1958, p.113.

[21] 译者注: 对于管状域内的矢量

$$\underset{\sim}{z} = \begin{pmatrix} z^0 + z^3 & z^1 - \mathrm{i}z^2 \\ z_1 + \mathrm{i}z^2 & z^0 - z^3 \end{pmatrix} = \begin{pmatrix} \xi^0 + \xi^3 & \xi^1 - \mathrm{i}\xi^2 \\ \xi^1 + \mathrm{i}\xi^2 & \xi^0 - \xi^3 \end{pmatrix} - \mathrm{i}\begin{pmatrix} \eta^0 + \eta^3 & \eta^1 - \mathrm{i}\eta^2 \\ \eta^1 + \mathrm{i}\eta^2 & \eta^0 - \eta^3 \end{pmatrix},$$

有

$$K\underset{\sim}{z} = \begin{pmatrix} -1 & -1 \\ 0 & -1 \end{pmatrix}\begin{pmatrix} z^0 + z^3 & z^1 - \mathrm{i}z^2 \\ z_1 + \mathrm{i}z^2 & z^0 - z^3 \end{pmatrix} = \begin{pmatrix} -z^0 - z^1 - \mathrm{i}z^2 - z^3 & -z^0 - z^1 + \mathrm{i}z^2 + z^3 \\ -z_1 - \mathrm{i}z^2 & -z^0 + z^3 \end{pmatrix}$$

$$= \begin{pmatrix} -\xi^0 - \xi^1 - \eta^2 - \xi^3 + \mathrm{i}(\eta^0 + \eta^1 - \xi^2 + \eta^3) & -\xi^0 - \xi^1 + \eta^2 + \xi^3 + \mathrm{i}(\eta^0 + \eta^1 + \xi^2 - \eta^3) \\ -\xi^1 - \eta^2 + \mathrm{i}(\eta^1 - \xi^2) & -\xi^0 + \xi^3 - \mathrm{i}(\eta^0 - \eta^3) \end{pmatrix}$$

$$= \underset{\sim}{\Xi} - \mathrm{i}\underset{\sim}{H},$$

其中 $\underset{\sim}{\Xi}$ 和 $\underset{\sim}{H}$ 为厄米矩阵. 显然反厄米部分

$$-\mathrm{i}H = -\mathrm{i}\begin{pmatrix} -\eta^0 - \eta^1 - \eta^3 + \xi^2 & -\dfrac{\eta^0}{2} - \eta^1 + \dfrac{\eta^3}{2} + \mathrm{i}\left(\eta^2 - \dfrac{\xi^0}{2} + \dfrac{\xi^3}{2}\right) \\ -\dfrac{\eta^0}{2} - \eta^1 + \dfrac{\eta^3}{2} - \mathrm{i}\left(\eta^2 - \dfrac{\xi^0}{2} + \dfrac{\xi^3}{2}\right) & -\eta^0 + \eta^3 \end{pmatrix}.$$

因此变换后虚部的四矢量形式为

$$\underset{\sim}{H} = \left(-\eta^0 - \dfrac{\eta^1}{2} + \dfrac{\xi^2}{2}, -\dfrac{\eta^0}{2} - \eta^1 + \dfrac{\eta^3}{2}, -\eta^2 + \dfrac{\xi^0}{2} - \dfrac{\xi^3}{2}, -\eta^3 - \dfrac{\eta^1}{2} + \dfrac{\xi^2}{2}\right).$$

如果 $\underset{\sim}{z} \in \mathscr{T}_n$, 根据定义有 $\eta \in \boldsymbol{V}_+$. 若 $K\underset{\sim}{z}$ 仍在管状域中, 则 $H \in \boldsymbol{V}_+$, 于是 $H^0 > 0$ 且 $\det \underset{\sim}{H} > 0$, 进而 $(H^0)^2 - (H^3)^2 > 0$. $(H^0)^2 - (H^3)^2 > 0$ 直接得到 $(\eta^0 - \eta^3)(\eta^0 + \eta^3 + \eta^1 - \xi^2) > 0$. 由于

$$K(t) = \begin{pmatrix} 1 & t \\ 0 & 1 \end{pmatrix}, \quad 0 \leqslant t \leqslant 1 \tag{2.89}$$

和

$$K(t) = \begin{pmatrix} \exp[t(\alpha + \mathrm{i}\beta)] & 0 \\ 0 & \exp[-t(\alpha + \mathrm{i}\beta)] \end{pmatrix}, \quad 0 \leqslant t \leqslant 1. \tag{2.90}$$

先考虑 (2.89) 式. 如果我们记 $\underset{\sim}{z}(t) = K(t)\underset{\sim}{z}$, 则有

$$\underset{\sim}{z}(0) = \underset{\sim}{z}, \quad \underset{\sim}{z}(1) = \underset{\sim}{z} + \begin{pmatrix} 0 & 1 \\ 0 & 0 \end{pmatrix}\underset{\sim}{z},$$

因此

$$\underset{\sim}{z}(t) = \underset{\sim}{z} + t\begin{pmatrix} 0 & 1 \\ 0 & 0 \end{pmatrix}\underset{\sim}{z} = (1-t)\underset{\sim}{z}(0) + t\underset{\sim}{z}(1), \quad 0 \leqslant t \leqslant 1.$$

上式表明 $\underset{\sim}{z}(t)$ 是 $\underset{\sim}{z}(0)$ 和 $\underset{\sim}{z}(1)$ 的凸线性组合. 而 $\mathscr{T}_1$ 是凸集, 所以由 $\underset{\sim}{z}(0) \in \mathscr{T}_1$ 和 $\underset{\sim}{z}(1) \in \mathscr{T}_1$ 可知 $(1-t)\underset{\sim}{z}(0) + t\underset{\sim}{z}(1) \in \mathscr{T}_1$. 因此, 如果端点 $\zeta_1, \cdots, \zeta_n$ 和 $K\zeta_1, \cdots, K\zeta_n$ 在 $\mathscr{T}_n$ 中, 则整条曲线 $K(t)\zeta_1, \cdots, K(t)\zeta_n$ 都落在 $\mathscr{T}_n$ 内.

对于另一种情况, 我们仍然要利用管状域的凸性, 不过这时的论证要更难一些. 我们会利用判断实矢量位于开未来光锥 $\boldsymbol{V}_+$ 内部的如下判据: $y \in \boldsymbol{V}_+$ 当且仅当对于所有的 $n \in C_+, n \neq 0$ 都有 $n \cdot y > 0$, 其中 C_+ 为 $\boldsymbol{V}_+$ 的边界. 通过对矢量的空间分量使用 Schwarz 不等式, 可以直接证明这一结果. 习惯上, 人们引入记号

$$y^a = y^0 + y^3, \quad y^b = y^0 - y^3,$$

从而将标量积改写为

$$n \cdot y = \frac{1}{2}(n^a y^b + n^b y^a) - n^1 y^1 - n^2 y^2.$$

显然, 对于 C_+ 中的任意矢量, $n^a \geqslant 0, n^b \geqslant 0$, 且 $n^a + n^b = 2n^0 \geqslant 0$, 因此 n^a 和 n^b 中至少有一个是严格大于零的.

记 $\underset{\sim}{z}(t) = K(t)\underset{\sim}{z}, \underset{\sim}{z}(0) = \underset{\sim}{z}$. 我们再做一个限制 Lorentz 变换,

$$\begin{aligned} \underset{\sim}{\rho}(t) &= K(-t/2)\underset{\sim}{z}(t)K(-t/2)^* \\ &= K(t/2)\underset{\sim}{z}\,K(-t/2)^*. \end{aligned}$$

$\eta \in \boldsymbol{V}_+, \eta^0 > \eta^3$, 于是 $\xi^2 < \eta^0 + \eta^3 + \eta^1$. 这样我们就得到

$$-\eta^0 - \frac{\eta^1}{2} + \frac{\xi^2}{2} < -\eta^0 - \frac{\eta^1}{2} + \frac{\eta^0 + \eta^3 + \eta^1}{2} = \frac{-\eta^0 + \eta^3}{2} < 0.$$

因此 H 的 0 分量小于零从而不属于 $\boldsymbol{V}_+$, 根据定义, Kz 在管状域之外.

于是 $\rho(t) \in \mathscr{T}_1$ 是 $z(t) \in \mathscr{T}_1$ 的充要条件. 记 $\rho^\mu(t) = \xi^\mu(t) - \mathrm{i}\eta^\mu(t)$. 如果我们能够说明对于任意的 $0 \leqslant t \leqslant 1$ 都有 $\eta^\mu(t) \in V_+$, 就证明了引理. 为了得到矩阵 $\underset{\sim}{\rho}(t)$ 对应的矢量, 我们计算

$$
\underset{\sim}{\rho}(t) = \begin{pmatrix} \mathrm{e}^{t(\alpha+\mathrm{i}\beta)/2} & 0 \\ 0 & \mathrm{e}^{-t(\alpha+\mathrm{i}\beta)/2} \end{pmatrix}
$$
$$
\times \begin{pmatrix} z^a & z^1 - \mathrm{i}z^2 \\ z^1 + \mathrm{i}z^2 & z^b \end{pmatrix} \begin{pmatrix} \mathrm{e}^{-t(\alpha-\mathrm{i}\beta)/2} & 0 \\ 0 & \mathrm{e}^{t(\alpha-\mathrm{i}\beta)/2} \end{pmatrix},
$$

给出

$$
\begin{pmatrix} \rho^a(t) & \rho^1(t) - \mathrm{i}\rho^2(t) \\ \rho^1(t) + \mathrm{i}\rho^2(t) & \rho^b(t) \end{pmatrix} = \begin{pmatrix} \mathrm{e}^{\mathrm{i}\beta t}z^a & \mathrm{e}^{\alpha t}(z^1 - \mathrm{i}z^2) \\ \mathrm{e}^{-\alpha t}(z^1 + \mathrm{i}z^2) & \mathrm{e}^{-\mathrm{i}\beta t}z^b \end{pmatrix}.
$$

因此,

$$
\eta^a(t) = -\frac{1}{2\mathrm{i}}(\mathrm{e}^{\mathrm{i}\beta t}z^a - \mathrm{e}^{-\mathrm{i}\beta t}\bar{z}^a) = y^a \cos \beta t - x^a \sin \beta t,
$$

其中 $z^\mu = x^\mu - \mathrm{i}y^\mu$. 类似地, $\eta^b(t) = y^b \cos \beta t + x^b \sin \beta t$,

$$
\begin{aligned}
\eta^1(t) &= -\frac{\mathrm{Im}}{2}[\mathrm{e}^{\alpha t}(z^1 - \mathrm{i}z^2) + \mathrm{e}^{-\alpha t}(z^1 + \mathrm{i}z^2)] \\
&= y^1 \cosh \alpha t + x^2 \sinh \alpha t, \\
\eta^2(t) &= -\frac{\mathrm{Re}}{2}[\mathrm{e}^{\alpha t}(z^1 - \mathrm{i}z^2) - \mathrm{e}^{-\alpha t}(z^1 + \mathrm{i}z^2)] \\
&= -x^1 \sinh \alpha t + y^2 \cosh \alpha t.
\end{aligned}
$$

证明的第一步, 是要说明当 $0 \leqslant t \leqslant 1$ 时, $\eta^a(t) > 0$ 且 $\eta^b(t) > 0$.

我们注意到, 由于用 $-x^a, -x^b$ 替换 x^a, x^b 可以改变 $\sin \beta$ 的符号, 不失一般性, 我们总可以假定 $0 < \beta < \pi$. $\beta = 0$ 的情况是平凡的[⑫]. $\beta = \pi$ 的情况是不可能的, 因为这时 $\eta^a(1) < 0, \eta^b(1) < 0$. 对于 $0 < \beta < \pi$, 我们有恒等式

$$
(\sin \beta)\eta^a(t) = \sin[(1-t)\beta]\eta^a(0) + (\sin \beta t)\eta^a(1),
$$
$$
(\sin \beta)\eta^b(t) = \sin[(1-t)\beta]\eta^b(0) + (\sin \beta t)\eta^b(1).
$$

它们将 $\eta^a(t)$ 和 $\eta^b(t)$ 表示为相应起点和终点值的正系数线性组合, 这样就证明了它们是恒正的.

---

⑫译者注: 此时 $\eta^\mu(t) \equiv y^\mu$. 由于 $z^\mu(0) \in \mathscr{T}_1$, 可知 $\eta^\mu(t)$, 进而 $\rho^\mu(t)$ 和 $z^\mu(t)$ 都属于 $\mathscr{T}_1$.

证明的第二步, 利用前述条件论证 $\eta(t)$ 位于 $\boldsymbol{V}_+$ 内. 选定任意类光矢量 $n \in C_+$, 令

$$g(t) = n \cdot \eta(t) = f_1(t) - f_2(t),$$
$$f_1(t) = \frac{1}{2}[n^a \eta^b(t) + n^b \eta^a(t)],$$
$$f_2(t) = n^1 \eta^1(t) + n^2 \eta^2(t),$$

或者, 也可以写为

$$f_1(t) = K_1 \cos \beta t + K_2 \sin \beta t,$$
$$f_2(t) = \lambda_1 e^{\alpha t} + \lambda_2 e^{-\alpha t},$$

其中 $K_1, K_2, \lambda_1, \lambda_2$ 为确定的实常数. 显然,

$$\frac{\mathrm{d}^2 f_1}{\mathrm{d}t^2} = -\beta^2 f_1 \ , \qquad \frac{\mathrm{d}^2 f_2}{\mathrm{d}t^2} = \alpha^2 f_2,$$
$$\frac{\mathrm{d}^2 g}{\mathrm{d}t^2} = -\beta^2 f_1 - \alpha^2 f_2 = \alpha^2 g - (\alpha^2 + \beta^2) f_1.$$

由于 $\eta(0), \eta(1) \in \boldsymbol{V}_+$, 我们有 $g(0) > 0, g(1) > 0$. $g(t)$ 当然是一个初等函数, 这样如果在区间 $(0, 1)$ 中存在 $g(t) < 0$, 则它在该区间中一定有一个最小值. 对于该最小值,

$$\frac{\mathrm{d}^2 g}{\mathrm{d}t^2} \geqslant 0, \quad \text{亦即} \quad g \geqslant \frac{(\alpha^2 + \beta^2) f_1}{\alpha^2} > 0.$$

因此在 $(0, 1)$ 中有 $g(t) > 0$, 这样我们就证明了引理[33]. ■

由于具有诸如 (2.84) 式变换规律的全纯函数可以单值解析延拓到扩张管状域中, 有必要更精确地刻画这一区域的范围. 我们不会过多地纠缠于细节, 只着重于确定其中的实点 (real points), 因为这些点对于 PCT 定理的证明十分重要.

根据定义, 管状域 $\mathcal{T}_n$ 不包括实点: $z_1, \cdots, z_n \in \mathcal{T}_n$ 要求对于所有的 $j = 1, 2, \cdots, n$, $-\mathrm{Im}\, z_j \in \boldsymbol{V}_+$, 因而它们不能为零. 然而扩张管状域 $\mathcal{T}_n'$ 却是包含实点的. 我们接下来将研究这些实点, 它们通常被称为 Jost 点 (Jost points).

我们首先考虑单矢量的特殊情况. 如果 $\zeta \in \mathcal{T}_1, \zeta = \xi - \mathrm{i}\eta, \eta \in \boldsymbol{V}_+$, 且扩张管状域 $\mathcal{T}_1'$ 包含全体形如 $\Lambda\zeta, \Lambda \in L_+(C), \zeta \in \mathcal{T}_1$ 的点. 由于 $\Lambda\zeta \cdot \Lambda\zeta = \zeta \cdot \zeta$, $\mathcal{T}_1'$ 中的点 ζ 的 ζ^2 的可能取值与它们对应的管状域 $\mathcal{T}_1$ 中的点 ζ 的取值是相同的. $\zeta^2 = \xi^2 - \eta^2 - 2\mathrm{i}\xi \cdot \eta$, 由此知若 $\zeta \in \mathcal{T}_1$ 且 ζ^2 为实数, 则 ξ 与一个类时矢量正交, 因

---

[33]译者注: 上式说明在最小值点处 $g > 0$, 与该点取值小于零的假设矛盾, 由反证法可得此结论.

而必为类空矢量. 因此有 $\zeta^2 < 0$. 这就说明, $\mathscr{T}_1$ 中的实点一定满足 $\zeta^2 < 0$. 这同时也是 $\zeta \in \mathscr{T}_1$ 的充分条件, 因为如果 $\zeta^2 < 0$ 且 ζ 是实的, 我们就总可以选择坐标系, 使得 $\zeta = (\zeta^0, \zeta^1, 0, 0)$ 且 $\zeta^1 > |\zeta^0|$, 于是复 Lorentz 变换

$$
\begin{aligned}
\zeta^0 + \zeta^1 &\to \mathrm{e}^{\mathrm{i}\alpha}(\zeta^0 + \zeta^1) = \hat{\zeta}^0 + \hat{\zeta}^1, \\
\zeta^0 - \zeta^1 &\to \mathrm{e}^{-\mathrm{i}\alpha}(\zeta^0 - \zeta^1) = \hat{\zeta}^0 - \hat{\zeta}^1
\end{aligned}
\tag{2.91}
$$

给出 $\hat{\zeta}^0 = \mathrm{i}\sin\alpha\,\zeta^1 + \cos\alpha\,\zeta^0$, $\hat{\zeta}^1 = \mathrm{i}\sin\alpha\,\zeta^0 + \cos\alpha\,\zeta^1$. 当 $\sin\alpha < 0$ 时, $\mathrm{Im}\hat{\zeta}^0 < -|\mathrm{Im}\hat{\zeta}^1|$, 这一复 Lorentz 变换将 ζ 变入管状域. 一般地, Jost 证明了如下定理.

定理 2.12 实点 $\zeta_1, \cdots, \zeta_n$ 位于扩张管状域 $\mathscr{T}_n'$ 中的充要条件是, 所有形如

$$
\sum_{j=1}^n \lambda_j \zeta_j, \quad \lambda_j \geqslant 0, \quad \sum_{j=1}^n \lambda_j > 0
$$

的矢量均类空, 即对任意的 $\lambda_j \geqslant 0$ 且 $\sum_{j=1}^n \lambda_j > 0$, 有

$$
\left(\sum_{j=1}^n \lambda_j \zeta_j\right)^2 < 0.
\tag{2.92}
$$

证明 我们首先证明 (2.92) 式的必要性. 根据定义, $\zeta_1, \cdots, \zeta_n \in \mathscr{T}_n'$ 意味着存在正常复 Lorentz 变换 Λ, 使得 $\Lambda\zeta_1, \cdots, \Lambda\zeta_n \in \mathscr{T}_n$. 因而 $(\Lambda\zeta_j)^2 = \zeta_j^2$, 而我们已经知道 $z \in \mathscr{T}_1$ 使 z^2 为实数时, 只可能有 $z^2 < 0$. 因此, 对于所有的 $j = 1, 2, \cdots, n$, 都有 $\zeta_j^2 < 0$. 进一步, 由于 $\mathscr{T}_1$ 是凸集, 如果复四维矢量 $\Lambda\zeta_1, \cdots, \Lambda\zeta_n$ 中的每一个都属于 $\mathscr{T}_1$, 则任意的线性组合

$$
\sum_{j=1}^n \lambda_j \Lambda\zeta_j, \quad \lambda_j \geqslant 0, \quad j = 1, 2, \cdots, n, \quad \sum_{j=1}^n \lambda_j > 0
$$

也都属于 $\mathscr{T}_1$. 因此

$$
\left[\Lambda\left(\sum_{j=1}^n \lambda_j \zeta_j\right)\right]^2 < 0,
$$

也就是

$$
\left(\sum_{j=1}^n \lambda_j \zeta_j\right)^2 < 0.
$$

这就证明了 (2.92) 式的必要性. 为了证明它的充分性, 假设矢量 $\zeta_1, \cdots, \zeta_n$ 满足 (2.92) 式. 于是它们张成一个类空凸锥 K, 与正时光锥和负时光锥都不相交. 我们

可以找到两个平面 (α), (β) 分别与朝前和朝后的光锥相切, 并且将 K 与这两个光锥分隔开 (见图 2.3). 这总是可以实现的, 因为任意两个这样的凸集都可以如此分隔[34].

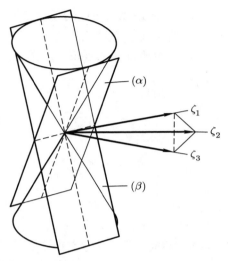

图 2.3　与 Jost 点 $\zeta_1, \zeta_2, \zeta_3$ 对应的类空矢量构成的锥. 平面 (α) 和 (β) 将 $\zeta_1, \zeta_2, \zeta_3$ 张成的锥与正时和负时光锥内部分隔开.

设 (α), (β) 的方程分别为

$$\alpha_\mu \zeta^\mu = 0, \qquad \beta_\mu \zeta^\mu = 0,$$

其中 α 和 β 类光, 且 $\alpha \cdot \beta < 0$. 我们可以适当选择坐标系, 使得 $\alpha = (1, 1, 0, 0)$, $\beta = (-1, +1, 0, 0)$.

对于 $\boldsymbol{V}_+$ 中的点, $\zeta \cdot \alpha > 0$, 所以对于平面 α 下方的点, $\zeta \cdot \alpha < 0$, 在上述特殊的坐标系中可以表示为

$$\zeta^0 - \zeta^1 < 0, \quad \text{若 } \zeta \in K.$$

类似地, 如果 $-\zeta \in \boldsymbol{V}_+$, $\beta \cdot \zeta > 0$, 则对于平面 (β) 上方的 K 中的点, 有 $-\zeta^0 - \zeta^1 < 0$.

---

[34]即使不利用凸集的这个一般性质, 人们也可以更直接地论证上述结论. 我们知道, 如果 ρ 是一个类时矢量, ζ 是一个类空矢量, 则 $\alpha\rho + \beta\zeta$ 不能为零, 除非 α 和 β 同时为零. 现在, 我们寻找不等式组 $n \cdot \rho < 0, n \cdot \zeta < 0$ 的解 n, 其中 ρ 取遍负时光锥 $\boldsymbol{V}_-$, ζ 取遍 $\zeta_1, \cdots, \zeta_n$ 张成的凸锥. 显而易见, 这一不等式集无解的充要条件是全体 ρ 和 ζ 张成的凸锥包含零矢量. 由之前的论述, 我们知道这是不可能的, 所以该不等式集至少存在一个解 n. 于是平面 $n \cdot \zeta = 0$ 是一个分隔平面, 并且不难看出其中一个落在 $\boldsymbol{V}_+$ 的边界 C_+ 上.

因此, 对于 K 中的任意点, $\zeta^1 > |\zeta^0|$, 特别地, 这一结论对于 $\zeta_1, \cdots, \zeta_n$ 也成立. 于是我们可以再次使用复 Lorentz 变换 (2.91) 将 $\zeta_k, k = 1, 2, \cdots, n$ 变入朝前管状域. 这就证明了 (2.92) 式的充分性. ∎

定理 2.11 说明, $\mathscr{T}_n$ 中满足变换规律 (2.84) 的任意全纯函数可以单值解析延拓到 $\mathscr{T}_n'$ 中. 然而, 迄今为止没有任何证据表明它们不能被进一步延拓. 对于实点, 定理 2.12 引出了一些简单的例子, 表明这样的延拓一般而言是不可能的: 函数

$$\int_0^\infty \cdots \int_0^\infty \mathrm{d}K \mathrm{d}\lambda_1 \cdots \mathrm{d}\lambda_n \frac{\rho(K, \lambda_1, \cdots, \lambda_n)}{\left(\displaystyle\sum_{j=1}^n \lambda_j \zeta_j\right)^2 - K^2}$$

在 $\mathscr{T}_n$ 中解析, 在 Lorentz 变换下不变, 但是通过适当选取 ρ, 它在所有非 Jost 点的实点处奇异.

显然, $\mathscr{T}_n'$ 中的 Jost 点构成了 $\mathbf{C}^{4n}$ 中全纯函数的一个实环境: 如果一个全纯函数在 Jost 点处恒为零, 则它是一个零函数.

后文我们研究场的对易关系时, 不仅要考虑扩张管状域 $\mathscr{T}_n'$, 还要考虑所谓的置换的扩张管状域 (permuted extended tubes). 对于 $n+1$ 个对象的置换群 S_{n+1} 中的每一个元素, 都存在这样一个区域. 它们可以通过对 $\mathscr{T}_n'$ 进行线性变换得到. 为了后文中的应用, 讨论第 j 和第 $j+1$ 个对象的换位就足够了. 对应的线性变换记为 $P(j, j+1)$, 其定义为

$$
\begin{aligned}
\hat{\zeta}_k &= \zeta_k, \qquad 1 \leqslant k < j-1 \text{ 且 } j+1 < k \leqslant n, \\
\hat{\zeta}_{j-1} &= \zeta_{j-1} + \zeta_j, \\
\hat{\zeta}_j &= -\zeta_j, \\
\hat{\zeta}_{j+1} &= \zeta_{j+1} + \zeta_j.
\end{aligned}
\tag{2.93}
$$

如果上述表达式中的某个 ζ 出现了 <1 或 $>n$ 的指标, 则相应的等式将被舍去. 所有其余的置换的扩张管状域都可以通过一系列这些对换生成.

在此, 我们试图说明 $\mathscr{T}_n'$ 与 $P(j, j+1)\mathscr{T}_n'$ 具有共同的实环境. 为此, 我们选择 $\zeta_k = (0, b, 0, 0), k \neq j-1, j$ 或 $j+1$, 和 $\zeta_{j-1} = (a, b, 0, 0)$, $\zeta_j = (0, 0, \varepsilon, 0)$, $\zeta_{j+1} = (-a, b, 0, 0)$, 其中 $0 < |a| < b$. 当 $\lambda_\ell \geqslant 0, \ell = 1, 2, \cdots, n$ 且不全为零时, 所有的矢量 $\lambda_{j-1}\zeta_{j-1} + \lambda_j\zeta_j + \lambda_{j+1}\zeta_{j+1}$ 都是类空的, 因此所有的矢量 $\lambda_{j-1}(\zeta_{j-1} + \zeta_j) - \lambda_j\zeta_j + \lambda_{j+1}(\zeta_{j+1} + \zeta_j)$ 也都类空 (见图 2.4). 容易发现它们与其余的 ζ_k 一起都构成 $\mathscr{T}_n'$ 和 $P(j, j+1)\mathscr{T}_n'$ 中的 Jost 点, 同样的结论对于这些点足够小邻域内的所有实点也都成立.

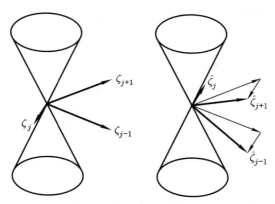

图 2.4 $\mathscr{T}_n'$ 和 $P(j,j+1)\mathscr{T}_n'$ 中 Jost 点中的矢量 $\zeta_{j-1}, \zeta_j, \zeta_{j+1}$ 的一种位形. $\hat{\zeta}$ 们与 ζ 们的变换关系为 $\hat{\zeta}_{j-1} = \zeta_{j-1} + \zeta_j, \hat{\zeta}_j = -\zeta_j, \hat{\zeta}_{j+1} = \zeta_{j+1} + \zeta_j$.

2.5　楔　边　定　理

楔边定理, 以其古老的最简单的单复变形式为人所熟知. 我们证明 Painlevé 在 1888 年给出的形式.

定理 2.13　令 F_1 为上半平面开集 D_1 上的全纯函数, 实轴上的开区间 $a < x < b$ 是 D_1 边界的一部分, F_2 为下半平面开集 D_2 上的全纯函数, $a < x < b$ 是 D_2 边界的一部分, 且有

$$F_1(x) = \lim_{y \to 0^+} F_1(x + \mathrm{i}y), \tag{2.94}$$

及

$$F_2(x) = \lim_{y \to 0^+} F_2(x - \mathrm{i}y) \tag{2.95}$$

在 $a < x < b$ 中一致存在、连续且满足

$$F_1(x) = F_2(x), \quad a < x < b,$$

则 F_1 和 F_2 在 $a < x < b$ 上也是全纯的, 并且是同一个全纯函数.

图 2.5 显示了区域 D_1 和 D_2.

注　定理中的一致性条件实际上是多余的. 可以证明, 如果 F_1 和 F_2 的极限存在并且是连续的, 则该收敛一定是一致的. 为了使这里的讨论只涉及最基本的内容, 我们加上了一致性条件.

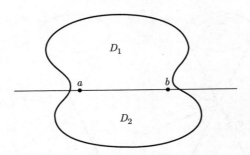

图 2.5 F_1 和 F_2 的定义分别对应的区域 D_1 和 D_2.

证明 令 C_1 和 C_2 (除去它们在实轴上的部分 $a' \leqslant x \leqslant b'$) 分别为区域 D_1 和 D_2 中的两条围道 (见图 2.6), 其中 $a < a' < b' < b$. 则由 Cauchy 积分公式, 有

$$\frac{1}{2\pi i} \int_{C_1} \frac{F_1(\xi) d\xi}{(\xi - z)} = \begin{cases} F_1(z), & z \text{ 位于 } C_1 \text{ 内部,} \\ 0, & z \text{ 位于 } C_2 \text{ 内部} \end{cases}$$

和

$$\frac{1}{2\pi i} \int_{C_2} \frac{F_2(\xi) d\xi}{(\xi - z)} = \begin{cases} F_2(z), & z \text{ 位于 } C_2 \text{ 内部,} \\ 0, & z \text{ 位于 } C_1 \text{ 内部.} \end{cases}$$

进一步, 由于极限是一致的,

$$\lim_{\varepsilon \to 0} \int_{a'}^{b'} \frac{F_j(\xi \pm i\varepsilon)}{\xi - z \pm i\varepsilon} d\xi = \int_{a'}^{b'} \frac{F_j(\xi)}{\xi - z} d\xi, \quad j \text{ 分别为 } 1, 2.$$

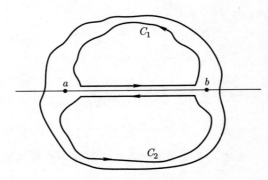

图 2.6 围道 C_1 和 C_2.

接下来, 考虑如下定义的函数 G:

$$G(z) = \frac{1}{2\pi i} \left\{ \int_{C_1} \frac{F_1(\xi) d\xi}{(\xi - z)} + \int_{C_2} \frac{F_2(\xi) d\xi}{(\xi - z)} \right\} = \frac{1}{2\pi i} \int_C \frac{F(\xi) d\xi}{(\xi - z)},$$

其中围道 C 是通过连接 $C_1 - (a'b')$ 和 $C_2 - (b'a')$ 得到的. F 定义为在实轴上方与 F_1 相等, 在实轴下方与 F_2 相等. G 是 C_1 和 C_2 内部以及开区间 $a' < x < b'$ 上的全纯函数. 它在 C_1 内部与 F_1 一致, 在 C_2 内部与 F_2 一致. 因此它是符合要求的 F_1 和 F_2 的解析延拓. ∎

这一定理的一个众所周知的推论, 是 Schwarz 反射原理. 该原理断言, 如果 F_1 在如前所述的区域 D_1 中全纯, 在 $a < x < b$ 的任意子区间上一致收敛到边界值并且构成实值连续函数, 则 $\overline{F_1(\bar{z})}$ 将 F_1 延拓为 $\bar{D}_1$ 中的全纯函数. 这里, $\bar{D}_1$ 是 D_1 中元素的复共轭构成的区域. 历史上, Schwarz 反射原理的发现早于定理 2.13, 并且促使人们得到了它.

我们将一步一步地推广上述定理, 直到得到后文中需要的楔边定理的形式.

第一步, 是将单复变量的情况推广到多复变量的情况. 其中根本性的区别, 在两变量的情况下就得以显现. 区域 D_1 的简单推广, 位于上半平面 $y_1 > 0$ 和 $y_2 > 0$ 的乘积中; 区域 D_2 的简单推广, 位于下半平面 $y_1 < 0$ 和 $y_2 < 0$ 的乘积中. 定理的结论, 是实轴上特定区间的邻域内的全纯性, 其中 F_1 和 F_2 在实轴的上述区间中相等. 然而这样的邻域必定包含 $y_1 > 0$ 且 $y_2 < 0$ 的部分, 以及 $y_1 < 0$ 且 $y_2 > 0$ 的部分. 这些点构成的集合与空间的维数相同, 并且函数在其中具有全纯性. 从这个意义上讲, 这时的定理给出了比定理 2.13 更强的结论 [这一现象与解析完备 (analytic completion) 现象之间的关系, 参见引文中 Bochner 和 Martin 著述的第四章]. 新出现的具有全纯性的区域的大小, 取决于 D_1 和 D_2 的大小. 这一不可避免的性质, 使得定理的结论多少变得复杂了一些.

定理 2.14 令 $\mathscr{O}$ 为 $\mathbf{C}^n$ 中的开集, 并且 $\mathscr{O}$ 包含实环境 —— $\mathbf{R}^n$ 中的开集 E. 设 D_1 是 $\mathscr{O}$ 与上半平面乘积的交:

$$D_1 = \{z_1, \cdots, z_n; \ z_1, \cdots, z_n \in \mathscr{O}, \ y_1 > 0, \cdots, y_n > 0\}, \tag{2.96}$$

D_2 是 $\mathscr{O}$ 与乘积下半平面的交:

$$D_2 = \{z_1, \cdots, z_n; \ z_1, \cdots, z_n \in \mathscr{O}, \ y_1 < 0, \cdots, y_n < 0\}. \tag{2.97}$$

如果 F_1 是 D_1 中的全纯函数, F_2 是 D_2 中的全纯函数, 极限

$$\lim_{y_1, \cdots, y_n \to 0^+} F_1(x_1 + \mathrm{i}y_1, \cdots, x_n + \mathrm{i}y_n) = F_1(x_1, \cdots, x_n), \tag{2.98}$$

$$\lim_{y_1, \cdots, y_n \to 0^+} F_2(x_1 - \mathrm{i}y_1, \cdots, x_n - \mathrm{i}y_n) = F_2(x_1, \cdots, x_n) \tag{2.99}$$

存在, 关于 $x_1, \cdots, x_n$ 连续, 并且在 E 中相等, 极限在 E 中一致.

此时在 $\mathbf{C}^n$ 中存在 E 的一个 (复) 邻域 N 和一个全纯函数 G, 满足 G 在 D_1 中与 F_1 相等, 在 D_2 中与 F_2 相等, 在 N 中全纯. 邻域 N 的选取可以仅仅依赖于 $\mathscr{O}$ 和 E.

注 1. G 显然是 F_1 和 F_2 的一个解析延拓.

2. 因为 E 是一个开集, 它可以表示为立方体的并. 于是, 只需要证明定理对于开立方体 E 成立即可. 进一步, 由于这样的开立方体总可以通过实平移和实标度变换变为中心在原点处的任意大小的开立方体, 不失一般性, 我们假定 E 具有合适的大小, 即 $-1 - \varepsilon < x_j < 1 + \varepsilon$, $\varepsilon > 0$, $j = 1, \cdots, n$.

3. 在证明的过程中, 我们将会用到 z_j 平面上经过 -1 和 $+1$ 的圆形积分围道. 当该围道位于 $\mathscr{O}$ 内部时, 它是合适的.

4. 我们在实际的证明过程中, 将用到比定理前提更强的条件: 导数 $\partial F_1/\partial z_j$, $\partial F_2/\partial z_j$ 在点 $z_1, \cdots, z_n = +1, \cdots, +1$ 和 $-1, \cdots, -1$ 邻域内的有界性. 给定满足定理中假设的函数 F_1 和 F_2, 我们总可以定义原函数 (primitives)

$$\hat{F}_j(z_1, \cdots, z_n) = \int_{-1}^{z_1} \mathrm{d}\zeta_1 \cdots \int_{-1}^{z_n} \mathrm{d}\zeta_n\, F_j(\zeta_1, \cdots, \zeta_n), \quad j = 1, 2,$$

并且由 F 的一致收敛性,

$$\lim_{y_1, \cdots, y_n \to 0^+} \hat{F}_1(z_1, \cdots, z_n) = \int_{-1}^{z_1} \mathrm{d}\xi_1 \cdots \int_{-1}^{z_n} \mathrm{d}\xi_n\, F_1(\xi_1, \cdots, \xi_n)$$
$$= \lim_{y_1, \cdots, y_n \to 0^+} \hat{F}_2(\bar{z}_1, \cdots, \bar{z}_n).$$

$\hat{F}$ 的一阶导数是有界的. 显然, 原函数分别在 $\bar{D}_1$ 和 $\bar{D}_2$ 中连续, 并且在 F_1, F_2 全纯的点处全纯. 因此不失一般性, 可以假设 $\partial F_1/\partial z_j$, $\partial F_2/\partial z_j$ 有界.

证明 定义区域 $|\zeta| < 1, |z_j| < R, j = 1, \cdots, n$ 中 $n+1$ 个复变量的函数 G:

$$G(\zeta, z_1, \cdots, z_n) = \frac{1}{2\pi\mathrm{i}} \int_{C_+} \frac{F_1\left(\dfrac{u+z_1}{1+uz_1}, \cdots, \dfrac{u+z_n}{1+uz_n}\right)\mathrm{d}u}{u - \zeta}$$
$$+ \frac{1}{2\pi\mathrm{i}} \int_{C_-} \frac{F_2\left(\dfrac{u+z_1}{1+uz_1}, \cdots, \dfrac{u+z_n}{1+uz_n}\right)\mathrm{d}u}{u - \zeta}, \tag{2.100}$$

其中 u 平面中的围道 C_+ 和 C_- 是逆时针方向的单位半圆:

$$\begin{aligned} C_+ : & \quad |u| = 1, \qquad \mathrm{Im}\, u \geqslant 0, \\ C_- : & \quad |u| = 1, \qquad \mathrm{Im}\, u \leqslant 0. \end{aligned} \tag{2.101}$$

如果 R 足够小, 立方体也足够小, 则当 u 在 C_+ 和 C_- 上变化时, 由基本恒等式

$$\operatorname{Im}\left(\frac{u+z}{1+uz}\right) = \frac{\eta(1-|z|^2) + y(1-|u|^2)}{|1+uz|^2},$$

其中 $u = \xi + i\eta, z = x + iy$ (见图 2.7[35]) 可知, F_1 和 F_2 的自变量将分别始终完全位于 D_1 和 D_2 中. 这一结论存在两个例外, 当 $u = \pm 1$ 时, 积分变量 $\pm 1, \cdots, \pm 1$ 不属于 D_1 和 D_2, 但它们都是 E 中的点.

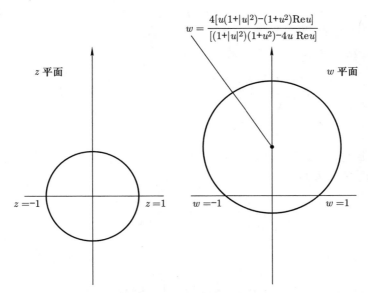

$$w = \frac{4[u(1+|u|^2)-(1+u^2)\operatorname{Re}u]}{[(1+|u|^2)(1+u^2)-4u\operatorname{Re}u]}$$

z 平面

$z = -1$ $\quad$ $z = 1$

w 平面

$w = -1$ $\quad$ $w = 1$

图 2.7 映射 $w = (u+z)/(1+uz)$ 的图示. 当 z 在单位圆 $|z| = 1$ 上取值时, w 在右侧所示圆上取值. 点 $z = \pm 1$ 始终被映射为 $w = \pm 1$.

因为 F_1 和 F_2 是连续函数, (2.100) 式显然定义了一个对于其所有自变量都连续的函数 G, 并且在固定 $z_1, \cdots, z_n$ 的时候是 ζ 的单复变解析函数. 进一步, 由于我们假设 F_1, F_2 的偏导数在 E 的邻域内有界, G 对于 z_j 的偏导数都存在. 因此, G 在区域 $|\zeta| < 1, |z_j| < R, j = 1, \cdots, n$ 内是复变量 $\zeta, z_1, \cdots, z_n$ 的全纯函数[37]. 特别地, 它在 $\zeta = 0$ 处的取值 $G(0, z_1, \cdots, z_n)$ 作为 $z_1, \cdots, z_n$ 的函数, 定义

---

[35] 译者注: 图 2.7 中的 z 在单位圆上取值, 而 u 为一确定值. 而在正文的推导中, 积分变量 u 在单位圆上取值, 而 z 为一确定值.

[36] 译者注: 正文中上述等式说明当 $|z|^2 < 1$ 时, $(u+z)/(1+uz)$ 的虚部与 u 的虚部同号. 因此, 这些积分变量分别位于乘积上半平面和乘积下半平面. 当立方体, 也就是 E, 选取得足够小时, 可以保证 $(u+z)/(1+uz)$ 分别位于 $D_j, j = 1, 2$ 内部 (这一点, 只需要在标度变换前的实立方体 E 所属的复立方体整体位于 $D_1 \cup D_2$ 内部即可). 这样, 我们就说明了除 $u = \pm 1$ 以外, 所有的积分变量都位于正确的定义域内.

[37] 译者注: 参见前文定理 2.4.

了区域 $|z_j| < R, j = 1, \cdots, n$ 内的 n 复变量全纯函数. 我们余下的任务, 只是证明 $G(0, z_1, \cdots, z_n)$ 在 D_1 和 D_2 中分别与 $F_1(z_1, \cdots, z_n)$ 和 $F_2(z_1, \cdots, z_n)$ 相等.

在区域 $|x_j| < R, j = 1, \cdots, n$ 内考虑 $G(\zeta, x_1, \cdots, x_n)$, 则第一项和第二项的被积函数分别为

$$F_j\left(\frac{u+x_1}{1+ux_1}, \cdots, \frac{u+x_n}{1+ux_n}\right), \quad j = 1, 2. \tag{2.102}$$

它们分别在 $\operatorname{Im} u > 0$ 和 $\operatorname{Im} u < 0$ 中是 u 的全纯函数, 并且根据假设[35]在 $\operatorname{Im} u = 0$ 处具有相同的边值. 根据定理 2.13, 它们是圆盘上的解析函数, 并且彼此互为解析延拓. 因此, 这里的 (2.100) 式正是 Cauchy 公式:

$$G(\zeta, x_1, \cdots, x_n) = \begin{cases} F_1\left(\dfrac{\zeta+x_1}{1+\zeta x_1}, \dfrac{\zeta+x_2}{1+\zeta x_2}, \cdots, \dfrac{\zeta+x_n}{1+\zeta x_n}\right), & \operatorname{Im} \zeta > 0, \\[3mm] F_2\left(\dfrac{\zeta+x_1}{1+\zeta x_1}, \dfrac{\zeta+x_2}{1+\zeta x_2}, \cdots, \dfrac{\zeta+x_n}{1+\zeta x_n}\right), & \operatorname{Im} \zeta < 0. \end{cases} \tag{2.103}$$

此时, 对于固定的 ζ, 等式左侧是全纯函数 $G(\zeta, \cdots)$ 在实环境上的限制. 依赖于 ζ 虚部的符号, 等式右侧为

$$F_1\left(\frac{\zeta+z_1}{1+\zeta z_1}, \cdots, \frac{\zeta+z_n}{1+\zeta z_n}\right)$$

或

$$F_2\left(\frac{\zeta+z_1}{1+\zeta z_1}, \cdots, \frac{\zeta+z_n}{1+\zeta z_n}\right).$$

因此, $G(\zeta, \cdots)$ 为这二者提供了解析延拓. 特别地, 对于 $\zeta = 0$, $G(0, z_1, \cdots, z_n)$ 在 D_1 中与 $F_1(z_1, \cdots, z_n)$ 相等, 在 D_2 中与 $F_2(z_1, \cdots, z_n)$ 相等, 并且其自身在 $|z_j| < R, j = 1, \cdots, n$ 中解析. 显然, 根据构造方法, R 只依赖于 D_1, D_2 和 E. ∎

接下来, 我们将展示定理 2.14 是如何被推广到具有更一般形状区域的楔边定理的.

定理 2.15 令 $\mathscr{O}$ 为 $\mathbf{C}^n$ 中的开集, $\mathscr{O}$ 包含实环境 E, E 是 $\mathbf{R}^n$ 中的开集. 令 $\mathscr{C}$ 是 $\mathbf{R}^n$ 中的开凸锥. 设 F_1 是

$$D_1 = (\mathbf{R}^n + \mathrm{i}\mathscr{C}) \cap \mathscr{O} \tag{2.104}$$

中的全纯函数, F_2 是

$$D_2 = (\mathbf{R}^n - \mathrm{i}\mathscr{C}) \cap \mathscr{O} \tag{2.105}$$

---

[35]根据前面的说明, F_j 是所有自变量共同的连续函数.

中的全纯函数 (记号 $\mathbf{R}^n \pm \mathrm{i}\mathscr{C}$ 分别代表全体形如 $x \pm \mathrm{i}y$ 的矢量组成的集合, 其中 x 和 y 是 n 维实矢量, 且 $y \in \mathscr{C}$).

设对于 $x \in E$, 极限

$$\lim_{y \to 0,\ y \in \mathscr{C}} F_1(x + \mathrm{i}y) = F_1(x) \tag{2.106}$$

与

$$\lim_{y \to 0,\ y \in \mathscr{C}} F_2(x - \mathrm{i}y) = F_2(x) \tag{2.107}$$

存在, 关于 x 连续, 并且在 E 中相等, 极限在 E 中一致.

那么, 存在 E 的一个 (复) 邻域 N 和一个全纯函数 G, 满足 G 在 D_1 中与 F_1 相等, 在 D_2 中与 F_2 相等, 在 N 中全纯. 邻域 N 不依赖于 F_1 和 F_2, 但是当然依赖于 $E, \mathscr{C}$ 和 $\mathscr{O}$.

证明 由于 $\mathscr{C}$ 是一个开凸锥, 我们可以选取其内部 n 个线性独立的矢量, 记作 $y^{(k)}, k = 1, \cdots, n$. 它们张成的凸锥 $\mathscr{C}'$ 是 $\mathscr{C}$ 的一个子锥. 因为 $y^{(k)}$ 是线性独立的, 任意 n 维复矢量 z 都可以表示为

$$z = \sum_{k=1}^{n} \lambda_k y^{(k)}.$$

变量 $\lambda_1, \cdots, \lambda_n$ 通过一个非奇异的实线性变换给出 $z_1, \cdots, z_n$. 当 z 跑遍 $\mathbf{R}^n + \mathrm{i}\mathscr{C}'$ 时, λ_k 互相独立地在上半平面中取值. 因此, 本定理的假设 (当 $\mathscr{C}$ 被 $\mathscr{C}'$ 取代, z 被 λ 取代的时候) 回到定理 2.14 的假设. 其结论用 z 重新表示, 即得到本定理的结果. ∎

在第四章中, 我们需要处理 n 个四矢量 $\zeta_1, \cdots, \zeta_n$ 构成的集合, 其中 $\zeta_j = \xi_j - \eta_j$ 且 $\eta_j \in V_+$. 因此, 那里的 $\mathscr{C}$ 是一个 $4n$ 维的锥, 即 n 个未来类光矢量的直积.

现在, 我们引出楔边定理的第二个本质性的复杂之处. 前面我们要求 F_1 和 F_2 在公共边界上必须点点收敛到相等的连续函数, 现在我们放松这一要求, 考察它们在分布理论的收敛意义下是否在公共边界上收敛到相同的分布. 一个为人熟知的例子是函数 $(x + \mathrm{i}y)^{-1}$ 在 $y \to 0$ 时的极限. 它在 $y \to 0, y > 0$ 时的边界值为 $P\left(\dfrac{1}{x}\right) - \mathrm{i}\pi\delta(x)$, 其含义为: 对于任意的检验函数 f, 有

$$\lim_{y \to 0} \int \frac{f(x)\mathrm{d}x}{x + \mathrm{i}y} = P \int \frac{f(x)\mathrm{d}x}{x} - \mathrm{i}\pi f(0),$$

其中 P 代表 Cauchy 主值. 这正是我们对于 $\mathscr{D}'$ 中分布收敛的定义. 相应经过改写的楔边定理如下.

定理 2.16   假设定理 2.15 的其他前提都不变, 而 (2.106) 和 (2.107) 式被如下条件取代: 对于具有包含于 E 的紧支集的任意检验函数,

$$\lim_{y \to 0,\, y \in \mathscr{C}} \int F_1(x + \mathrm{i}y) \mathrm{d}x\, f(x) = T(f)$$

且

$$\lim_{y \to 0,\, y \in \mathscr{C}} \int F_2(x - \mathrm{i}y) \mathrm{d}x\, f(x) = T(f),$$

其中 T 是 $\mathscr{D}(E)'$ 中的分布, 则定理 2.15 的结论依然成立.

证明   证明的思路如下. 对 F_1 和 F_2 进行正规化得到 F_{1f} 和 F_{2f}:

$$\begin{aligned}
F_{1f}(x + \mathrm{i}y) &= \int \mathrm{d}\xi\, f(x - \xi) F_1(\xi + \mathrm{i}y), \\
F_{2f}(x + \mathrm{i}y) &= \int \mathrm{d}\xi\, f(x - \xi) F_2(\xi + \mathrm{i}y),
\end{aligned} \tag{2.108}$$

其中 f 是具有足够小支集的无穷阶可微函数. F_{1f} 和 F_{2f} 同样是全纯函数, 但是它们满足定理 2.15 的假设. 需要证明, 相应的这些 G_f 具有形式 $G_f(x + \mathrm{i}y) = \int f(x - \xi)\mathrm{d}\xi\, G(\xi + \mathrm{i}y)$, 而 G 就是我们需要的全纯函数.

当 f 具有足够小的支集, 且 $x + \mathrm{i}y$ 分别被限制在 D_1 和 D_2 的子集中的时候, (2.108) 式定义了两个全纯函数. 这是因为积分关于 $x + \mathrm{i}y$ 是连续的, 并且对每个变量都分别满足 Cauchy-Riemann 方程:

$$\begin{aligned}
\frac{\partial}{\partial x_j} \int \mathrm{d}\xi\, f(x - \xi) F(\xi + \mathrm{i}y) &= \int \mathrm{d}\xi\, \frac{\partial f}{\partial x_j}(x - \xi) F(\xi + \mathrm{i}y) \\
&= \int \mathrm{d}\xi\, f(x - \xi) \frac{\partial F}{\partial \xi_j}(\xi + \mathrm{i}y) \\
&= -\mathrm{i}\frac{\partial}{\partial y_j} \int \mathrm{d}\xi\, f(x - \xi) F(\xi + \mathrm{i}y). \tag{2.109}
\end{aligned}$$

当 $y \to 0$ 时, 这些全纯函数在 E 的足够小的紧子集上关于 x 一致收敛到 $T(\hat{f}_{-x})$, 其中 $\hat{f}_{-x}(\xi) = f(x - \xi)$ (注意, 一个收敛分布序列在有界集上一定是一致收敛的, 同时, 当 x 在一个紧致集上取值时, $\hat{f}_{-x}$ 构成一个有界集[39]). 因此, 根据定理 2.15, 存在全纯函数 G_f 在 D_1 的一个开子集中与 F_{1f} 相等, 在 D_2 的一个开子集中与 F_{2f} 相等, 在 E 的一个开子集的邻域中全纯, 并且提供了 F_1 和 F_2 的一个解析延拓. G_f 的构造显示了它是被积函数为 f 的分布的 Cauchy 积分[40], 所以对固定的 $x + \mathrm{i}y$,

---

[39]译者注: 参见本书第 33 页最后一段的相关讨论.

[40]译者注: 因为这时 G_f 的定义式 (2.100), 作为 Cauchy 积分, 其中的被积函数 F_{1f} 和 F_{2f} 是 (2.108) 式定义的 f 的分布.

$G_f(x+iy)$ 也是 f 的一个分布. 根据 Schwartz 核定理, 存在分布 $H(\xi, x+iy)$ 满足

$$G_f(x+iy) = \int d\xi\, f(-\xi)H(\xi, x+iy).$$

通过对 Cauchy 积分公式 G_f 的考察, 可以直接得到对于足够小的 t,

$$G_{f_t}(x+iy) = G_f(x+t+iy).$$

结合 H 的唯一性可以推出

$$H(\xi+t, x+iy) = H(\xi, x+t+iy).$$

换言之, H 只依赖于 $x+\xi$, 而与 $\xi-x$ 无关, 从而有

$$G_f(x+iy) = \int d\xi\, f(x-\xi)H(\xi, iy).$$

接下来, 令 f_k 为收敛到原点处的 δ 函数的检验函数序列, g 为自变量为 x 和 y 的检验函数. 于是对于具有足够小支集的任意检验函数 g,

$$\int dx\, dy\, g(x,y)G_{f_k}(x+iy) = \int d\xi\, dy \left[\int dx\, f_k(x-\xi)g(x,y) \right] H(\xi, iy)$$
$$\to \int dx\, dy\, g(x,y)H(x, iy).$$

但是 $G_{f_k}(x+iy)$ 是全纯函数序列, 并且正如我们在 2.3 节中已经解释过的, 如果上述积分中的序列[1]由支集在给定紧致集内部或其上的检验函数[2]的卷积展宽构成, 则由积分后的序列收敛性的 g 无关性可以得到被积函数序列一致收敛到一个全纯函数 $G(x+iy)$. 因此 $H(x, iy) = G(x+iy)$ 是一个全纯函数. 由于序列在 D_1 的一个开子集上收敛到 F_1, 在 D_2 的一个开子集上收敛到 F_2, 它提供了一个所需的解析延拓. ■

在第四章中, 我们也会用到如下定理. 它是楔边定理的一个简单的推论.

定理 2.17 令 $\mathscr{O}$ 为 $\mathbf{C}^n$ 中开集, 且包含作为 $\mathbf{R}^n$ 开集的实环境 E. 设 F 是

$$\mathscr{B} = (\mathbf{R}^n + i\mathscr{C}) \cap \mathscr{O}$$

内的全纯函数, 其中 $\mathscr{C}$ 是 $\mathbf{R}^n$ 中的开凸锥, 进一步假设

$$\lim_{y \to 0} F(x+iy) = 0, \ x \in E, \tag{2.110}$$

其中收敛的概念在 $\mathscr{D}(E)'$ 的意义上理解, 则在 $\mathscr{B}$ 上有 $F = 0$.

---

[1] 译者注: 指 G_{f_k}.
[2] 译者注: 指 f_k.

证明 定义 $F_1(x+iy) = \overline{F(x-iy)}$. 则函数 F_1 是 $\mathscr{B}$ 的复共轭区域 $\bar{\mathscr{B}}$ 中的全纯函数, 并且在 $y \to 0$ 时趋于 0. 于是我们可以对 F 和 F_1 使用楔边定理 2.16, 从而得到在 E 的复邻域中存在全纯函数 G, 它是 F 和 F_1 的共同解析延拓. 然而根据 (2.110) 式, G 在 E 上作为一个分布为零, 因而它作为一个函数也为零. 由于 E 是一个实环境, G 在整个 $\mathscr{B}$ 上均为零. ■

2.6 Hilbert 空间

在第一章中, 我们已经认定读者理应熟知 Hilbert 空间的基本知识. 在这里, 我们将给出一系列不系统的说明, 借此基于基本知识给出一些本书中将会用到的结果.

注意到, 一个 Hilbert 空间 $\mathscr{H}$, 是一个以复数[⑬]为标量的矢量空间, 并且其上定义了一个满足条件

$$(\varPhi, \varPsi) = \overline{(\varPsi, \varPhi)}, \quad (\varPhi, \alpha\varPsi + \beta\chi) = \alpha(\varPhi, \varPsi) + \beta(\varPhi, \chi)$$

和

$$\|\varPhi\|^2 \equiv (\varPhi, \varPhi) \geqslant 0, \tag{2.111}$$
$$(\varPhi, \varPhi) = 0 \quad 推出 \quad \varPhi = 0 \tag{2.112}$$

的双矢量复值函数. 进一步, $\mathscr{H}$ 必须是完备的 (complete), 也就是说, 其中矢量的 Cauchy 列的极限必须存在. 这意味着如果 $\varPhi_n$, $n = 1, 2, \cdots$ 是一个矢量序列, 且对于任意的 $\varepsilon > 0$ 都存在整数 N 满足对任意的 $n, m \geqslant N$,

$$\|\varPhi_n - \varPhi_m\| < \varepsilon$$

[这时 $\varPhi_n$, $n = 1, 2, \cdots$ 称为 Cauchy 列 (Cauchy sequence)], 则存在一个矢量 $\varPhi$ 满足

$$\lim_{n \to \infty} \|\varPhi_n - \varPhi\| = 0.$$

我们的讨论, 从量子场论中遇到的 Hilbert 空间的可分性开始. $\mathscr{H}$ 中的一个矢量集合 S 称为稠密的 (dense), 如果对于每个矢量 $\varPhi \in \mathscr{H}$ 和任意小的 $\varepsilon > 0$, 都存在矢量 $\varPsi \in S$ 满足 $\|\varPhi - \varPsi\| < \varepsilon$. 一个 Hilbert 空间称为可分的 (separable), 如果它存在可数的稠密子集, 或者换言之, 存在一个稠密的矢量序列. 对于不可分 Hilbert 空间, 标记稠密子集的元素必须使用连续指标集. 另一种等价的刻画这一区别的方

[⑬]当然也可以定义以实数为标量的实 Hilbert 空间, 不过我们不打算讨论它们.

式, 用到完备正交集. 一个 Hilbert 空间是可分的, 如果它存在可数的完备正交集. 如果其完备正交集是不可数的, 则它是不可分的. 这两种定义是等价的, 这一点容易通过以下方式说明. 一方面, 通过对稠密子集进行正交归一化, 可以得到可数的完备正交归一集. 反之, 对于完备的正交归一集, 可以构造其线性组合组成的集合, 当线性组合的复系数的实部和虚部都限制在有理数域上时, 该集合是可数的稠密子集. 在 von Neumann 最初的公理化工作中, 可分性是 Hilbert 空间定义的一部分. 今天, 习惯上 Hilbert 空间这一概念通常也包含不可分空间的情况. 最近, 物理学家已经开始考虑标量积不满足 (2.111) 和 (2.112) 式的矢量空间 (不定度规). 我们在本书中既不称其为 Hilbert 空间, 也不准备考虑它们.

在非相对论量子力学中, 只考虑可分 Hilbert 空间是十分自然的, 因为人们往往只处理有限粒子数体系. 这时的态是 $L^2(\mathbf{R}^n)$ 中的矢量, 即 n 维 Euclid 空间平方可积函数的等价类. 其中两个函数是等价的, 当且仅当使它们不相等的点的全体构成零测集. 众所周知, 这个 Hilbert 空间是可分的 (参见文献 20). 有时, 人们主张在处理无穷多自由度体系的量子场论中必须使用不可分 Hilbert 空间. 这一思路简言之就是

$$有限自由度体系 \leftrightarrow 可分\ Hilbert\ 空间,$$

$$无穷自由度体系或其他 \leftrightarrow 不可分\ Hilbert\ 空间.$$

我们接下来的工作, 就是说明为什么这种观点是错误的, 或者说充其量是严重误导的.

首先我们注意到, 如果 $\mathscr{H}_1, \mathscr{H}_2, \mathscr{H}_3, \cdots$ 是可分 Hilbert 空间的序列, 则它们的直和 (direct sum) $\bigoplus_j \mathscr{H}_j$ 是可分 Hilbert 空间. 直和的元素是形如 $\{\Phi_1, \Phi_2, \cdots\}$ 的序列, 其中 $\Phi_j \in \mathscr{H}_j$ 且

$$\sum_{j=1}^{\infty} \|\Phi_j\|^2 < \infty.$$

$\bigoplus_j \mathscr{H}_j$ 中的标量积定义为[14]

$$(\Phi, \Psi) = \sum_{j=1}^{\infty} (\Phi_j, \Psi_j),$$

其中 (Φ_j, Ψ_j) 是 $\mathscr{H}_j$ 中的标量积, Φ 代表 $\{\Phi_1, \Phi_2, \cdots\}$, Ψ 代表 $\{\Psi_1, \Psi_2, \cdots\}$. 不难看出, 由属于各个 $\mathscr{H}_j$ 中可数稠密子集的元素组成的所有至多有有限个元素非零的序列的集合, 构成 $\bigoplus_j \mathscr{H}_j$ 的一个可数的稠密子集.

[14]译者注: 英文版原书下式等式右侧的求和项指标为 n, 但求和对 j 进行, 显然为笔误. 这里我们将求和指标 (包括等式后的说明) 统一为 j.

如果一个态是任意数目的粒子的态的叠加, 则它可以通过直和进行构造. 人们只需要利用 $\bigoplus_n \mathcal{H}_n$, 这里 $n = 0, 1, 2, \cdots$, 而 $\mathcal{H}_n$ 描述 n 粒子态. 这个 Hilbert 空间, 正是第三章中给出自由场理论显式公式将用到的 Hilbert 空间. 这是以上断言的一个清晰的反例. 自由场是无穷自由度体系. 当然, 这个例子没有描述参与相互作用的粒子, 但是对于第一章的论述适用的情况, 相互作用的存在不会带来区别. 渐近完备的理论的碰撞态张成可分 Hilbert 空间, 因为它们同样具有 $\bigoplus_n \mathcal{H}_n$ 的形式 [这里, $\mathcal{H}_n$ 是 n 个碰撞粒子的入射 (或出射) 碰撞态张成的子空间]. 所有这些论证表明, 没有明显的证据支持可分 Hilbert 空间不是量子场论的自然态空间这一指控.

那么在量子力学中, 何时会遇到不可分 Hilbert 空间呢? 有两种情况值得一提. 第一种, 是当人们对 Hilbert 空间求无穷张量积的时候. 我们在这里并不打算给出无穷张量积的技术性定义, 只是指出它是描述复合系统的普通张量积的自然推广. (维数大于 1 的) Hilbert 空间的无穷张量积必不可分. 由于一个 (玻色) 场可以看作无穷多谐振子复合而成的系统, 读者也许会认为这个无穷张量积自然是态空间. 然而, 场论的特征之一, 就是它的一些可观测量同时包含了所有谐振子, 这意味着这些可观测量只能被自然地定义在无穷张量积的一个很小的可分子集的矢量上. 这一子集张成的子空间, 才是自然的态空间, 而不是整个无穷张量积空间本身. 因此, 尽管将态空间视为无穷张量积的一部分在一些场合下可能会提供便利, 但它并不是必要的.

不可分 Hilbert 空间的第二个例子, 出现在统计力学中, 当人们固定体系的密度, 对于包含体系的盒子的体积取无穷大极限的时候. 具有不同密度的两个极限系统的态, 相差无穷多个粒子. 读者可能预期它们彼此正交, 事实上, 这一结论在迄今为止的例子中都成立. 于是, 这里出现了一个被连续参数 —— 密度标记的正交归一系, 相应的 Hilbert 空间是不可分的. 这一现象, 看来是源于所考察系统的所有态都包含无穷多的物理粒子, 对相对论量子场论中的类似现象不能提供任何论证. 至此, 我们完成了对于可分性的讨论.

接下来, 我们转而对 Hilbert 空间上的线性算子做一些说明. 后文中很多地方都会提及无界算子的定义域. 在物理学家中, 存在这样一种观点, 那就是任何强烈依赖于该细节的问题, 都不是物理的. 我们准备为相反的观点提供一些论据.

注意, 从 Hilbert 空间 $\mathcal{H}_1$ 到 Hilbert 空间 $\mathcal{H}_2$ 的一个算子 A, 是定义在 $\mathcal{H}_1$ 的一个子集 —— 称为 A 的定义域 (domain) $D(A)$ 上、取值在 $\mathcal{H}_2$ 上的函数. A 在 $\mathcal{H}_2$ 中的取值构成的集合称为 A 的值域 (range) $R(A)$. A 的图 (graph) $\Gamma(A)$, 是所有元素对 $\{\Phi, A\Phi\}$ 构成的集合, 其中 $\Phi \in D(A)$. 它是 $\mathcal{H}_1 \oplus \mathcal{H}_2$ 的子集. A 称为线性的 (linear), 如果它的图是 $\mathcal{H}_1 \oplus \mathcal{H}_2$ 中的线性流形. 这等价于说如果 Φ_1 与 $\Phi_2 \in D(A)$, 则 $\alpha\Phi_1 + \beta\Phi_2 \in D(A)$, 并且

$$A(\alpha\Phi_1 + \beta\Phi_2) = \alpha A\Phi_1 + \beta A\Phi_2.$$

这正是通常线性性的定义. A 称为闭的 (closed), 如果它的图是 $\mathscr{H}_1 \oplus \mathscr{H}_2$ 中的闭子集. 也就是说, 如果 $\Phi_n, n = 1, 2, \cdots \in D(A)$, $\lim\limits_{n \to \infty} \|\Phi_n - \Phi\| = 0$ 且 $\lim\limits_{n \to \infty} \|A\Phi_n - \Psi\| = 0$, 则有 $\Phi \in D(A)$ 和 $A\Phi = \Psi$. 算子 B 称为 A 的扩张 (extension), 如果 $\Gamma(A) \subset \Gamma(B)$. 这意味着 $D(A) \subset D(B)$, 并且对于所有的 $\Phi \in D(A)$ 有 $A\Phi = B\Phi$. 此时, 我们记 $A \subset B$.

对于 $\mathscr{H}_1 \oplus \mathscr{H}_2$ 中的任意集合 S, 定义它的正交补 (orthogonal complement) $S^{\perp}$ 为所有与 S 中矢量均正交的矢量的集合. $S^{\perp}$ 总是闭线性流形. 如果 S 是一个从 $\mathscr{H}_1$ 到 $\mathscr{H}_2$ 的算子的图, $S^{\perp}$ 可能是一个从 $\mathscr{H}_2$ 到 $\mathscr{H}_1$ 的算子的图. 至于它是否是这样一个算子的图, 完全取决于 $\{\Phi, \Psi\}$ 和 $\{\chi, \Psi\} \in S^{\perp}$ 是否推出 $\Phi = \chi$. 如果不是, 则假定的算子不是单值的, 而这是算子定义中的必备条件. $\{\Phi, \Psi\}$ 和 $\{\chi, \Psi\} \in S^{\perp}$ 的条件是, 对于所有的 $\Phi_1 \in D(A)$,

$$(\{\Phi, \Psi\}, \{\Phi_1, A\Phi_1\}) = (\Phi, \Phi_1) + (\Psi, A\Phi_1) = 0$$

和

$$(\{\chi, \Psi\}, \{\Phi_1, A\Phi_1\}) = (\chi, \Phi_1) + (\Psi, A\Phi_1) = 0.$$

两式相减, 我们得到 $(\Phi - \chi, \Phi_1) = 0$, 因此, 如果 $D(A)$ 是稠密的, $\Phi = \chi$ 并且 $S^{\perp}$ 是一个变换的图. 该变换的负值称为 A 的伴随 (adjoint) (算子) A^*. 换言之, A^* 是从 $\mathscr{H}_2$ 到 $\mathscr{H}_1$ 的变换, 它定义在满足如下条件的 $\Psi \in \mathscr{H}_2$ 上, 即存在 $\chi \in \mathscr{H}_1$, 使得对所有的 $\Phi \in D(A)$, 有

$$(\Psi, A\Phi) = (\chi, \Phi).$$

于是, 根据定义, $\chi = A^*\Psi$. 显然, 只要 A^* 存在, 根据定义, 它一定是闭线性变换.

伴随算子在给定算子的闭线性扩张中扮演了重要的角色. 明显地, A 的任意闭线性扩张一定同时是图为 $\overline{\Gamma(A)}$ 的算子的扩张, 该图是 $\Gamma(A)$ 在 $\mathscr{H}_1 \oplus \mathscr{H}_2$ 中的闭包. 由于 $\overline{\Gamma(A)} = \{[\Gamma(A)]^{\perp}\}^{\perp}$, 如果 A 和 A^* 的定义域都是稠密的, 即 A^* 和 $(A^*)^*$ 都存在, 前面的论述断言 $(A^*)^*$ 正是 A 的这一最小闭线性扩张.

从 $\mathscr{H}_1$ 到 $\mathscr{H}_1$ 的算子称为厄米的 (hermitian), 如果 $A \subset A^*$; 称为自伴的 (self-adjoint), 如果 $A = A^*$ (有时, 它们也分别被称为对称的和超极大对称的). 如果 $A^* = (A^*)^*$, 则该算子称为本质自伴的 (essentially self-adjoint). 显然, A 是厄米算子的充要条件为 $D(A)$ 是稠密的, 且对于所有的 $\Phi, \Psi \in D(A)$, 有

$$(\Phi, A\Psi) = (A\Phi, \Psi).$$

这就是通常初等量子力学中厄米算子的含义, 但是确切地讲, 与 A 是可观测量相关的概念是自伴性. 只有这样, A 的本征函数才是完备的 (完整的解释参见文献 20). 显然, 从这个意义上讲, 本质自伴性与自伴性同样合适, 因为 $(A^*)^*$ 被 A 唯一确定.

一个算子 A 称为有界的 (bounded), 如果当 $\varPhi$ 跑遍 $D(A)$ 时 $\|A\varPhi\|/\|\varPhi\|$ 有界, 即存在不依赖于 $\varPhi$ 的 M, 使得

$$\|A\varPhi\| \leqslant M\|\varPhi\|, \qquad \varPhi \in D(A).$$

有界线性算子显然是连续的, 因为 $\|A\varPhi - A\varPsi\| \leqslant M\|\varPhi - \varPsi\|$. 反之, 一个线性算子如果在 0 点连续, 则它在定义域上的每一点都连续, 且它是有界的. 这一结论的第一部分, 是线性性的显然结论. 它的第二部分只需要如下简单的论证. 假设对于所有满足 $\|\varPhi\| < \delta$ 的 $\varPhi \in D(A)$ 都有 $\|A\varPhi\| < \varepsilon$, 则对于 $D(A)$ 中的任意元素 $\varPsi$, 都有 $\varPsi\left(\dfrac{\delta}{2\|\varPsi\|}\right) \in D(A)$ 且 $\left\|\varPsi\left(\dfrac{\delta}{2\|\varPsi\|}\right)\right\| < \delta$. 因而 $\left\|A\left(\varPsi\left(\dfrac{\delta}{2\|\varPsi\|}\right)\right)\right\| < \varepsilon$, 也就是说, $\|A\varPsi\| < (2\varepsilon/\delta)\|\varPsi\|$. 于是可知 A 是有界的. 任一有界线性算子 A 一定存在定义域为整个 $\mathscr{H}_1$ 的线性扩张. 我们接下来给出证明的思路.

首先, 人们可以通过将 A 延拓到 $D(A)$ 的极限点进行扩张. A 在这些极限点的值定义为其在 $D(A)$ 中该极限点的邻域的值的极限. 这一扩张就是 $(A^*)^*$. 如果 $D(A)$ 的闭包就是整个 $\mathscr{H}_1$, 则构造完成. 若不然, 人们可以对 A 在 $D(A)$ 正交补上的取值进行任意定义 (只要满足线性性和有界性), 继而通过线性性将它定义在整个 $\mathscr{H}_1$ 上. 如果 A 是从 $\mathscr{H}_1$ 到 $\mathscr{H}_1$ 的线性有界厄米算子, 显然它总有在整个 $\mathscr{H}_1$ 上的自伴扩张. 因此, 当考虑有界算子时, 总可以假定它们是处处有定义的.

与有界算子相比, 无界算子的情况是完全不同的. 一个无界线性算子在它定义域的每一点处都是不连续的. 进一步, 如果它是闭的, 它就不可能处处有定义, 因为一个处处有定义的闭线性算子必有界 [这一结论是著名的闭图定理 (closed graph theorem), 证明可参见文献 21]. 出于两方面原因, 我们对闭算子有特殊的兴趣. 一方面, 我们需要研究厄米算子 A 的自伴扩张. 一个厄米算子 A 总有一个闭线性扩张 $(A^*)^*$, 而 A 的任意自伴扩张都是 $(A^*)^*$ 的一个扩张. 另一方面, 我们将研究具有稠密定义域的非厄米算子 A, 这些算子的伴随算子总是闭的. 显然, 这种情况下, 我们能够期待得到的最好的结果, 是定义在一个稠密子集上而非处处有定义的算子, 并且它在定义域内处处不连续.

这些事实往往被认为是 Hilbert 空间的病态行为, 一个自然而然的反应是声明只考虑有界算子: 只有有界算子被认为是算子! 这一做法甚至存在不错的物理基础, 比如, 像在文献 20 中花费大量篇幅解释的, 一个对应可观测量的无界算子一定是自伴的, 其测量结果可以重新展开为算子谱投影之和, 而投影算子总是有界的. 然而, 出于种种理由, 第三章的公理被扩展到包含无界算子的情形. 首先, 这些与经典场直接对应的量, 是场的量子理论的灵感来源. 其次, 描述时空中场之间的定域相互作用的方程, 是由这些无界算子构成的. 也许有人会说, 这些论据准确地指出了量子场论的错误之处, 并且是可以反驳的. 但是, 第三章和第四章计划展现的要点,

是利用现代数学的全部资源, 探索过去五十年间发展起来的物理思想. 对于那些希望对理论的基础做更为根本的改造的人, 我们只能说: 好! 再见, 一路平安!

一旦我们接受不得不处理无界算子的事实, 就得面对一系列与其定义域有关的操作性问题. A^2 可能仅仅在零矢量上有定义, 因为有可能

$$\{AD(A)\} \cap D(A) = \{0\}.$$

更糟的是, 我们必须面对多个无界算子, 而且需要计算它们构成的多项式. 这就需要附加特别的假设, 使得这些操作至少在一个稠密子集上是良定义的. 一个自然的选择, 是假设这些无界算子具有公共的稠密的定义域 D, 因而在其中所有由这些无界算子构成的多项式都是良定义的. 一旦我们有了这样的 D, 另一个问题就出现了: 这些无界算子在 D 上的值在何种程度上能够唯一地确定它们的扩张性质? 这一问题对于可观测量尤其棘手, 因为一个限制在 D 上的厄米算子可能具有多个不同的自伴扩张, 为了明确一个理论, 人们必须判断哪个自伴扩张是有意义的. 进一步, 对于 D 中矢量成立的方程, 不必对其他矢量也成立. 比如, 人们可以构造两个限制在稠密子集 D 上的本质自伴的算子, 使得它们在 D 上彼此对易, 但它们的自伴扩张却彼此不对易 (参见文献 23). 相对论性量子场论是否会遇到这样的问题, 目前还不清楚. 然而如果一个理论没能明确这一问题的答案, 很难说它是完备的. 前面这些说明的要点, 是引起读者对这些至关重要的问题的重视. 在本书余下的部分, 我们将回避这些问题.

接下来, 我们将讨论时空变换群的连续幺正表示理论. 其主要目的, 是在第一章关于物理理论的能动量谱的论断和第三、四章中将要用到的标准之间建立起联系. 具体而言, 我们脑海中的想法是这样的. 在第三、四章中, 对于确定的矢量 Φ 和 Ψ, 我们会遇到如下矩阵元

$$(\Phi, U(a, \mathbf{1})\Psi), \tag{2.113}$$

并会断言: 除非 p 属于物理谱, 即 $\overline{V}_+$ 中, 否则有

$$\int e^{-ip\cdot a} da(\Phi, U(a, \mathbf{1})\Psi) = 0. \tag{2.114}$$

(2.114) 式中的数学运算是含义明确的, 因为 (2.113) 式给出一个无穷阶可微有界函数, 因此其 Fourier 变换作为缓增分布是存在的. 对于一个缓增分布, 断言它在某开集上为零是有明确含义的. 另一方面, 我们何以得知这一数学命题与理论的能动量的谱全部位于 $\overline{V}_+$ 中的物理结论之间的关系呢? 形式上, 通常的说明方法是写下对于具有物理动量 Q 和其他量子数 α 的中间态的展开式:

$$(\Phi, \Psi) = \sum_\alpha \int dQ \langle \Phi | Q\alpha \rangle \langle Q\alpha | \Psi \rangle.$$

于是

$$\int \mathrm{d}a\, \mathrm{e}^{-\mathrm{i}p\cdot a}(\Phi, U(a,\mathbf{1})\Psi) = \sum_{\alpha}\int \mathrm{d}Q \int \mathrm{d}a\, \mathrm{e}^{-\mathrm{i}(p-Q)\cdot a}\langle \Phi|Q\alpha\rangle\langle Q\alpha|\Psi\rangle$$

$$= (2\pi)^4 \sum_{\alpha}\int \mathrm{d}Q\; \delta(Q-p)\langle \Phi|Q\alpha\rangle\langle Q\alpha|\Psi\rangle.$$

这是因为

$$\langle Q\alpha|U(a,\mathbf{1})|\Psi\rangle = \mathrm{e}^{\mathrm{i}Q\cdot a}\langle Q\alpha|\Psi\rangle.$$

这一系列推演是不严密的, 因为态 $|Q,\alpha\rangle$ 的范数可能为无穷大. 利用直积分理论 (参见文献 22) 可以将这一推演严密化, 但是我们不打算涉及这一问题.

或者, 我们可以进一步研究 $U(a,\mathbf{1})$ 的形式. 根据 SNAG 定理 (参见文献 22)[41], $U(a,\mathbf{1})$ 可以表示为动量空间上的 Stieltjes 积分

$$U(a,\mathbf{1}) = \int \mathrm{e}^{\mathrm{i}p\cdot a}\mathrm{d}E(p),$$

其中 E 是动量空间上的投影值测度. 这意味着, 对应于动量空间中的任意球, 以及任意可以由一系列球通过可数次并、交和补运算得到的集合 S, 都定义了一个投影算子 $E(S)$. $E(S)$ 必须满足对任意的 $j\neq k$, $S_j\cap S_k$ 为空集,

$$E(S_1)E(S_2) = E(S_1\cap S_2),$$

$$\sum_{j=1}^{\infty} E(S_j) = E\left(\bigcup_{j=1}^{\infty} S_j\right),$$

---

[41]译者注: SNAG 定理是对 Stone 定理的一个推广, 其内容为 [这一表述参见 J. A. Packer, arXiv:math/0407037(math.FA)]:

若 G 是局部紧致 (一个拓扑空间被称为局部紧致的, 如果它的每个点都存在紧致的邻域) 的 Abel 群, U 是 G 在 Hilbert 空间 $\mathscr{H}$ 上的一个连续幺正表示. $\hat{G}$ 表示 G 的 Pontryagin 对偶群 [局部紧致 Abel 群 G 的 Pongtryagin 对偶, 是指从 G 到 $U(1)$ 的群同态 $\mathrm{Hom}(G,U(1))$ 在同态复合定义的乘法下构成的群], 则存在 $\hat{G}$ 上的 Borel 测度 μ 使得 $\mathscr{H}$ 有直积分解

$$\mathscr{H} = \int_{\hat{G}}^{\oplus} [\mathscr{H}_{\chi}]\mathrm{d}\mu(\chi),$$

并且对于任意的 $g\in G$ 及其表示 U_g, 对应这一直积分解有

$$U_g = \int_{\hat{G}}^{\oplus} [\chi(g)\,\mathbf{1}_{\chi}]\mathrm{d}\mu(\chi),\quad \chi\in\hat{G},$$

其中 $\mathbf{1}_{\chi}$ 为 $\mathscr{H}_{\chi}$ 上的恒等变换. 所有满足上述条件的测度 μ 属于同一个等价类 (具有相同的零测集).

当 $G=\mathbf{R}$ 时, 这一定理就是关于幺正算子单参群的 Stone 定理.

以及

$$E(\mathbf{R}^4) = 1.$$

利用 E, 集合 S 不在物理的能动量谱中这一结论可以简单明了地表述为 $E(S) = 0$, 或者等价地, 对于所有满足 supp $\tilde{\rho}$ 在 S 中的 $\rho \in \mathscr{S}$, 有

$$\int \mathrm{d}a\, \rho(a) U(a, \mathbf{1}) = \int \tilde{\rho}(p) \mathrm{d}E(p) = 0.$$

这里

$$\rho(x) = \frac{1}{(2\pi)^4} \int \mathrm{e}^{-\mathrm{i}p\cdot a} \tilde{\rho}(p) \mathrm{d}p.$$

显然, 以上结果可以推出

$$\int \mathrm{d}a\, \rho(a)(\Phi, U(a, \mathbf{1})\Psi) = 0,$$

这是陈述 (2.114) 式的另一种方式.

如此简短的论述当然无法替代对 SNAG 定理的全面讲解, 然而它展示了对关于能动量谱的物理假设进行精确数学刻画的基本思路.

出现在平移和限制 Lorentz 群变换下不变的理论中的 $E(S)$ 不可能是任意的. 特别地, 离散的点谱只可能出现在一处: $p = 0$. 这一结论是显而易见的. 如果存在 $p \neq 0$ 使得 $P^\mu \Psi_p = p^\mu \Psi_p$ 且 $(\Psi_p, \Psi_p) = 1$, 则 $U(0, \Lambda) \Psi_p$ 必满足 $P^\mu U(0, \Lambda)\Psi_p = (\Lambda p)^\mu U(0, \Lambda)\Psi_p$, 并且当 Λ 遍历 $L_+^\uparrow$ 时, $U(0, \Lambda)\Psi_p$ 是由归一化的态构成的连续族, 而当 $\Lambda p_1 \neq \Lambda p_2$ 时, 这些态彼此正交. 对于可分 Hilbert 空间, 这是不可能做到的. 有趣的是, 这一结论为刻画真空态提供了一种简单的方式: 它是 P^0, $\boldsymbol{P}$ 或 P^1 的唯一可归一化的本征函数.

参 考 文 献

关于分布理论的标准著作是

1. L. Schwartz, *Théorie des distributions*, Hermann, Paris, Part I, 1957, Part II, 1959.

另一部系统性的专著是

2. I. Gelfand and co-authors, *Generalized Functions* I··· V (in Russian), Gosizdfiz-matlit, Moscow, 1958.

对物理学工作者而言十分有用的一个综述是

3. L. Gårding and J. Lions, "Functional Analysis", *Nuovo Cimento Suppl.*, **14**, 9 (1959). 2.1 节和 2.2 节的简略讲解, 不能替代 Gårding-Lions 的这份讲义, 同样地, 正如他们自己所称, 这份讲义也不能替代 Schwartz 的书. 定理 2.8、2.9 和 2.10 的证明方法, 来自 L. Gårding 未发表过的评论.

核定理最初等的证明, 来自 Gelfand 和 Vilenkin, 参见文献 2 的第四卷. 其他的证明可以在下列文献中找到:

4. L. Ehrenpreis, "On the Theory of the Kernels of Schwartz", *Proc. Amer. Math. Soc.*, **7**, 713 (1956).

5. H. Gask, "A Proof of Schwartz's Kernel Theorem", *Math. Scand.*, **8**, 327 (1960).

关于 Laplace 变换, 参见

6. L. Schwartz, "Transformation de Laplace des distributions", *Medd. Lunds Mat. Sem. Supplementband*, p. 196 (1952).

多复变全纯函数的著述参见

7. S. Bochner and W. T. Martin, *Several Complex Variables*, Princeton University Press, Princeton, N.J., 1948.

下面的文献是面向物理学工作者的一份综述, 其中给出了供进一步查阅的文献:

8. A. S. Wightman, "Analytic Functions of Several Complex Variables", pp. 159–221 in *Dispersion Relations and Elementary Particles*, Wiley, New York, 1960.

定理 2.11 的第一个证明是针对不变全纯函数的, 来自 D. Hall 的博士论文, 参见

9. D. Hall and A. S. Wightman, "A Theorem on Invariant Analytic Functions with Applications to Relativistic Quantum Field Theory", *Dan. Mat. Fys. Medd.*, **31**, No. 5 (1957).

在任意变换律下场的课题的扩展性文献, 参见

10. R. Jost, "Properties of Wightman Functions", in *Lectures on Field Theory and the Many-Body Problem*, E. R. Caianiello (ed.), Academic Press, New York, 1961.

11. A. S. Wightman, "Quantum Field Theory and Analytic Functions of Several Complex Variables", *J. Indian Math. Soc.*, **24**, 625 (1960).

文中关键引理的证明属于 V. Bargmann(未发表).

定理 2.12 属于 R. Jost:

12. R. Jost, "Eine Bemerkung zum CTP Theorem", *Helv. Phys. Acta*, **30**, 409 (1957).

Painlevé 对定理 2.13 的证明来自

13. P. Painlevé, "Sur les lignes singulières des fonctions analytiques", *Ann. Fac.*

Toulouse, **2**, B27 (1888).

楔边定理这个名字首次出现于

14. H. J. Bremmermann, R. Oehme, and J. G. Taylor, "A Proof of Dispersion Relations in Quantized Field Theories", *Phys. Rev.*, **109**, 2178 (1958). 文中所给的证明, 要求函数及其导数在边界处满足很强的限制条件, 对边条件为分布的情况并不适用. 更早的时候, 在色散关系证明的课程中, Bogoliubov, Medvedev 和 Polivanov 给出的论证就足以应付边条件为分布的情况. 只不过由于处理的问题非常具体, 他们并没有试图特别地总结出楔边定理.

15. N. N. Bogoliubov and D. V. Shirkov, *Quantum Theory of Fields*, Interscience, New York, 1958, Russian edition, 1956.

16. N. N. Bogoliubov, B. V. Medvedev, and M. K. Polivanov, *Questions of the Theory of Dispersion Relations* (in Russian), Moscow, 1958.

更具体地, 他们给出的定理是关于全纯函数的一个局部的定理, 在他们处理的色散关系的问题中, 人们遇到的解析函数通常是支集被限制的函数的 Laplace 变换. 参见 V. S. Vladimirov, *On Bogoliubov's "Edge of the Wedge Theorem"*, *Izvestia Akad. Nauk USSR*, **26**, 825 (1962).

Dyson 勾勒了一个 "不矫揉造作的" 简单而自然的证明. 我们所给出的证明的核心, 正是它的思想.

17. F. J. Dyson, "Connection between Local Commutativity and Regularity of Wightman Functions", *Phys. Rev.*, **110**, 579 (1958). 在一篇广为引用却从未发表的文章中, Gårding 和 Beurling 把它完善成为一个严谨的证明, 定理 2.16 的证明就利用了他们的方法.

楔边定理在虚部的锥形区域不互为相反的情况下的推广, 由 Epstein 给出:

18. H. Epstein, "Generalization of the 'Edge-of-the-Wedge' Theorem", *J. Math. Phys.*, **1**, 524 (1960).

下面文献中对楔边定理的证明可能更适合数学工作者, 因为它给出了涉及的泛函分析的进一步的练习:

19. F. Browder, "On the 'Edge of the Wedge' Theorem", *Can. Math. J.*, **15**, 125 (1963).

我们在定理 2.14 和 2.16 的初等证明中, 采纳了 H. Borchers 和 V. Glaser 未发表的建议.

有关量子力学数学基础的经典引论是

20. J. von Neumann, *Mathematical Foundations of Quantum Mechanics*, Princeton University Press, Princeton, N.J., 1955. 第 64 页证明了 Hilbert 空间 $L^2(\mathbf{R}^n)$ 的可分性.

关于闭图定理比较简略的介绍参见下面文献的第 17 至 18 页：

21. L. H. Loomis, *Abstract Harmonic Analysis*, Van Nostrand, Princeton, N.J., 1953.

SNAG 定理中的 S, N, A 和 G 分别代表 Stone, Naimark, Ambrose 和 Godement. 对它的简要介绍可以参阅文献 25 的第十章, 并结合下面文献的第二章：

22. J. Dixmier, *Les algèbres d'opérateurs dans l'espace hilbertien* (*Algèbres de von Neumann*), Gauthier Villars, Paris, 1956.

在稠密区域上对易且本质自伴的两个非对易自伴算子的例子, 可以在下面的文献中找到：

23. E. Nelson, "Analytic Vectors", *Ann. Math.*, **70**, 572 (1959), 特别是第 603 至 604 页.

在下面的文献的第 373 页可以找到 $\mathscr{S}$ 可分性的证明：

24. G. Köthe, *Topologische lineare Räume*, I, Springer, Berlin, 1960.

关于无界算子可交换性的另一本有用的文献是

25. F. Riesz and B. Sz.-Nagy, *Functional Analysis*, Ungar, New York, 1955. 特别是第 116 节.

第三章　场与真空期望值

汝以木屑烹之,
以胶浸之,
以槐枝束带缚之,
而其所余不改者,
盖对称之形也.

—— Lewis Carroll
《蛇鲨之猎》第五部分

场的经典概念, 起源于在电磁和引力现象的描述中去除超距作用的努力. 在这些重要的例子中, 场具有两个基本性质: (1) 它是可观测的; (2) 它由一系列定义在时空上的函数组成, 这些函数在适当的相对论群下满足一定的良定义的变换规律. 由于量子力学中的可观测量通过态矢量 Hilbert 空间上的厄米算子表示, 作为类比, 人们期望经典可观测场在相对论量子力学中对应于在时空中每一点处都定义了的厄米算子的集合, 同时这一族算子在适当的群下满足良定义的变换规律. 本章的第一部分将专注于基于此含义的量子力学中的场的数学定义. 人们将发现, 不仅是可观测场, 即便是不可观测的场也是有意义的, 因此我们也会考虑非厄米算子的集合. 本章的第二部分, 将会说明一个场的理论, 是何以由特定的关联分布 —— 场算子乘积的真空期望值描述的. 利用真空期望值的性质表示理论本身的性质这一技术, 是获得第四章中各种结果的主要工具.

3.1　场与场论概念的公理

在对量子电动力学中电磁场的测量的分析中, 人们早就意识到, 其分量场对时空点的依赖关系, 一般而言较之普通函数具有更大的奇异性. 这预示着只有均匀化的场才可以对应良定义的算子. 比如, 对于电场而言, $\mathscr{E}(\boldsymbol{x}, t)$ 不是良定义的算子, 而 $\int \mathrm{d}\boldsymbol{x} \, \mathrm{d}t \, f(x)\mathscr{E}(\boldsymbol{x}, t) = \mathscr{E}(f)$ 是. 这里 f 是任意定义在时空上的具有紧支集的无穷阶可微函数. 另一点值得一提的是, 一个诸如 $\mathscr{E}(f)$ 的均匀化的场, 在适当选择的态

上可以具有任意大的期望值, 因此我们应该需要处理无界算子. 众所周知, 一般而言一个无界算子不可能在所有的矢量上都有自然的定义. 故而我们不得不对于均匀化的场可定义的矢量组成的区域做一假设. 无法定义场的典型的态, 是那些期望值发散的态. 在初等量子力学中, 这一现象已经为大家所熟悉, 彼时存在一类可归一化的态 $\Psi(\boldsymbol{x})$, 满足 $\int |\Psi(\boldsymbol{x})|^2 \mathrm{d}\boldsymbol{x} < \infty$, 然而 $\int |\boldsymbol{x}|^2 |\Psi(\boldsymbol{x})|^2 \mathrm{d}\boldsymbol{x}$ 不收敛, 位置算子在这些态上是无法定义的.

我们做出四组假设.

O. 相对论性量子理论假设 理论中的态, 由可分 Hilbert 空间 $\mathscr{H}$ 上的单位射线刻画. 态的相对论变换规律, 由非齐次 $SL(2, C)$ 群的连续幺正表示

$$\{a, A\} \to U(a, A)$$

给出.

由于 $U(a, \mathbf{1})$ 是幺正的, 它可以被表示为 $U(a, \mathbf{1}) = \exp(\mathrm{i}P^\mu a_\mu)$, 其中 P^μ 是一个无界厄米算子, 它被诠释为理论的动量算子. 算子 $P^\mu P_\mu = m^2$ 被诠释为质量的平方. P^μ 的本征值落在正向光锥内部或其上 [谱条件 (spectral condition)].

存在一个不变的态 Ψ_0,

$$U(a, A)\Psi_0 = \Psi_0 \tag{3.1}$$

被确定到差一个相因子的程度 (真空唯一性).

根据 2.1 节的讨论, 我们可以基于坚实的物理基础, 对态的多重性给出更多的假设. 然而这些假设对于后文中的讨论而言是完全不必要的.

接下来, 我们给出用来定义场的一系列性质, 这里的场在 $SL(2, C)$ 下的变换性质由 $n \times n$ 矩阵表示给出, $S: A \to S(A)$.

I. 场的定义域与连续性假设 对于定义在时空上的任意检验函数 $f \in \mathscr{S}$, 存在一系列算子 $\varphi_1(f), \cdots, \varphi_n(f)$. 这些算子与它们的伴随算子 $\varphi_1(f)^*, \cdots, \varphi_n(f)^*$ 都定义在 $\mathscr{H}$ 中矢量构成的稠密[①]区域 D 上. 进一步, 我们要求 D 是包含 Ψ_0,

$$\Psi_0 \in D \tag{3.2}$$

的线性集合, 并且 $U(a, A)$ 与 $\varphi_j(f)$ 以及 $\varphi_j(f)^*$ 将 D 中的矢量变换到 D 中:

$$U(a, A)D \subset D, \qquad \varphi_j(f)D \subset D, \qquad \varphi_j(f)^*D \subset D, \tag{3.3}$$

其中 $j = 1, 2, \cdots, n$.

①定义见 2.6 节.

如果 $\Phi, \Psi \in D$, 则 $(\Phi, \varphi_j(f)\Psi)$ 作为 f 的泛函, 是一个缓增分布.

关于区域 D, 有两点说明. 首先, 如果我们将由均匀化场构成的多项式作用在真空上得到的矢量的集合记作 D_0, 则 D 总是包含 D_0 的, 这是假设 (3.2) 和 (3.3) 的直接推论. 其次, 一个无界算子, 如果在其定义域上是厄米的, 则即便其定义域是稠密的, 它在其定义域外的矢量上仍然可能具有多个不同的自伴扩张. 这一数学现象, 最初为 von Neumann 所分析 (参见 2.6 节和第二章的文献 20), 是众所周知的. 只有对于自伴算子 (self-adjoint), 才具有通常的谱分解、本征函数展开的完备性等一系列性质, 而这些正是一个描述量子力学可观测量的算子应该具备的基本性质. 因此, 为了在物理上完全确定地描述可观测场的性质, 区域 D 必须足够大, 使得一旦场定义在 D 上, 它就只能具有唯一的自伴扩张. 一个有吸引力的猜想, 是 D_0 就已经大到足够满足这一性质, 但是到目前为止, 这一猜想还没有得到证明. 所以, 为了保证对场概念的定义足够灵活以应付可能出现的情况, 除了 I 中罗列的条件外, 我们不再对 D 给出更多的限定. 令人欣慰的是, 定义在 D_0 上的场已经足以唯一决定理论的碰撞态和碰撞矩阵 (参见文献 5 和 15). 进一步可以证明, Poincaré 群的无穷小生成元算子 P^μ 和 $M^{\mu\nu}$ 在 D_0 上一旦确定, 就具有唯一的自伴扩张. 在 3.2 节伊始, 我们将会看到, 存在一个比 D_0 更大的区域 D_1, 使得场在 D_1 上的扩张总是存在的. 为了满足第四章中各种技术性的需要, 人们既可以选择 D_1 也可以选择 D_0 作为 D.

II. 场的变换性质 等式

$$U(a, A)\varphi_j(f)U(a, A)^{-1} = \sum_k S_{jk}(A^{-1})\varphi_k(\{a, A\}f) \tag{3.4}$$

当左右两边作用在 D 中的任意矢量时总是成立的, 其中

$$\{a, A\}f(x) = f(A^{-1}(x - a)). \tag{3.5}$$

迄今为止, φ_j 是 $SL(2, C)$ 或者 $SL(2, C)$ 结合反射的某个表示的分量, 具体是否包含反射, 取决于相对论群. 正如在第一章中已经说明的, 由于所有的有限维表示都是不可约表示的直和, 认为不可约表示的分量构成场是十分自然的. 其他不可约表示可以被看作同一理论中的不同场. 然而某些时候, 将一些满足可约表示变换规则的分量组合在一起并将之视为一个场的分量, 也是有益的. 这样做纯粹是为了方便[2]. 我们将采取灵活的记号. 当我们需要区分分量的不同集合时, 会使用不同的希腊字母.

---

[2]译者注: 比如, 通常大家所熟悉的 Dirac 费米子场, 就是 $SL(2, C)$ 的可约表示 $\left(\frac{1}{2}, 0\right) \oplus \left(0, \frac{1}{2}\right)$.

例　(a) 零自旋场.

它只有一个分量, 如果我们将 (3.4) 式改写为未均匀化的场的形式, 就得到[③]

$$U(a, A)\varphi(x)U(a, A)^{-1} = \varphi(Ax + a).$$

(b) **矢量场**.

它包含四个分量, 我们将其记为 $j_\mu, \mu = 0, 1, 2, 3$:

$$U(a, A)j_\mu(x)U(a, A)^{-1} = \Lambda_\mu{}^\nu(A^{-1})j_\nu(Ax + a).$$

(c) **Dirac 场** ψ.

它同样包含四个分量 $\psi_\alpha(x), \alpha = 1, 2, 3, 4$, 但是 $S(A)$ 是根据 (1.44) 式定义的 4×4 矩阵的集合.

$$U(a, A)\psi_\alpha(x)U(a, A)^{-1} = \sum_{\beta=1}^{4} S(A^{-1})_{\alpha\beta}\psi_\beta(Ax + a).$$

下面这一条假设, 基于类空间隔的两个时空点上的场的测量应该对易这一思想.

III. 局域对易性, 有时亦称微观因果性　如果 f 和 g 的支集彼此是类空分隔的 [也就是说, 对于任意 $(x - y)^2 \geqslant 0$ 的时空点 x 和 y, 都有 $f(x)g(y) = 0$], 则当如下等式组左边作用在 D 中的矢量时, 必有一种情况对于所有的 j, k 都成立:

$$[\varphi_j(f), \varphi_k(g)]_\pm \equiv \varphi_j(f)\varphi_k(g) \pm \varphi_k(g)\varphi_j(f) = 0. \tag{3.6}$$

类似地,

$$[\varphi_j(f), \varphi_k(g)^*]_\pm = 0.$$

改写为未均匀化的场, 这一假设可以简写为, 如果 $(x - y)^2 < 0$, 则

$$[\varphi_j(x), \varphi_k(y)]_\pm = 0$$

[③]译者注: 将 (3.4) 式用 Schwartz 核定理展开, 得到对于 D 中的任意态 Ψ,

$$\int \mathrm{d}x\, f(x)\, U(a, A)\varphi_j(x)U(a, A)^{-1}\Psi = \int \mathrm{d}x\, \{a, A\}f(x) \sum_k S_{jk}(A^{-1})\varphi_k(x)\Psi$$

$$= \int \mathrm{d}x\, f(A^{-1}(x - a)) \sum_k S_{jk}(A^{-1})\varphi_k(x)\Psi$$

$$= \int \mathrm{d}x\, f(x) \sum_k S_{jk}(A^{-1})\varphi_k(Ax + a)\Psi.$$

英文版原文正文中下式的右侧 x 前的 Lorentz 变换矩阵为 Λ, 显然为笔误.

且

$$[\varphi_j(x), \varphi_k^*(y)]_\pm = 0,$$

其中 $\varphi^*(y)$ 是作用在检验函数 $g(y)$ 上得到算子 $[\varphi(\bar{g})]^*$ 的场, 即 $\varphi^*(g) = \varphi(\bar{g})^*$.

对于可观测场, 我们预期等式中应该取负号. 当 $+$ 号等式成立的时候, 我们说算子 φ_j, φ_k 是反对易 (anti-commute) 的. 这时, 这些场的双线性组合将是对易的. 第四章将证明一个将自旋与统计联系在一起的著名定理, 它将告诉我们在何种情况下必须选取哪种符号 (错误的选取会导致矛盾!). 有趣的是, 反对易关系并没有任何经典对应, 这是这一领域奠基者们的一大发现.

前面的一系列假设明确了我们脑海里相对论量子理论中的场 (field) 的概念, 然而它们还不足以刻画场论 (field theory). 比如, 在任意的相对论量子理论中, 对于常数 c, 标量场 $\varphi(x) = c\mathbf{1}$ 都满足我们的假设, 因此任意的相对论量子理论都包含至少一个单参数场族, 尽管它是平凡的. 要作为一个场论, 一个相对论量子理论必须包含足够多的场, 以使得这些场及其函数足以唯一确定地描述理论的所有态.

在旧式场论中, 这一要求的满足, 是通过假设理论中的场提供了满足等时对易关系 (下式中 j 在指标集合一个适当的子集中取值, π_j 是场及其时空导数的某种组合)

$$[\varphi_j(\boldsymbol{x}, t), \pi_k(\boldsymbol{y}, t)] = \mathrm{i}\delta(\boldsymbol{x} - \boldsymbol{y})\delta_{jk} \tag{3.7}$$

的一个不可约算子集来实现的. 但是, (3.7) 式的成立, 要求作为算子的场, 在只对空间坐标 $\boldsymbol{x}$ 进行均匀化的时候也是有意义的, 这是超出我们罗列的公理之外的一个很强的假设. 进一步, 某些例子提示我们, 一般而言, $[\varphi(\boldsymbol{x}, t), (\partial\varphi/\partial t')(\boldsymbol{y}, t')]$ 在 $t - t' = 0$ 处具有奇异性, 即便对 $\boldsymbol{x}$ 和 $\boldsymbol{y}$ 进行均匀化后仍然如此. 这使得我们难以赋予 (3.7) 式明确的含义. 因此, 将正则对易关系列为场论的基本要求是难以令人接受的.

在通常的正则量子场论所做的假设中, 最少使人不快的一条是: 均匀化场构成 Hilbert 空间上的不可约算子集. 该条件的准确含义是[4]: 如果对于所有的 $\Phi, \Psi \in D$, j 和 $f \in \mathscr{S}$, B 是任一满足

$$(\Phi, B\varphi_j(f)\Psi) = (\varphi_j(f)^*\Phi, B\Psi) \tag{3.8}$$

的有界算子, 则 B 必为恒等算子的常数倍. 注意, (3.8) 式正是 B 与所有的 $\varphi_j(f)$ 的对易条件, 并且这种表述避免了对于任意 $\Psi \in D$, $\varphi_j(f)$ 在 $B\Psi$ 上有定义的额外假设. 粗略地讲, 场的不可约性意味着任意算子都是场算子的函数.

---

[4]这一思想来自文献 5.

对易性的概念还有另一个常见的版本 (参见 Riesz-Nagy 所著的本书第二章参考文献 25 的第 301–303 页): 一个有界算子 B 与算子 T (不必有界) 对易, 如果 $(1)B$ 将 T 的定义域 $D(T)$ 映射到其自身: $BD(T) \subset D(T)$, (2) 对于任意矢量 $\Phi \in D(T)$, $BT\Phi = TB\Phi$. 在这个意义上与 $\varphi_j(f)$ 对易的有界算子, 在 (3.8) 式的意义上一定与 $\varphi_j(f)$ 对易.

有趣的是, 得益于公理 O, I, II 和 III, 似乎存在比不可约性更弱的假设也可以保证不可约性, 我们将采用它作为定义.

定义 一个满足公理 O, 且其中的场 φ_j, $j = 1, \cdots, n$ 满足公理 I, II 和 III 的相对论性量子理论, 如果其真空态对于均匀化场是循环的 (cyclic), 则称为一个场论. 这就是说, 由均匀化场多项式 $P(\varphi_1(f), \varphi_2(g), \cdots)$ 作用在真空态上得到的矢量集合 D_0, 在态的 Hilbert 空间中是稠密的.

真空循环性推出场的不可约性的证明, 将在 4.2 节给出.

我们说过, 真空循环性似乎是比不可约性更弱的假设. 对于有界算子的集合, 谨慎的用词 "似乎" 可以省略, 任一非零矢量都是伴随操作下不变的有界算子不可约集合的循环矢量. (证明: 假设 $\Psi \neq 0$ 是非循环的. $\mathscr{P}$ 是有界算子多项式的集合, $\mathscr{H}_1$ 是 $\mathscr{P}\Psi$ 张成的子空间, 根据定义, 它在这些算子的作用下显然是不变的, 并且根据假设, 它不是整个 Hilbert 空间. 于是到 $\mathscr{H}_1$ 的投影算子是与所有有界算子集中的算子都对易的非平凡算子, 这与不可约性假设矛盾. 因此 Ψ 是循环的.) 然而对于我们讨论的情况, D 和 D_0 之间的关系是不明确的, 没有明显的证据表明 D 上定义的场的不可约性能够推出 Ψ_0 的循环性. 如果 $D = D_0$, 则这一结论就是成立的.

至此为止, 我们关于场论的假设都与碰撞理论完全没有关系. 与 1.4 节的讨论相应, 我们做如下假设.

IV. 渐近完备性

$$\mathscr{H} = \mathscr{H}^{\mathrm{in}} = \mathscr{H}^{\mathrm{out}}.$$

但是为了实现这一点, 我们必须具有用以确定场论中的场计算全部基本系统碰撞态的规则. 解决这一问题有几种方法, 其中与 O, I, II 和 III 关系最为密切的来自 Haag 和 Ruelle. Ruelle 证明了, 只要单粒子态可以通过均匀化场的多项式构造, 由 O, I, II 和 III 就能够推出碰撞态的存在性, 即由一个、两个直至多个粒子组成的入态和出态的存在性. 这样, 人们就可以利用碰撞态的语言叙述公理 IV.

值得一提的是, 刻画一个场论所需要的场的数目, 与这个场论描绘的基本系统的数目没有必然联系. 人们完全可以拥有一个场和多个基本系统, 抑或多个场和一个基本系统. 在本书中, 我们不打算讲解 Haag-Ruelle 理论 (希望获得系统讲解的读者, 可以查阅原始文章, 或者 Jost 的著作). 我们仅会用到公理 O, I, II 和 III, 同时假定我们处理的是一个场论.

3.2 公理的独立性与相容性

有一类已知的场论, 是满足公理 O, I, II, III 和 IV 的, 那就是在 1.4 节末尾启发性地讨论过的, 由多个具有确定质量和自旋的自由场组成的理论. 这些理论现在将被更精确地刻画. 它们的存在, 表明这些公理是彼此相容的, 但也仅能说明它们在物理上平庸的例子中相容, 因为自由场理论描述的粒子之间没有相互作用.

在任意的自由场理论中, 总粒子数是一个运动积分, 而态的 Hilbert 空间被表示为直和

$$\mathscr{H} = \bigoplus_{n=0}^{\infty} \mathscr{H}^{(n)}, \tag{3.9}$$

其中 $\mathscr{H}^{(n)}$ 是严格具有 n 个粒子的态构成的子空间. 这意味着 $\mathscr{H}$ 中的一个矢量 Φ 由如下序列给出:

$$\{\Phi^{(0)}, \Phi^{(1)}, \Phi^{(2)}, \cdots\}, \tag{3.10}$$

其中 $\Phi^{(j)} \in \mathscr{H}^{(j)}$, 且 $\mathscr{H}$ 中的标量积为

$$(\Phi, \Psi) = \sum_{n=0}^{\infty} (\Phi^{(n)}, \Psi^{(n)}), \tag{3.11}$$

标量积 $(\Phi^{(n)}, \Psi^{(n)})$ 定义在 $\mathscr{H}^{(n)}$ 中. 只有满足

$$(\Phi, \Phi) = \sum_{n=0}^{\infty} \|\Phi^{(n)}\|^2 < \infty \tag{3.12}$$

的序列才被认为属于 $\mathscr{H}$.

对于任意自旋的情况, $\mathscr{H}^{(0)}$ 总是由复数组成的一维 Hilbert 空间. 对于自旋为 s 的情况, 当 s 是整数时, $\mathscr{H}^{(n)}$ 是变量为 $p_1\alpha_1, \cdots, p_n\alpha_n$ 的全体对称平方可积函数构成的 Hilbert 空间; 当 s 是半奇数时, $\mathscr{H}^{(n)}$ 是变量 $p_1\alpha_1, \cdots, p_n\alpha_n$ 的全体反对称平方可积函数构成的 Hilbert 空间. 与 (1.58) 式一样, 这里的 α_j 代表一组不带点的旋量指标. $\mathscr{H}^{(n)}$ 中的标量积为

$$(\Phi^{(n)}, \Psi^{(n)}) = \int \cdots \int \mathrm{d}\Omega_m(p_1) \cdots \mathrm{d}\Omega_m(p_n) \sum_{\alpha_1, \cdots, \alpha_n; \beta_1, \cdots, \beta_n} \overline{\Phi^{(n)}}(p_1\alpha_1, \cdots, p_n\alpha_n)$$

$$\times \prod_{j=1}^{n} \mathscr{D}^{(s,0)}(\tilde{p}_j/m)_{\alpha_j\beta_j} \Psi^{(n)}(p_1\beta_1, \cdots, p_n\beta_n). \tag{3.13}$$

场算子 φ_α 定义为

$$
\begin{aligned}
\varphi_\alpha(f)\, & \Psi^{(n)}\,(p_1\alpha_1,\cdots,p_n\alpha_n)\\
= & \ \sqrt{\pi}\bigg\{\sqrt{n+1}\int \mathrm{d}\Omega_m(p)\tilde{f}(p)\,\Psi^{(n+1)}(p\alpha,p_1\alpha_1,\cdots,p_n\alpha_n)\\
& +\frac{1}{\sqrt{n}}\sum_{j=1}^{n}(-1)^{2s(j+1)}\tilde{f}(-p_j)\mathscr{D}^{(s,0)}(\zeta)_{\alpha\alpha_j}\\
& \times \Psi^{(n-1)}(p_1\alpha_1,\cdots,\hat{p}_j\hat{\alpha}_j,\cdots,p_n\alpha_n)\bigg\}.
\end{aligned}
\tag{3.14}
$$

这里, 字母上的 $\hat{\ }$ 表示移除该项, $\tilde{f}$ 的定义为

$$
\tilde{f}(p)=\frac{1}{(2\pi)^2}\int \mathrm{e}^{-\mathrm{i}p\cdot x}f(x)\mathrm{d}x.
\tag{3.15}
$$

非齐次 $SL(2,C)$ 群的表示为

$$
\begin{aligned}
(U(a,A)\,\Psi)^{(n)}(\,&p_1\alpha_1\,,\cdots,p_n\alpha_n)\\
= & \ \exp\left[\mathrm{i}\left(\sum_{j=1}^{n}p_j\right)\cdot a\right]\\
& \times \sum_{(\beta)}\prod_{j=1}^{n}\mathscr{D}^{(s,0)}(A)_{\alpha_j\beta_j}\Psi^{(n)}(A^{-1}p_1\beta_1,\cdots,A^{-1}p_n\beta_n).
\end{aligned}
\tag{3.16}
$$

关于定义域 D, 人们可以对 Ψ 附加一些条件, 比如要求 $\Psi^{(n)}$ 是 $\mathscr{S}(\mathbf{R}^{4n})$ 中某个无穷阶可微函数在超双曲面 $p_j^2=m^2$ 上的限制, 并且对于所有足够大的 n, 它都为零. 容易直接验证这样定义的理论满足公理 O, I, II, III 和 IV, 我们强烈建议读者将它作为一个练习. 对于自旋为零的情况, 非齐次 $SL(2,C)$ 群的表示正如图 1.3 所示.

利用自由场, 我们可以构造一些与之不同的场. 比如, 考虑由标量场 φ 的如下极限操作给出的场:

$$
:D^\alpha\varphi(x)D^\beta\varphi(x):=\lim_{x_1,x_2\to x}[D^\alpha\varphi(x_1)D^\beta\varphi(x_2)-(\Psi_0,D^\alpha\varphi(x_1)D^\beta\varphi(x_2)\Psi_0)]
$$

和

$$
\begin{aligned}
:D^\alpha\varphi(x)D^\beta\varphi(x)D^\gamma\varphi(x):=\lim_{x_1,x_2,x_3\to x}\big[&D^\alpha\varphi(x_1)D^\beta\varphi(x_2)D^\gamma\varphi(x_3)\\
&-(\Psi_0,D^\alpha\varphi(x_1)D^\beta\varphi(x_2)\Psi_0)D^\gamma\varphi(x_3)\\
&-(\Psi_0,D^\alpha\varphi(x_1)D^\gamma\varphi(x_3)\Psi_0)D^\beta\varphi(x_2)\\
&-(\Psi_0,D^\beta\varphi(x_2)D^\gamma\varphi(x_3)\Psi_0)D^\alpha\varphi(x_1)\big],
\end{aligned}
\tag{3.17}
$$

以及以此类推的依赖 φ 的更高次方项的场 [D^α 在 (2.5) 式中已经给出]. 利用 (3.14) 式, 不难证明这些展开式的右侧确实定义了满足公理 O, I, II 和 III 的场, 并且这些场与自由场具有相同的定义域, 属于相同的表示 $U(a, A)$. 这些场的变换律依赖于各自的张量指标 α, β 或 α, β, γ 等等. 通过指标缩并, 我们可以构造标量场, 如

$$\psi(x) = \varphi(x) + : \frac{\partial}{\partial x_\mu} \varphi(x) \frac{\partial}{\partial x^\mu} \varphi(x) : . \tag{3.18}$$

这些场有时被称为 Wick 多项式. (3.18) 式给出的特例除满足公理 O, I, II, III 之外, 也满足公理 IV, 但是它与自由场给出相同的 S 矩阵. 在第四章中我们将看到, 这是通过 Wick 多项式定义的场论的普遍性质.

另一类场的例子, 可以通过将 (3.13) 和 (3.14) 式中的 $\mathrm{d}\Omega_m(p)$ 替换为 $\int_0^\infty \rho(a)\mathrm{d}a\,\mathrm{d}\Omega_a(p)$ 而得到, 其中 $\rho(a)$ 为非负权重. 除非 $\rho(a) = \delta(a - m)$, 否则这种构造将给出与质量为 m 的自由场不同的 Lorentz 群的表示. 这些场被称为广义自由场 (generalized free fields). 文献 4 中的证明显示, 对于特定的 ρ, 公理 IV 可能无法满足. 这个例子告诉我们, 公理 IV 是独立于公理 O, I, II 和 III 的.

这些例子说明, 对于一定的表示 $\{a, A\} \to U(a, A)$, 满足公理 O, I, II 和 III 的场构成的场论是存在的. 限定真空为循环矢量时, 不具有非平庸场的表示的例子也是存在的. 质量存在上限的表示, 就属于这种情况. 这是文献 15 中证明的定理的一个推论, 该定理断言, 一个场论的能动量谱一定是可加的, 即如果 p_1 和 p_2 属于谱, 则 $p_1 + p_2$ 一定也属于谱.

很明显, 公理 III 是独立于 O, I 和 II 的, 因为容易写下满足公理 O, I 和 II 的非局域场. 事实上, 局域对易性 (公理 III) 不止一次地被质疑为一个过强的假设, 原因是没有任何证据支持 (或者否定) 在间隔非常小, 比如 10^{-16} cm 的时空点上场的同时可测量性. 关于这一点, 定理 4.1 的结论关乎要害. 如果公理 III 被替换为在大类空距离, 即 $(x - y)^2 < -\ell^2$ 上的对易性 (这将引入一个基本尺度), 则公理 III 成立. 因此, 如果要根本性地弱化公理 III, 必须允许对易子在任意类空间隔上都非零.

场论定义中的不可约性, 被建议加强为如下时间层公理 (time slice axiom): 如果 T 是时空中夹在两张类空曲面之间的集合, f 在 T 外恒为零, 则形如 $\varphi(f)$ 的算子应该构成一个不可约集. 这是对于固定时间时场及其导数的不可约性这一病态定义的一个数学上严谨的改写. 我们在此不打算分析时间层公理. 通过文献 3 的说明, 我们注意到它是比真空循环性更强的假设.

本节中给出的例子, 虽然满足公理 O, I, II 和 III, 但是它们给出的碰撞理论是平庸的. 从这个意义上讲, 它们是平庸的例子. 正如引言中曾经提到的, 目前一个核心的理论问题, 就是寻找在这个意义上非平庸的例子.

3.3　真空期望值的性质

本节的目的, 在于讨论

$$(\Psi_0, \varphi_1(x_1)\varphi_2(x_2)\cdots\varphi_n(x_n)\Psi_0), \tag{3.19}$$

其中 $\varphi_j, j = 1, \cdots, n$ 是某不可约张量的一个分量. 我们将其称为真空期望值 (vacuum expectation values). 两个 φ_j 既可以是不同场的分量, 也可以是同一个场的同一个分量, 还可以是彼此的厄米共轭. 换言之, 我们考虑所有这些量, 其指标可以任意选取、任意组合.

为了赋予这一符号意义, 我们注意到公理 I 推出

$$(\Psi_0, \varphi_1(f_1)\varphi_2(f_2)\cdots\varphi_n(f_n)\Psi_0) \tag{3.20}$$

存在, 且是取值在 $\mathscr{S}(\mathbf{R}^4)$ 上的变量 $f_1, \cdots, f_n$ 的可分连续多线性泛函. 根据核定理 (定理 2.1), 该泛函可以唯一地扩张为关于 n 个四矢量 $x_1, \cdots, x_n$ 的一个缓增分布. (3.19) 式表示的就是这一分布, 在给定环境下讨论选定的场分量 $\varphi_1, \cdots, \varphi_n$ (从所有的分量中) 时, 我们将其记为 $\mathscr{W}$:

$$\mathscr{W}(x_1, x_2, \cdots, x_n) = (\Psi_0, \varphi_1(x_1)\varphi_2(x_2)\cdots\varphi_n(x_n)\Psi_0). \tag{3.21}$$

对于同样的一组选取, 我们用 $\mathscr{W}_\pi$ 代表 "置换的" 真空期望值

$$\mathscr{W}_\pi(x_1, x_2, \cdots, x_n) = (\Psi_0, \varphi_{i_1}(x_{i_1})\varphi_{i_2}(x_{i_2})\cdots\varphi_{i_n}(x_{i_n})\Psi_0), \tag{3.22}$$

其中 π 表示置换 $(1, 2, \cdots, n) \rightarrow (i_1, i_2, \cdots, i_n)$. 显然, 当所有的分量 φ_j 都不相同时, 对于每一组选定的分量有 $n!$ 个不同的 $\mathscr{W}_\pi$, 如果它们之中有某些相同, 则不同的 $\mathscr{W}_\pi$ 的数目会少一些.

明确赋予 (3.19) 分布含义的论点, 可以同样地赋予如下展开式意义:

$$\Psi = \int \mathrm{d}x_1\cdots\mathrm{d}x_k \, f(x_1, \cdots, x_k)\varphi_1(x_1)\cdots\varphi_k(x_k)\Psi_0. \tag{3.23}$$

我们可以找到函数序列 $\{f_J\}$, 使得

$$f_J(x_1, \cdots, x_k) = \sum_{j=1}^{J} f_1^j(x_1)\cdots f_k^j(x_k),$$

以及 $f_i^j \in \mathscr{S}(\mathbf{R}^4)$ 满足当 $J \rightarrow \infty$ 时, 在 $\mathscr{S}(\mathbf{R}^{4k})$ 中有 $f_J \rightarrow f$. 于是如下态构成的序列

$$\Psi_J = \sum_{j=1}^{J} \varphi_1(f_1^j)\varphi_2(f_2^j)\cdots\varphi_k(f_k^j)\Psi_0 \tag{3.24}$$

关于 Hilbert 空间的范数收敛, 我们以此极限作为 (3.23) 式中 Ψ 的定义. 为了证明 (3.24) 式的收敛性, 考虑

$$
\|\Psi_m - \Psi_n\|^2 = \left(\sum_{j=m}^{n} \varphi_1(f_1^j)\varphi_2(f_2^j)\cdots\varphi_k(f_k^j)\Psi_0, \sum_{j=m}^{n} \varphi_1(f_1^j)\varphi_2(f_2^j)\cdots\varphi_k(f_k^j)\Psi_0 \right)
$$
$$
= \int \mathscr{W}(y_k, \cdots, y_1, x_1, \cdots, x_k)
$$
$$
\times (\bar{f}_n - \bar{f}_m)(f_n - f_m)\mathrm{d}x_1\cdots\mathrm{d}x_k\mathrm{d}y_1\cdots\mathrm{d}y_k,
$$

其中 $\mathscr{W}$ 对应的是场 $\varphi_k^* \cdots \varphi_1^* \varphi_1 \cdots \varphi_k$ 按这一顺序排列给出的结果. 这里的函数 $(\bar{f}_n - \bar{f}_m)(f_n - f_m)$ 在 $\mathscr{S}(\mathbf{R}^{4k})$ 中趋于零, 由于 $\mathscr{W}$ 是一个缓增分布, 所以 $\|\Psi_m - \Psi_n\| \to 0$. 因为 $\mathscr{H}$ 是完备空间[⑤], $\{\Psi_m\}$ 具有极限态 Ψ.

所有被 (3.23) 式刻画的态构成的集合记为 D_1. 显然, 任意 $\varphi_j(f)$ 都可以根据连续性在 D_1 上定义,

$$
\varphi_j(f)\Psi = \int \mathrm{d}x_1\cdots\mathrm{d}x_k\mathrm{d}x\, f(x)f(x_1,\cdots,f_k)\varphi_j(x)\varphi_1(x_1)\cdots\varphi_k(x_k)\Psi_0.
$$

由 φ_j 定义在 D_0 上, 且在 D_0 上满足公理 I, II 和 III, 容易验证它在 D_1 上亦满足公理 I, II 和 III.

我们接下来通过一系列定理, 展示关于真空期望值的结果.

定理 3.1 (a) [相对论变换律 (Relativistic Transformation Law)]. 假设 φ_α, $\psi_\beta, \cdots, \chi_\gamma$ 是 n 个在 $SL(2, C)$ 群作用下按照一定的不可约表示变换的场, 即

$$
U(a, A)\varphi_\alpha(x)U(a, A)^{-1} = \sum_{\alpha'} S_{\alpha\alpha'}^{(\varphi)}(A^{-1})\varphi_{\alpha'}(Ax + a) \tag{3.25}
$$

[$\psi, \cdots, \chi$ 分别按照表示 $S^{(\psi)}, \cdots, S^{(\chi)}$ 变换], 则对于 $n = 1, 2, 3, \cdots$, 真空期望值作为缓增分布满足如下变换律:

$$
\sum_{\alpha',\beta',\cdots,\gamma'} S_{\alpha\alpha'}^{(\varphi)}(A)S_{\beta\beta'}^{(\psi)}(A)\cdots S_{\gamma\gamma'}^{(\chi)}(A)(\Psi_0, \varphi_{\alpha'}(x_1)\psi_{\beta'}(x_2)\cdots\chi_{\gamma'}(x_n)\Psi_0)
$$
$$
= (\Psi_0, \varphi_\alpha(Ax_1 + a)\psi_\beta(Ax_2 + a)\cdots\chi_\gamma(Ax_n + a)\Psi_0). \tag{3.26}
$$

证明 正如先前指出过的, 根据核定理, 真空期望值是缓增分布. 将其中的 A 替换为 A^{-1}, 利用 (3.25) 式和性质 $U(a, A)\Psi_0 = \Psi_0$ [(3.1) 式], 容易直接得到 (3.26) 式. ∎

---

⑤见 2.6 节.

定理 3.2 假设 $\varphi_1, \varphi_2, \cdots, \varphi_n$ 为任意场的任意分量, $\mathscr{W}$ 如 (3.21) 式所定义, 则有:

(b) [谱条件 (Spectral Conditions)]. 存在依赖于相对坐标

$$\xi_j = x_j - x_{j+1}, \quad j = 1, 2, \cdots, n-1 \tag{3.27}$$

的缓增分布 $W(\xi_1, \cdots, \xi_{n-1})$, 满足

$$\mathscr{W}(x_1, \cdots, x_n) = W(\xi_1, \xi_2, \cdots, \xi_{n-1}). \tag{3.28}$$

$\mathscr{W}$ 和 W 的 Fourier 变换是由

$$\tilde{\mathscr{W}}(p_1, p_2, \cdots, p_n)$$
$$= \int \exp\left(\mathrm{i}\sum_{j=1}^n p_j x_j\right) \mathscr{W}(x_1, \cdots, x_n)\mathrm{d}x_1 \cdots \mathrm{d}x_n, \tag{3.29}$$

$$\tilde{W}(q_1, \cdots, q_{n-1})$$
$$= \int \exp\left(\mathrm{i}\sum_{j=1}^{n-1} q_j \xi_j\right) W(\xi_1, \xi_2, \cdots, \xi_{n-1})\mathrm{d}\xi_1 \cdots \mathrm{d}\xi_{n-1} \tag{3.30}$$

定义的缓增分布, 它们之间具有关系

$$\tilde{\mathscr{W}}(p_1, \cdots, p_n)$$
$$= (2\pi)^4 \delta\left(\sum_{j=1}^n p_j\right) \tilde{W}(p_1, p_1 + p_2, \cdots, p_1 + p_2 + \cdots + p_{n-1}). \tag{3.31}$$

进一步, 只要存在一个 q 不在态的能动量谱中, 我们就有

$$\tilde{W}(q_1, \cdots, q_{n-1}) = 0. \tag{3.32}$$

(c) [厄米性条件 (Hermiticity Conditions)].

$$(\Psi_0, \varphi_1(x_1)\varphi_2(x_2)\cdots\varphi_n(x_n)\Psi_0)$$
$$= \overline{(\Psi_0, \varphi_n^*(x_n)\cdots\varphi_2^*(x_2)\varphi_1^*(x_1)\Psi_0)}. \tag{3.33}$$

(d) [局域对易性条件 (Local Communtativity Conditions)]. 如果 $x_j - x_{j+1}$ 是类空的, 则

$$\mathscr{W}(x_1, x_2, \cdots, x_{j+1}, x_j, \cdots, x_n) = (-1)^m \mathscr{W}(x_1, x_2, \cdots, x_n)$$
$$j = 1, \cdots, n-1, \tag{3.34}$$

当 φ_j 与 φ_{j+1} 对易时, m 为 0, 当它们反对易时, m 为 1.

证明 2.1 节中给出的论证[6]说明, 由平移不变性可以得出 $\mathscr{W}$ 仅依赖于 $\xi_1, \cdots,$ ξ_{n-1}, 或者更准确地讲, 存在一个满足 (3.28) 式的缓增分布 W. 显然

$$\int \mathrm{d}x_1 \cdots \mathrm{d}x_n \exp\left(\mathrm{i} \sum_{j=1}^n p_j x_j\right) \mathscr{W}(x_1, x_2, \cdots, x_n)$$

$$= \int \mathrm{d}x_1 \cdots \mathrm{d}x_n \exp\{\mathrm{i}[p_1(x_1 - x_2) + (p_1 + p_2)(x_2 - x_3) + \cdots$$

$$+ (p_1 + \cdots + p_{n-1})(x_{n-1} - x_n)]\}$$

$$\times \exp\left[\left(\mathrm{i} \sum_{j=1}^n p_j\right) x_n\right] W(x_1 - x_2, \cdots, x_{n-1} - x_n)$$

$$= (2\pi)^4 \delta\left(\sum_{j=1}^n p_j\right) \tilde{W}(p_1, p_1 + p_2, \cdots, p_1 + p_2 + \cdots + p_{n-1}).$$

正如 2.6 节解释过的[7], 对于任意两个态 Φ, Ψ, 我们都有

$$\int \mathrm{e}^{-ipa} \mathrm{d}a \, (\Phi, U(a, \mathbf{1})\Psi) = 0,$$

除非 p 属于态的能动量谱. 因此, 对于不属于物理谱的 p,

$$\int \mathrm{e}^{ipa} \mathrm{d}a (\Psi_0, \varphi_1(f_1) \cdots \varphi_j(f_j) U(-a, 1) \varphi_{j+1}(f_{j+1}) \cdots \varphi_n(f_n) \Psi_0) = 0,$$

从而有

$$\int \mathrm{e}^{ipa} W(\xi_1, \cdots, \xi_{j-1}, \xi_j + a, \xi_{j+1}, \cdots, \xi_{n-1}) \mathrm{d}a = 0, j = 1, 2, \cdots, n,$$

即 $\tilde{W}(q_1, \cdots, q_{n-1}) = 0$, 除非每个 q_j 都落在物理谱中.

(c) 利用

$$(\Psi_0, \varphi_1(f_1) \cdots \varphi_n(f_n) \Psi_0) = \overline{[(\Psi_0, (\varphi_n(f_n))^* \cdots (\varphi_1(f_1))^* \Psi_0)]}$$

及其可以由形如 $f_1(x_1) f_2(x_2) \cdots f_n(x_n)$ 的检验函数连续延拓到整个 $\mathscr{S}(\mathbf{R}^{4n})$ 的事实, 可以直接得到结论.

(d) 这一关系可以由公理 Ⅲ 直接得到, 当然, 仍然要用到从乘积检验函数到整个 $\mathscr{S}(\mathbf{R}^{4n})$ 的扩张. ∎

下面一条性质, 是 Hilbert 空间内积正定性的结果.

---

[6]译者注: 参见第 2.1.1 小节.
[7]译者注: 参见 2.6 节自第 83 页起的讨论.

定理 3.3 (e) [正定性条件 (Positive Definiteness Conditions)]. 对于任意检验函数序列 $\{f_j\}$, $f_j \in \mathscr{S}(\mathbf{R}^{4j})$, 如果除至多有限个 j 以外总有 $f_j = 0$, 则真空期望值满足不等式

$$\sum_{j,k=0}^{\infty} \int \cdots \int \bar{f}_j(x_1, \cdots, x_j) \mathscr{W}_{jk}(x_j, x_{j-1}, \cdots, x_1, y_1, \cdots, y_k)$$

$$\times f_k(y_1, \cdots, y_k) \mathrm{d}x_1 \cdots \mathrm{d}x_j \mathrm{d}y_1 \cdots \mathrm{d}y_k \geqslant 0. \qquad (3.35)$$

在 (3.35) 式中, $\mathscr{W}_{jk}$ 表示

$$(\Psi_0, \varphi_{jj}^*(x_j) \cdots \varphi_{j1}^*(x_1) \varphi_{k1}(y_1) \cdots \varphi_{kk}(y_k) \Psi_0),$$

其中 jk 标记的场分量可以从理论的全体分量中任意选取. 进一步, 如果序列 f_0, $f_1, \cdots$ 使得 (3.35) 式中的等号成立, 则[8]当检验函数序列 $\{f_j\}$ 被替换为 $\{g_j\}$ 时, 它也一定为 0, 这里

$$g_0 = 0, \; g_1 = g(x_1)f_0, \; g_2 = g(x_1)f_1(x_2), \; g_3 = g(x_1)f_2(x_2, x_3), \cdots, \quad (3.36)$$

其中 g 是任意检验函数.

证明 不等式 (3.35) 正是态

$$\Psi = f_0 \Psi_0 + \varphi_{11}(f_1) \Psi_0 + \int \varphi_{21}(x_1)\varphi_{22}(x_2)f_2(x_1, x_2)\mathrm{d}x_1\mathrm{d}x_2 \Psi_0 + \cdots$$

$$+ \int \varphi_{j1}(x_1)\varphi_{j2}(x_2) \cdots \varphi_{jj}(x_j)f(x_1, \cdots, x_j)\mathrm{d}x_1 \cdots \mathrm{d}x_j \Psi_0 + \cdots$$

的范数的展开形式, 所以它一定是非负的. 如果范数为 0, 则 $\Psi = 0$, 于是对于任意的分量场 φ_α 和检验函数 g 都有 $\varphi_\alpha(g)\Psi = 0$. 因此展开式 (3.35) 对于序列 (3.36) 也一定给出 0. ∎

正如我们在下一节将会看到的, 满足条件 (a) ~ (e) 的缓增分布集一定是某个除真空唯一性外满足公理 O, I, II, III 的场论的真空期望值. 下面的定理给出了保证真空唯一性的附加条件, 亦如 3.4 节所示.

定理 3.4 [集团分解性质 (Cluster Decomposition Property)].
若 a 为类空矢量, 则当 $\lambda \to \infty$ 时,

$$\mathscr{W}(x_1, \cdots, x_j, x_{j+1} + \lambda a, x_{j+2} + \lambda a, \cdots, x_n + \lambda a)$$

$$\to \mathscr{W}(x_1, \cdots, x_j) \mathscr{W}(x_{j+1}, \cdots, x_n) \qquad (3.37)$$

在 $\mathscr{S}'$ 中定义的收敛意义下成立.

---

[8]第 114 页的论述表明, 这一结论是 (3.35) 式和其他公理的推论.

注 我们的证明将限于满足如下假设的理论: 除真空外不存在任何质量小于某一正的阈值 M (可以非常小) 的态. 这样的理论, 通常被称为有质量间隙 (mass gap) 的. 如果理论中存在零质量粒子, 则该理论将不具有质量间隙, 但此时 (3.37) 式仍然成立, 只是此种情况下的证明将更为技术化. 即便理论不满足公理 III, (3.37) 式仍然是成立的. 更多相关讨论参见文献 5, 7, 9, 10, 11.

证明 定理的证明基于 D. Ruelle 的一个非常简单的论点. 它利用了这样一个事实: 在大 λ 极限下, (3.37) 式中的算子可以以 $x_{j+1} + \lambda a, \cdots, x_n + \lambda a, x_1, \cdots, x_j$ 的顺序重新排列, 而最终函数给出的结果至多相差一个符号. 这一逆序的后果, 将导致与 $x_j - x_{j+1}$ 共轭的动量变量改变符号. 该符号改变使得对于这一动量利用谱条件得到定理的结论成为可能. 具体证明如下.

方便起见, 不妨设 $a^2 = -1$. 通过对 λ 做标度变换, 容易看出这一假设不失一般性. 根据性质 (b), $P = p_1 + \cdots + p_j$ 落在未来或过去光锥内, 分别是分布

$$F_1 = \mathscr{W}(x_1, \cdots, x_j, x_{j+1} + \lambda a, \cdots, x_n + \lambda a) - \mathscr{W}(x_1, \cdots, x_j)\mathscr{W}(x_{j+1}, \cdots, x_n),$$

$$F_2 = \mathscr{W}(x_{j+1} + \lambda a, \cdots, x_n + \lambda a, x_1, \cdots, x_j) - \mathscr{W}(x_1, \cdots, x_j)\mathscr{W}(x_{j+1}, \cdots, x_n)$$

的 Fourier 变换非零的必要条件. 如果系统的真空态 Ψ_0 是唯一的, 则在 $P^\mu = 0$ 处, 乘积 $\mathscr{W}(x_1, \cdots, x_j)\mathscr{W}(x_{j+1}, \cdots, x_n)$ 会消掉这个态的贡献, 因而除非 $P^2 \geqslant M^2$, 否则 $\tilde{F}_1 \pm \tilde{F}_2 = 0$[⑨]. 对于固定的 $x_1, \cdots, x_n$, 由局域性可以得到, 在大 λ 极限下, F_1 和 F_2 至多相差一个符号. 利用 2.1 节的知识, $F_1 \pm F_2$ 可以表示为多项式有界的连

---

⑨译者注: 这一段的含义如下. 以 F_1 为例, 其 Fourier 变换为

$$\tilde{F}_1 = \int \exp\left(i \sum_{k=1}^{n} p_k x_k \right) \Big[\mathscr{W}(x_1, \cdots, x_j, x_{j+1} + \lambda a, \cdots, x_n + \lambda a)$$

$$-\mathscr{W}(x_1, \cdots, x_j)\mathscr{W}(x_{j+1}, \cdots, x_n) \Big] \mathrm{d}x_1 \cdots \mathrm{d}x_n$$

$$= (2\pi)^4 \delta(p_1 + \cdots + p_n) \exp\left(-i\lambda a \sum_{k=j+1}^{n} p_k \right) \tilde{W}(p_1, \cdots, p_1 + \cdots + p_j, \cdots, p_1 + p_2 + \cdots + p_{n-1})$$

$$-(2\pi)^8 \delta(p_1 + \cdots + p_j)\delta(p_{j+1} + \cdots + p_n)\tilde{W}(p_1, \cdots, p_1 + \cdots + p_{j-1})$$

$$\times \tilde{W}(p_{j+1}, \cdots, p_{j+1} + \cdots + p_{n-1}).$$

而上式显然可以继续化为

$$\tilde{F}_1 = (2\pi)^4 \delta(p_1 + \cdots + p_n)\Big[\exp\left(-i\lambda a \sum_{k=j+1}^{n} p_k \right) \tilde{W}(p_1, \cdots, p_1 + \cdots + p_j, \cdots, p_1 + p_2 + \cdots + p_{n-1})$$

$$-(2\pi)^4 \delta(p_1 + \cdots + p_j)\tilde{W}(p_1, \cdots, p_1 + \cdots + p_{j-1})\tilde{W}(p_{j+1}, \cdots, p_{j+1} + \cdots + p_{n-1})\Big].$$

此式中括号内第二行仅当 $P^\mu = 0$ 时才非零, 而第一行中 P 作为 $\tilde{W}$ 的变量, 根据谱条件只有当其在未来光锥内时才可能非零. 因此, P 在未来光锥内是 $\tilde{F}_1$ 非零的必要条件. 读者应能模仿证明 P 在过去光锥内是 $\tilde{F}_2$ 非零的必要条件.

续函数 G 的导函数的有限和[⑩]. 换句话说, 对于任意的检验函数 $h \in \mathscr{S}$,

$$\int (F_1 \pm F_2)(x_1, \cdots, x_n) h(x_1, \cdots, x_n) \mathrm{d}x_1 \cdots \mathrm{d}x_n$$

$$= \int D^m G(\lambda, x_1, \cdots, x_n) h(x_1, \cdots, x_n) \mathrm{d}x_1 \cdots \mathrm{d}x_n.$$

这里的 G 关于所有的自变量都是多项式有界的, 即对于足够大的 λ 和 R,

$$|G| \leqslant G_0 \lambda^N R^Q,$$

其中我们用 R 表示积分变量取值的 $\mathbf{R}^{4n}$ 上的 Euclid 范数

$$R^2 = \sum_j [(x_j^0)^2 + (\boldsymbol{x}_j)^2].$$

局域对易性条件保证我们能够在 $\pm$ 中选择适当的符号, 使得对于大 λ 极限有 $D^m G = 0$, 我们选择满足这一条件的符号. 进一步, 我们需要在 $R < R_0$ 时结论 $D^m G = 0$ 的更加量化的形式. 这里, R_0 是 λ 的某个倍数. 为了确定 R_0, 注意到

$$(x_i - x_k - \lambda a)^2$$
$$= (x_i^0 - x_k^0)^2 - (\boldsymbol{x}_i - \boldsymbol{x}_k)^2 - \lambda^2 - 2\lambda(a^0(x_i^0 - x_k^0) - \boldsymbol{a} \cdot (\boldsymbol{x}_i - \boldsymbol{x}_k))$$
$$< |x_i^0|^2 + |x_k^0|^2 + 2|x_i^0||x_k^0| - \lambda^2 + \lambda(|a^0|(|x_i^0| + |x_k^0|) + |\boldsymbol{a}|(|\boldsymbol{x}_i| + |\boldsymbol{x}_k|)),$$

所以当

$$R^2 = \sum_{i=1}^{n} [(x_i^0)^2 + (\boldsymbol{x}_i)^2] < R_0^2$$

时, 我们有

$$(x_i - x_k - \lambda a)^2 < 4R_0^2 - \lambda^2 + 4\lambda R_0(|a^0| + |\boldsymbol{a}|).$$

如果选取 R_0 为 λ 的足够小的倍数, 具体而言即 $R_0 = \dfrac{1}{8}[|a^0| + |\boldsymbol{a}|]^{-1}\lambda$, 则对于所有

　　当 $P^\mu = 0$ 时, 利用 SNAG 定理和真空的唯一性可以得到贡献仍然为 $\mathscr{W}(x_1, \cdots, x_j)\mathscr{W}(x_{j+1}, \cdots, x_n)$. 而如果我们对 $\mathscr{W}(x_{j+1} + \lambda a, \cdots, x_n + \lambda a, x_1, \cdots, x_j)$ 应用局域性条件, 就可以知道它在 $P^\mu = 0$ 处的贡献与 $\mathscr{W}(x_1, \cdots, x_j, x_{j+1} + \lambda a, \cdots, x_n + \lambda a)$ 在 $P^\mu = 0$ 处的贡献相差一个取决于费米算子交换次数的符号. 这也就是下文中证明, 由局域性得出 F_1 和 F_2 在大 λ 处至多相差一个符号, $F_1 \pm F_2$ 必有一个为零的原因.

　　综上, 我们发现, 根据谱条件可以知道当 $M^2 > P^2$ 且 $P^2 \neq 0$ 时, 由于 P^μ 不是物理态的动量, $\tilde{F}_1$ 和 $\tilde{F}_2$ 恒为零; 而 $P^\mu = 0$ 时由于减号后面项提供的精确相消, $\tilde{F}_1$ 和 $\tilde{F}_2$ 恒为零.

　　[⑩]译者注: 参见 (2.11) 式及相关段落.

正的 λ, 不等式右侧 < 0 [①]. 由如下估计, 对于任意足够小的 $\varepsilon > 0$,

$$\left| \int D^m G(\lambda, x_1, \cdots, x_n) h(x_1, \cdots, x_n) \mathrm{d}x_1 \cdots \mathrm{d}x_n \right|$$

$$= \left| \int_{R > R_0 - \varepsilon} D^m G(\lambda, x_1, \cdots, x_n) h(x_1, \cdots, x_n) \mathrm{d}x_1 \cdots \mathrm{d}x_n \right|$$

$$= \left| \int_{R > R_0 - \varepsilon} G(\lambda, x_1, \cdots, x_n) D^m h(x_1, \cdots, x_n) \mathrm{d}x_1 \cdots \mathrm{d}x_n \right|$$

$$\leqslant \int_{R > R_0 - \varepsilon} |G| |D^m h| R^{4n-1} \mathrm{d}R \mathrm{d}\omega,$$

在最后一步我们换到了极坐标系下. 因为对任意的 q, 存在某个 c 使得不等式 $|D^m h| < cR^{-q}$ 对所有足够大的 R 都成立 [②], 对于所有足够大的 λ, 上述不等式的右侧被

$$\int_{R > R_0} G_0 c \lambda^N R^{Q-q+4n-1} \mathrm{d}R \mathrm{d}\omega$$

控制住. 对于足够大的 q, 该积分收敛并给出 [③]

$$\left| \int (D^m G) h \right| < \frac{c_1}{\lambda^p}.$$

[①] 译者注: 满足这一条件说明, 对于 $R < R_0$ 的 $4n$ 维球内的点 $(x_1, \cdots, x_n)$, 任意的两个四矢量 x_i 和 $x_k + \lambda a$ 之间的间隔都是类空的. 对于球内的点, 由上述构造可知, 对于任意 $i = 1, \cdots, j$ 和 $k = j+1, \cdots, n$, x_i 与 $x_k + \lambda a$ 总是类空间隔的, 因而定义式左侧积分在球内的贡献恒为零. 而 h 可以是任意检验函数, 因此等式右侧的积分在球内的贡献也恒为零. 于是, 下面只需要考虑球外, 也就是 $R > R_0 - \varepsilon$ 的贡献.

[②] 译者注: 这是依据检验函数的定义得到的, 一个检验函数在无穷远处的衰减比任意的幂次都要快.

[③] 译者注: 积分

$$\int_{R > R_0} G_0 c \lambda^N R^{Q-q+4n-1} \mathrm{d}R \mathrm{d}\omega = \int \mathrm{d}\omega \int_{R > R_0} G_0 c \lambda^N R^{Q-q+4n-1} \mathrm{d}R$$

$$= \frac{4n\pi^{2n}}{\Gamma(1+2n)} \int_{R > R_0} G_0 c \lambda^N R^{Q-q+4n-1} \mathrm{d}R.$$

所以当 $Q - q + 4n - 1 < -1$, 即 $q > Q + 4n$ 时, 上述积分收敛到

$$\int_{R > R_0} G_0 c \lambda^N R^{Q-q+4n-1} \mathrm{d}R \mathrm{d}\omega = \frac{4n\pi^{2n}}{\Gamma(1+2n)} \frac{G_0 c \lambda^N}{(q - (Q+4n)) R_0^{q-(Q+4n)}}$$

$$= \frac{4n\pi^{2n}}{\Gamma(1+2n)} \frac{8^{q-(Q+4n)} G_0 c (|a^0| + |\boldsymbol{a}|)^{q-(Q+4n)}}{(q - (Q+4n)) \lambda^{q-(Q+4n+N)}}$$

$$\equiv \frac{c_1}{\lambda^p}.$$

由于 q 可以任意取值, 因此对于任意的正幂次 p, 只要取 $q = p + Q + 4n + N$, 就能够说明积分在大 λ 极限的衰减比 $1/\lambda^p$ 快.

当 λ 足够大时, 对于任意的 p 都存在一个系数 c_1 使得上述不等式成立. 而这正是在 $\mathscr{S}'$ 中当 $\lambda \to \infty$ 时

$$\lambda^p (F_1 \pm F_2)(x_1, \cdots, x_j, x_{j+1} + \lambda a, \cdots, x_n + \lambda a) \to 0$$

的含义.

证明的最后一步, 是说明这一公式对于 F_1 和 F_2 各自都是成立的, 这一步要用到谱条件. 选取变量 $P = \sum_{k=1}^{j} p_k$ 的无穷阶可微函数 θ, 使得当 $P^2 \geqslant M^2, P^0 > 0$ 时它为 1, $P^0 \leqslant 0$ 时它为 0, 定义 $\tilde{h}_1 = \theta \tilde{h}$, 并将前述论证中的 h 替换为 h_1. 显然, $h_1 \in \mathscr{S}$, 因此前文的论证依然成立. 但是 $\int F_2 h_1 \mathrm{d}x_1 \cdots \mathrm{d}x_n = 0$, 进而 $\int F_1 h_1 \mathrm{d}x_1 \cdots \mathrm{d}x_n = \int F_1 h \mathrm{d}x_1 \cdots \mathrm{d}x_n$, 这样我们就证明了 (3.37) 式.　∎

集团分解性质的物理含义在于, 当 x 和 y 点处的两个物理系统彼此被很大的类空间隔分隔时, 它们之间的相互作用下降为零. 这里的证明说明, 如果理论中存在质量间隙, 则这个极限比 $1/\lambda$ 的任意幂次收敛速度都快. 可以证明, 这时的收敛速度是指数的, 且衰减因子依赖于阈质量 M [⑭]. 如果理论中存在零质量粒子, 则极限收敛的速度与 $1/\lambda^2$ 一样慢. 这正是库仑力!

如果场具有成对分量, 使得 (1.52) 式有意义, 我们就可以将 $U(I_s)$ 和 $U(C)$ 为幺正算子这一要求重新表述为如下形式: 将它们作用在态 (3.23) 的每个乘积的各个分量场上, 进而要求所有的标量积保持不变. 这一要求给出了 $\mathscr{W}$ 的更多性质. 例如, 如果电荷共轭是一个对称性, 则

$$(\Psi_0, \varphi_{(\alpha)(\dot{\beta})}(x_1) \cdots \psi_{(\mu)(\dot{\nu})}(x_n)\Psi_0) = (\Psi_0, \varphi^*_{(\dot{\alpha})(\beta)}(x_1) \cdots \psi^*_{(\dot{\mu})(\nu)}(x_n)\Psi_0) \quad (3.38)$$

对于任意阶的所有乘积都成立. (3.38) 式是对 $\mathscr{W}$ 的进一步限制, 请不要将其与厄米共轭性 (3.33) 混淆. 如果 Θ 是理论的一个对称性, 由于 Θ 是反幺正算子, 由 (1.53) 式我们得到关系

$$
\begin{aligned}
&(\Psi_0, \varphi_{(\alpha)(\dot{\beta})}(x_1) \cdots \psi_{(\mu)(\dot{\nu})}(x_n)\Psi_0) \\
&= \mathrm{i}^F (-1)^J \overline{(\Psi_0, \varphi^*_{(\dot{\alpha})(\beta)}(-x_1) \cdots \psi^*_{(\dot{\mu})(\nu)}(-x_n)\Psi_0)}, \quad (3.39)
\end{aligned}
$$

其中 F 是半整数自旋场的总数, 而 J 是指标集 $(\alpha) \cdots (\mu)$ 中不带点的指标的数目.

如果 I_s 和 I_t 是对称性, 利用相同的方法可以得到类似 (3.38) 和 (3.39) 式的关系式.

---

⑭译者注: 此时的衰减速度为 $\exp(-M\lambda)/\lambda^{3/2}$, 参见本章文献 11.

接下来我们介绍研究局域场的一个重要技术. 我们揭示真空期望值与全纯函数的关系.

定理 3.5 在如下意义上, $\mathscr{W}$ 和 W 是全纯函数的边界值. 存在全纯函数 $\boldsymbol{W}$, 使得

$$\mathscr{W}(z_1, \cdots, z_n) = \boldsymbol{W}(z_1 - z_2, z_2 - z_3, \cdots, z_{n-1} - z_n),$$

而关于变量 $\zeta_j = \xi_j - \mathrm{i}\eta_j = z_j - z_{j+1}, j = 1, \cdots, n-1, \boldsymbol{W}$ 是管状域 $\{\zeta_1, \cdots, \zeta_{n-1} | \eta_j \in \boldsymbol{V}_+\}$ 上的全纯函数. 并且

$$W(\xi_1, \cdots, \xi_{n-1}) = \lim_{\eta_1, \cdots, \eta_{n-1} \to 0} \boldsymbol{W}(\xi_1 - \mathrm{i}\eta_1, \cdots, \xi_n - \mathrm{i}\eta_n),$$

式中的极限应理解为 $\mathscr{S}'$ 含义下的收敛. 进一步, $\boldsymbol{W}$ 在 $\mathscr{T}_{n-1}$ 中是多项式有界的[⑪]. 全纯函数 $\boldsymbol{W}$ 在扩张管状域 $\mathscr{T}'_{n-1}$ 中拥有单值延拓.

证明 由于除非所有的 q 都在未来光锥内, 否则 $\tilde{W}(q_1, \cdots, q_{n-1}) = 0$, 故而根据定理 2.8, Laplace 变换

$$\boldsymbol{W}(\xi_1 - \mathrm{i}\eta_1, \cdots, \xi_{n-1} - \mathrm{i}\eta_{n-1})$$
$$= (2\pi)^{-4(n-1)} \int \cdots \int \mathrm{d}q_1 \cdots \mathrm{d}q_{n-1} \exp[-\mathrm{i} \sum_{j=1}^{n-1} (\xi_j - \mathrm{i}\eta_j) \cdot q_j] \tilde{W}(q_1, \cdots, q_{n-1})$$

是全纯函数. 本定理中的其他推断, 除最后一个以外, 也都依该定理得出.

下面, 我们利用 Lorentz 不变性说明, 每一个真空期望值都在更大的区域 —— 扩张管状域 $\mathscr{T}'_{n-1}$ 中具有单值延拓. 考虑 (3.26) 式:

$$\sum_{\alpha', \beta', \gamma'} S_{\alpha\alpha'}^{(\varphi)}(A) S_{\beta\beta'}^{(\psi)}(A) \cdots S_{\gamma\gamma'}^{(\chi)}(A) (\Psi_0, \varphi_{\alpha'}(x_1)\psi_{\beta'}(x_2) \cdots \chi_{\gamma'}(x_n) \Psi_0)$$
$$= (\Psi_0, \varphi_\alpha(Ax_1 + a)\psi_\beta(Ax_2 + a) \cdots \chi_\gamma(Ax_n + a) \Psi_0).$$

等式左侧在复 Λ 下具有解析延拓, 从而为右侧提供了解析延拓

$$\sum_{\alpha', \beta', \gamma'} (\Psi_0, \varphi_{\alpha'}(x_1)\psi_{\beta'}(x_2) \cdots \chi_{\gamma'}(x_n) \Psi_0) S_{\alpha\alpha'}^{(\varphi)}(A, B) S_{\beta\beta'}^{(\psi)}(A, B) \cdots S_{\gamma\gamma'}^{(\chi)}(A, B)$$
$$= (\Psi_0, \varphi_\alpha(\Lambda(A, B)x_1 + a)\psi_\beta(\Lambda(A, B)x_2 + a) \cdots$$
$$\chi_\gamma(\Lambda(A, B)x_n + a) \Psi_0).$$

对于任意的 $x_j - x_{j+1} \in \mathscr{T}_{n-1}$, 当 A, B 在 $SL(2, C) \otimes SL(2, C)$ 中取值时, 这一延拓在所有的 $\Lambda(A, B)x_i$ 处都给出了等式右侧表达式的定义. 根据定理 2.11, 这一延拓是单值的. 所以, $\boldsymbol{W}(\zeta_1, \cdots, \zeta_{n-1})$ 可以延拓到 $\mathscr{T}'_{n-1}$. ∎

[⑪]定义参见 2.3 节.

一个特殊的情形是 $\Lambda = -1$, 在复 Lorentz 群中它与 $\Lambda = 1$ 是连通的. 根据 (1.28) 式, $S^{(\varphi)}(-1,1) = (-1)^j$, 其中 j 是场 φ 不带点的指标的数目. 因此, 如果 J 是 W 中出现的场的不带点的指标数目之和, 我们就有

$$\boldsymbol{W}(\xi_1, \cdots, \xi_{n-1}) = (-1)^J \boldsymbol{W}(-\xi_1, \cdots, -\xi_{n-1}) \tag{3.40}$$

在所有全纯的点处都成立. 值得强调的是, 即便 P, C 和 T 不是对称性时, (3.40) 式也是成立的, 因为它仅是 $\mathscr{P}_+^\uparrow$ 不变性与态的质量谱假设的结果.

本节最后一个定理指出函数 $\boldsymbol{W}$ 与全纯函数 $\boldsymbol{W}_\pi$ 之间的关系, 后者的定义源于场的置换.

定理 3.6   假设 $W(\xi_1, \xi_2, \cdots, \xi_{n-1}) = (\Psi_0, \varphi_1(x_1) \cdots \varphi_n(x_n) \Psi_0), \xi_j = x_j - x_{j+1}$, 且

$$W_\pi(\xi_1, \xi_2, \cdots, \xi_{n-1}) = (\Psi_0, \varphi_{i_1}(x_{i_1}) \varphi_{i_2}(x_{i_2}) \cdots \varphi_{i_n}(x_{i_n}) \Psi_0),$$

其中 π 是置换 $(1, 2, \cdots, n) \to (i_1, i_2, \cdots, i_n)$, 且由前一定理, $\boldsymbol{W}$ 与 $\boldsymbol{W}_\pi$ 是全纯函数. 则 $\boldsymbol{W}$ 与 $\boldsymbol{W}_\pi$ 互为对方的解析延拓, 构成同一个全纯函数.

证明   假设 $x_1, x_2, \cdots, x_n$ 满足所有的 $x_i - x_j$ 都类空[14]. 则根据局域对易性, W 与 W_π 在该点的一个实邻域内完全相等. 我们只需要说明, 这些点是它们二者的全纯点. 说明这一点最简单的方法是利用楔边定理. 考虑分布

$$W' = (\Psi_0, \varphi_n(x_n) \cdots \varphi_2(x_2) \varphi_1(x_1) \Psi_0),$$

则根据前一定理, 与之相应的全纯函数 $\boldsymbol{W}'$ 在 $-\eta_j \in \boldsymbol{V}_+$ 处是全纯的. 进一步, 边界值 W' 与 W 在完全类空点处是相等的. 因此, 根据楔边定理[15], $\boldsymbol{W}$ 在这些点处是全纯的. ∎

这一定理也是扩张管状域与置换的扩张管状域具有公共实环境 (见图 2.4) 的自然结果.

自由场理论的期望值可以利用场算子的定义 (3.14) 直接计算得到. 例如, 对于厄米标量场[16], 态 Ψ_0 由 $(1, 0, 0, \cdots)$ 表示, 态 $\varphi(f) \Psi_0$ 由 $\sqrt{\pi}(0, \tilde{f}(p), 0, \cdots)$ 表示. 于是标量积为

$$(\Psi_0, \varphi(f) \varphi(g) \Psi_0) = \pi \int \tilde{f}(p) \tilde{g}(p) \mathrm{d}\Omega_m(p)$$

$$= 2\pi \int \tilde{f}(p) \tilde{g}(p) \theta(p_0) \delta(p^2 - m^2) \mathrm{d}^4 p.$$

---

[14]这时我们称 $(x_1, \cdots, x_n)$ 为完全类空点 (totally space-like point).
[15]译者注: 具体而言, 是楔边定理 2.15.
[16]即实标量场.

于是作为分布

$$(\Psi_0, \varphi(x)\varphi(y)\,\Psi_0) = \frac{1}{i}\Delta^+(x - y; m),$$

其中

$$\Delta^+(x; m) = \frac{i}{(2\pi)^3}\int \theta(p_0)\delta(p^2 - m^2)e^{-ipx}d^4p.$$

反复利用 (3.14) 式可以得到

$$(\Psi_0, \varphi(x_1)\varphi(x_2)\cdots\varphi(x_n)\,\Psi_0)$$

$$= \begin{cases} \displaystyle\sum_{\text{所有分组}} \frac{1}{i}\Delta^+(x_{i_1} - x_{i_2})\frac{1}{i}\Delta^+(x_{i_3} - x_{i_4}) \\ \qquad\qquad \cdots\frac{1}{i}\Delta^+(x_{i_{n-1}} - x_{i_n}), \quad n \text{ 为偶数}, \\ \qquad\qquad\qquad 0, \qquad\qquad\qquad n \text{ 为奇数}, \end{cases} \tag{3.41}$$

求和的对象, 是所有将 n 个指标分为 $n/2$ 个无交二元子集 $(i_1 i_2)(i_3 i_4)\cdots(i_{n-1} i_n)$, $i_{2k-1} < i_{2k}$ 的分组方式. 我们将证明留给读者完成. 对于场论的全纯函数 W 的性质的研究, 被称为线性程式 (linear program). 文献 12 是一份包含了这方面最新进展的综述. 其想法是这样的: 一旦我们得到了全纯域的明显形式, 我们就可以利用推广的 Cauchy 积分公式将函数用其边值表示. 人们希望研究这些积分表示比直接研究满足局域对易性的算子分布简单. 对于满足本节中前面给出的一系列定理的函数 W 的完整刻画, 是重要的课题, 因为正如重构定理 (定理 3.7) 所揭示的, 这些函数可以被用来构造满足除渐近完备性公理以外所有公理的场论. 对于最后这个性质的研究, 引出了真空期望值的非线性积分方程, 并给出非线性程式 (non-linear program) (文献 16).

3.4　重构定理: 利用真空期望值重建理论

我们仅对厄米标量场理论给出重构定理的证明. 对于一般的场论, 该定理仍然成立, 但是完整地写出这样的证明需要对符号大规模地自动化.

定理 3.7 设 $\{\mathscr{W}^{(n)}\}, n = 1, 2, \cdots$ 是缓增分布序列, 其中 $\mathscr{W}^{(n)}$ 依赖于 n 个四矢量变量 $x_1, x_2, \cdots, x_n$. 假如 $\mathscr{W}^{(n)}$ 具有定理 3.4 所述的集团分解性质以及定理 3.1、定理 3.2 和定理 3.3 中所罗列的性质 (a) 至 (e), 这里我们适当地专注于单一厄米标量场的情形. 这些条件为: 当 a 为类空矢量时,

$$\lim_{\lambda\to\infty}[\mathscr{W}(x_1, \cdots, x_j, x_{j+1} + \lambda a, \cdots, x_n + \lambda a) \\ -\mathscr{W}(x_1, \cdots, x_j)\mathscr{W}(x_{j+1}, \cdots, x_n)] = 0.$$

(a) (相对论变换律)

$$\mathscr{W}^{(n)}(x_1, \cdots, x_n)$$
$$= \mathscr{W}^{(n)}(\Lambda x_1 + a, \Lambda x_2 + a, \cdots, \Lambda x_n + a), \qquad \Lambda \in L_+^\uparrow. \tag{3.42}$$

(b) (谱条件)

$$\tilde{\mathscr{W}}^{(n)}(p_1, \cdots, p_n)$$
$$= (2\pi)^4 \delta\left(\sum_{j=1}^n p_j\right) \tilde{W}(p_1, p_1 + p_2, \cdots, p_1 + p_2 + \cdots + p_{n-1}), \tag{3.43}$$

且, 如果存在任一 $q_i \notin \mathbf{V}_+$, 则

$$\tilde{W}^{(n)}(q_1, \cdots, q_{n-1}) = 0. \tag{3.44}$$

(c) (厄米性条件)

$$\mathscr{W}^{(n)}(x_1, \cdots, x_n) = \overline{\mathscr{W}^{(n)}(x_n, \cdots, x_1)}. \tag{3.45}$$

(d) (局域对易性条件) 对于 $j = 1, 2, \cdots, n-1$, 如果 $(x_j - x_{j+1})^2 < 0$, 则

$$\mathscr{W}^{(n)}(x_1, \cdots, x_j, x_{j+1}, \cdots, x_n) = \mathscr{W}^{(n)}(x_1, \cdots, x_{j+1}, x_j, \cdots, x_n). \tag{3.46}$$

(e) (正定性条件) 对于任意的由检验函数构成的有限序列 $f_0, f_1(x_1), f_2(x_1, x_2)$, $\cdots$, 有[19]

$$\sum \int \cdots \int dx_1 \cdots dx_j \, dy_1 \cdots dy_k \, \overline{f_j(x_1, \cdots, x_j)}$$
$$\times \mathscr{W}^{(j+k)}(x_j, \cdots, x_1, y_1, \cdots, y_k) f_k(y_1, \cdots, y_k) \geqslant 0, \tag{3.47}$$

则存在一个可分[20] Hilbert 空间 $\mathscr{H}$, $\mathscr{P}_+^\uparrow$ 在 $\mathscr{H}$ 上的一个连续幺正表示 $U(a, \Lambda)$, 唯一的在 $U(a, \Lambda)$ 下不变的态 Ψ_0 和一个定义在区域 D_1 上的厄米标量场及与之相应的 $\mathscr{P}_+^\uparrow$ 的表示 $U(a, \Lambda)$, 满足

$$(\Psi_0, \varphi(x_1) \cdots \varphi(x_n) \Psi_0) = \mathscr{W}^{(n)}(x_1, \cdots, x_n).$$

---

[19]译者注: 英文版原书 (3.47) 式的积分变量为 $dx_1 \cdots dx_n \, dy_1 \cdots dy_n$, 其指标 n 显然为笔误.
[20]其定义参见 2.6 节.

进一步, 任意其他具有这一组真空期望值的场论都幺正等价于这个场论. 即, 如果 $\mathscr{H}_1$ 是一个 Hilbert 空间, $\{a, \Lambda\} \to U_1(a, \Lambda)$ 是 $\mathscr{P}_+^\uparrow$ 在其上的一个连续幺正表示, Φ_{01} 是 $\mathscr{H}_1$ 中唯一 $U_1(a, \Lambda)$ 不变的矢量, $\varphi_1(x)$ 是定义在区域 D_{11} 上具有性质

$$(\Psi_{01}, \varphi_1(x_1) \cdots \varphi_1(x_n) \Psi_{01}) = \mathscr{W}^{(n)}(x_1, \cdots, x_n)$$

的标量场, 且 Ψ_{01} 是它的循环矢量, 则存在从 $\mathscr{H}$ 到 $\mathscr{H}_1$ 上的幺正变换 V, 满足

$$\Psi_{01} = V\Psi_0, \qquad U_1(a, \Lambda) = VU(a, \Lambda)V^{-1},$$
$$\varphi_1(h) = V\varphi(h)V^{-1}, \qquad D_{11} = VD_1.$$

重构定理的证明[21] 为了构造 Hilbert 空间 $\mathscr{H}$, 我们从一个矢量空间 H 出发. H 是所有形如 $f = (f_0, f_1, f_2, \cdots)$ 的序列构成的矢量空间, 其中 f_0 是任意复数, $f_k \in \mathscr{S}(\mathbf{R}^{4k})$, $k = 1, 2, \cdots$, 并且序列中除至多有限个检验函数外, 其余的检验函数均满足 $f_k = 0$. 加法与复数的标量乘法按照通常的方式定义:

$$(f_0, f_1, \cdots) + (g_0, g_1, \cdots) = (f_0 + g_0, f_1 + g_1, \cdots),$$
$$\alpha(f_0, f_1, f_2, \cdots) = (\alpha f_0, \alpha f_1, \alpha f_2, \cdots).$$

标量乘法满足交换律、结合律和关于加法的分配律.

接下来, 我们引入矢量空间中两个矢量之间的标量积[22]

$$(f, g) = \sum_{j,k=0}^{\infty} \int \cdots \int \mathrm{d}x_1 \cdots \mathrm{d}x_j \, \mathrm{d}y_1 \cdots \mathrm{d}y_k$$
$$\times \overline{f_j(x_1, \cdots, x_j)} \mathscr{W}^{(j+k)}(x_j, \cdots, x_1, y_1, \cdots, y_k) g_k(y_1, \cdots, y_k), \quad (3.48)$$

其中根据定义 $\mathscr{W}^{(0)} \equiv 1$. 得益于 $\mathscr{W}$ 满足的厄米性条件 (3.45), 这一标量积满足构造要求的性质

$$(f, g) = \overline{(g, f)}.$$

根据定义式 (3.48), 这一标量积显然关于 g 线性, 关于 f 反线性. 进一步, 由正定性条件 (3.47), 我们有 $\|f\|^2 = (f, f) \geqslant 0$. $\|f\|$ 称为 f 的范数. 现在, 我们定义矢量空间上的线性变换 $U(a, \Lambda)$:

$$U(a, \Lambda)(f_0, f_1, f_2, \cdots) = (f_0, \{a, \Lambda\}f_1, \{a, \Lambda\}f_2, \cdots),$$

---

[21] 证明中 h 表示 $\mathscr{S}(\mathbf{R}^4)$ 中的检验函数, f 和 g 表示 H 中的元素, H 的定义参见证明.

[22] 译者注: 根据定义, f 与 g 中都至多有有限项非零, 因而下述求和中只有有限项非零, 故而其结果不依赖于求和顺序.

其中

$$\{a, \Lambda\} f_k(x_1, \cdots, x_k) = f_k(\Lambda^{-1}(x_1 - a), \cdots, \Lambda^{-1}(x_k - a)). \tag{3.49}$$

如果我们将矢量 $(1, 0, 0, \cdots)$ 记作 Ψ_0, 显然有

$$U(a, \Lambda)\Psi_0 = \Psi_0.$$

$\mathscr{W}$ 的相对论变换律 (3.42) 保证了算子 $U(a, \Lambda)$ 确保标量积不变, 并且是 $\mathscr{P}_+^\uparrow$ 的表示, 即

$$U(a_1, \Lambda_1)U(a_2, \Lambda_2) = U(a_1 + \Lambda_1 a_2, \Lambda_1 \Lambda_2).$$

利用 (3.49) 式容易证明这一结果.

我们利用如下方程引入作用在任意检验函数 h 上的线性算子 $\varphi(h)$:

$$\varphi(h)\{f_0, f_1, f_2, \cdots\} = (0, hf_0, h \otimes f_1, h \otimes f_2, \cdots), \tag{3.50}$$

其中

$$(h \otimes f_k)(x_1, \cdots, x_{k+1}) = h(x_1)f_k(x_2, x_3, \cdots, x_{k+1})$$

显然是一个检验函数. 这样定义的 $\varphi(h)$ 满足变换律

$$U(a, \Lambda)\varphi(h)U(a, \Lambda)^{-1} = \varphi(\{a, \Lambda\}h). \tag{3.51}$$

这一事实, 容易从如下计算中得到:

$$
\begin{aligned}
U(a, \Lambda)\varphi(h)(f_0, f_1, \cdots) &= U(a, \Lambda)(0, hf_0, h \otimes f_1, \cdots) \\
&= (0, \{a, \Lambda\}hf_0, \{a, \Lambda\}h \otimes \{a, \Lambda\}f_1, \cdots) \\
&= \varphi(\{a, \Lambda\}h)(f_0, \{a, \Lambda\}f_1, \cdots) \\
&= \varphi(\{a, \Lambda\}h)U(a, \Lambda)(f_0, f_1, \cdots).
\end{aligned}
$$

作为 h 的泛函, 矩阵元 $(f, \varphi(h)g)$ 是缓增分布, 因为它们是 $\mathscr{W}$ 的有限和, 并且进一

步有[23]

$$(\varphi(\bar{h})f, g) = (f, \varphi(h)g). \tag{3.52}$$

以上构造已经给出了 Ψ_0, $U(a, \Lambda)$ 和 $\varphi(h)$, 以及相应的矢量空间 H, 但是目前为止 H 还不一定是一个 Hilbert 空间. 它可能具有两方面缺陷. 首先, 它可能包含在标量积 (3.48) 意义下范数为零的非零矢量. 其次, 它可能是不完备的[24]. 我们将依次补救这两重缺陷. 熟悉由预 Hilbert 空间的经过数学上标准的完备化操作得到 Hilbert 空间的读者, 可以跳过接下来几段中的大部分内容, 这些内容主要是给出上述必要构造过程的一个概要.

首先, 注意到有所有范数为零的矢量构成的集合 $H_0 \subset H$ 构成了一个各向同性子空间, 也就是说, 这个子空间中的所有矢量彼此之间都是正交的. 为了得到这一结论, 只要注意如果 $\|f\| = 0$, 则对于任意的 g, 根据 Schwarz 不等式 (它对于非负标量积仍然成立) 有

$$|(f, g)| \leqslant \|f\| \, \|g\| = 0. \tag{3.53}$$

于是, 如果 $f = (f_0, f_1, \cdots)$ 和 $g = (g_0, g_1, \cdots)$ 的范数为零, 则 f 与 g 正交, 并且 $\alpha f + \beta g$ 的范数亦为零. 我们现在构造序列 $f = (f_0, f_1, \cdots)$ 的等价类: 两个序列

---

[23]译者注: 证明是直接的:

$$
\begin{aligned}
(\varphi(\bar{h})f, g) &= \sum_{j,k=0}^{\infty} \int \cdots \int \mathrm{d}x_1 \cdots \mathrm{d}x_j \, \mathrm{d}y_1 \cdots \mathrm{d}y_k \\
&\quad \times \overline{[\varphi(\bar{h})f]_j(x_1, \cdots, x_j)} \mathscr{W}^{(j+k)}(x_j, \cdots, x_1, y_1, \cdots, y_k) g_k(y_1, \cdots, y_k) \\
&= \sum_{j=1,k=0}^{\infty} \int \cdots \int \mathrm{d}x_1 \cdots \mathrm{d}x_j \, \mathrm{d}y_1 \cdots \mathrm{d}y_k \\
&\quad \times \overline{\bar{h}(x_1)f_{j-1}(x_2, \cdots, x_j)} \mathscr{W}^{(j+k)}(x_j, \cdots, x_1, y_1, \cdots, y_k) g_k(y_1, \cdots, y_k) \\
&= \sum_{j=1,k=0}^{\infty} \int \cdots \int \mathrm{d}x_1 \cdots \mathrm{d}x_j \, \mathrm{d}y_1 \cdots \mathrm{d}y_k \\
&\quad \times h(x_1)\overline{f_{j-1}(x_2, \cdots, x_j)} \mathscr{W}^{(j+k)}(x_j, \cdots, x_2, x_1, y_1, \cdots, y_k) g_k(y_1, \cdots, y_k) \\
&= \sum_{j=1,k=0}^{\infty} \int \cdots \int \mathrm{d}x_1 \cdots \mathrm{d}x_j \, \mathrm{d}y_1 \cdots \mathrm{d}y_k \\
&\quad \times \overline{f_{j-1}(x_2, \cdots, x_j)} \mathscr{W}^{(j+k)}(x_j, \cdots, x_2, x_1, y_1, \cdots, y_k) h(x_1) g_k(y_1, \cdots, y_k) \\
&= \sum_{j=0,k=0}^{\infty} \int \cdots \int \mathrm{d}x_2 \cdots \mathrm{d}x_j \, \mathrm{d}x_1 \mathrm{d}y_1 \cdots \mathrm{d}y_k \\
&\quad \times \overline{f_j(x_2, \cdots, x_j)} \mathscr{W}^{(j+k)}(x_j, \cdots, x_2, x_1, y_1, \cdots, y_k) [\varphi(h)g]_{k+1}(x_1, y_1, \cdots, y_k) \\
&= (f, \varphi(h)g).
\end{aligned}
$$

[24]定义参见 2.6 节.

被定义为等价的, 如果它们彼此相差一个零范数序列. 这样的等价类自然地构成了一个矢量空间, 通常记作 H/H_0, 在这个矢量空间上, 标量积是正定的. 如果 f 与 g 是两个等价类, 我们仅仅需要将 $\alpha f + \beta g$ 定义为 $\alpha f + \beta g$ 所属的等价类即可, 这里 $f = (f_0, f_1, \cdots)$ 属于等价类 f, $g = (g_0, g_1, \cdots)$ 属于等价类 g. 由于零范数矢量集合构成一个线性空间, 这一定义给出的结果不依赖于代表元素的选取. 显然, 零范数序列的集合在等价类矢量空间 H/H_0 中对应零矢量, 且由 $\|f\| = 0$ 可以得到 f = 0. 在 H/H_0 中我们可以通过 $(f, g) = (f, g)$ 定义标量积. (3.53) 式保证了这样定义的结果不依赖于代表元素 $f \in f$ 的选取.

接下来, 我们验证 (3.49) 和 (3.50) 式定义的 $U(a, \Lambda)$ 和 $\varphi(h)$ 实际上是等价类之间的映射. 对于 $U(a, \Lambda)$, 这是其保证标量积不变的自然推论: 如果 f 和 g 是两个检验函数序列, 且满足

$$\|f - g\| = 0,$$

则

$$\|U(a, \Lambda)f - U(a, \Lambda)g\| = \|U(a, \Lambda)(f - g)\| = \|f - g\| = 0.$$

这也就是说, 如果 f 和 g 在同一个等价类中, 那么 $U(a, \Lambda)f$ 与 $U(a, \Lambda)g$ 亦如是. 由 (3.52) 式和 Schwarz 不等式 (3.53), 可知 $\|f\| = 0$ 给出 $\|\varphi(h)f\| = 0$: 如果 $\|f\| = 0$,

$$(\varphi(h)f, \varphi(h)f) = (f, \varphi(\bar{h})\varphi(h)f) \leqslant \|f\| \, \|\varphi(\bar{h})\varphi(h)f\| = 0.$$

简单起见, 我们将用与先前 H 中算子相同的记号 $U(a, \Lambda)$, $\varphi(h)$ 来表示作用于等价类上的算子 (即 H/H_0 中的算子), 并用 $\varPsi_0 \in H/H_0$ 简记等价类 $(1, 0, 0, \cdots)$.

接下来, 我们需要解决等价类空间 H/H_0 的不完备性问题. 这是一个标准问题, 与对有理数进行完备化得到实数类似. 考虑由 $f_j \in H/H_0$ 组成的全体 Cauchy 序列 $F = \{f_1, f_2, \cdots\}$ 构成的空间 h, 也就是说, 所有满足当 m 和 $n \to \infty$ 时

$$\|f_m - f_n\| \to 0$$

的序列. 在如下定义的加法

$$\alpha\{f_1, f_2, \cdots\} + \beta\{g_1, g_2, \cdots\} = \{\alpha f_1 + \beta g_1, \alpha f_2 + \beta g_2, \cdots\}$$

下 h 构成一个矢量空间, 其中两个元素 $F = \{f_1, f_2, \cdots\}$ 与 $G = \{g_1, g_2, \cdots\}$ 的标量积定义为

$$(F, G) = \lim_{n \to \infty} (f_n, g_n). \tag{3.54}$$

该极限的存在性是 F 与 G 均为 Cauchy 列的直接结果. [证明: 因为 $\{f_1, f_2, \cdots\}$ 是 Cauchy 列, $\|f_n\|$ 一定有界. 因此

$$|(f_n, g_n) - (f_m, g_m)| = |(f_n - f_m, g_n) + (f_m, g_n - g_m)|$$
$$\leqslant \|g_n\| \|f_n - f_m\| + \|f_m\| \|g_n - g_m\|,$$

而上述表达式在大 m, n 极限下趋于零. 这样就得到了 (3.54) 式的收敛性.] 说明 (F, G) 构成标量积所需的其余初等计算留给读者完成. 然而与 H 的情况类似, h 中也可能包含非零的零范数矢量. 它们同样构成一个各向同性子空间 h_0, 我们需要再度引入矢量的等价类, 要求两个相差零范数矢量的矢量是等价的. 我们将这些等价类构成的空间记作 $\mathscr{H} = h/h_0$. 这是一个具有正定标量积的矢量空间. 并且, 它是完备的. 这一点可以证明如下. 令 $\Phi_1, \Phi_2, \cdots$ 为 $\mathscr{H}$ 中元素组成的 Cauchy 序列. 这意味着对于足够大的 m 和 n, $\|\Phi_m - \Phi_n\|$ 可以任意小. 因此, 等价类 $\Phi_1, \Phi_2, \cdots$ 的任意代表元素 $F_1, F_2, \cdots, F_j \in h$, 满足

$$\|F_n - F_m\| = \|\Phi_n - \Phi_m\| \to 0, \qquad \text{当} \quad n, m \to \infty.$$

如果 $F_j = \{f_1^{(j)}, f_2^{(j)}, \cdots\}$, 则根据定义,

$$\|F_n - F_m\| = \lim_{k \to \infty} \|f_k^{(n)} - f_k^{(m)}\|.$$

我们可以假定代表元序列 F_n 的选取使得对所有的 i, j, k 和 m, n 都满足 $\|f_k^{(n)} - f_k^{(m)}\| < 2\|\Phi_n - \Phi_m\|$ 和 $\|f_i^{(k)} - f_j^{(k)}\| < 1/k$. 只要在序列 F_n 的开头扔掉足够多项 $f_k^{(n)}$, 这一点总是可以满足的. 现在我们证明 $G = \{f_1^{(1)}, f_2^{(2)}, \cdots\}$ 是一个 Cauchy 列, 并且满足

$$\lim_{n \to \infty} \|F_n - G\| = 0.$$

G 对应的等价类, 我们称之为 Φ, 是 $\mathscr{H}$ 中满足 $\lim\limits_{n \to \infty} \|\Phi_n - \Phi\| = 0$ 的元素, 这将证明 $\mathscr{H}$ 的完备性. 为了证明我们的断言, 需要一段论述. 我们有

$$\|f_k^{(k)} - f_\ell^{(\ell)}\| \leqslant \|f_k^{(k)} - f_\ell^{(k)}\| + \|f_\ell^{(k)} - f_\ell^{(\ell)}\|$$
$$\leqslant \|f_k^{(k)} - f_\ell^{(k)}\| + 2\|\Phi_k - \Phi_\ell\| \to 0, \qquad \text{当} \quad k, \ell \to \infty.$$

这证明了 $\{f_k^{(k)}\}, k = 1, 2, \cdots$ 是一个 Cauchy 列. 同样,

$$\|F_n - G\| = \lim_{k \to \infty} \|f_k^{(n)} - f_k^{(k)}\|,$$

且右式中每一项都小于 $2\|\Phi_n - \Phi_k\|$, 而这些量在 $n, k \to \infty$ 时趋于零. 因而 $\|F_n - G\| \to 0$.

至此, 我们就完成了态的 Hilbert 空间的构造. 当一个理论以其真空期望值的形式被给定时, 一个态矢量 $\Psi \in \mathscr{H} = \mathrm{h}/\mathrm{h}_0$ 就是检验函数序列等价类 $\in H/H_0$ (模掉零范数序列等价类 H_0) 的 Cauchy 序列的等价类 (模掉 $\{0, 0, \cdots\}$ 所在的等价类 h_0). 是的, 就这么简单!

H/H_0 中的元素可以嵌入 $\mathscr{H}$ 去理解. 对于 H/H_0 中的任意元素 f, 我们都可以定义 $\mathscr{H}$ 中的矢量 Ψ_f, 作为 Cauchy 列 $F = \{\mathrm{f}, \mathrm{f}, \mathrm{f}, \cdots\} \in \mathrm{h}$ 的等价类. 显然, $\mathscr{H}$ 中的标量积 $(\Psi_\mathrm{f}, \Psi_\mathrm{g})$ 等于 H/H_0 中的标量积 (f, g). 形如 Ψ_f 的元素在 $\mathscr{H}$ 中构成一个 $\mathscr{H}$ 的稠子集 D_1, 因为如果 Φ 是 $\mathscr{H}$ 中的元素且 $\{\mathrm{f}_1, \mathrm{f}_2, \cdots\}$ 是 Φ 的一个代表 Cauchy 列, 对于所有的 $m, n > N$ 有 $\|\mathrm{f}_n - \mathrm{f}_m\| < \varepsilon$ 推出 $\|\Phi - \Psi_{\mathrm{f}_n}\| = \lim\limits_{m\to\infty} \|\mathrm{f}_n - \mathrm{f}_m\| \leqslant \varepsilon$.

我们可以利用 Ψ_{f_n} 在 $\mathscr{H}$ 中稠密这一事实, 说明 $\mathscr{H}$ 是可分的. 所需的可数稠子集可以通过选取 $\{\mathrm{f}_0, \mathrm{f}_1, \cdots\} \in H$ 得到, 其中 f_j 是从 $\mathscr{S}(\mathbf{R}^{4j})$ 中如 2.1 节[23]所述的可数稠子集中选取的检验函数. 我们将验证这样选择的 Ψ_f 在 $\mathscr{H}$ 中稠密的工作留给读者完成.

迄今为止, $U(a, \Lambda)$ 仅被定义在 H/H_0 上. 这一定义直接提供了它在 $\mathscr{H}$ 由矢量 Ψ 组成的稠子集上的定义. 因为它在其中是连续的, 由

$$\|U(a, \Lambda)\Psi_\mathrm{f} - U(a, \Lambda)\Psi_\mathrm{g}\| = \|\Psi_\mathrm{f} - \Psi_\mathrm{g}\|,$$

它可以被连续扩张到整个 $\mathscr{H}$ 上, 并且这一扩张, 根据定义是保持标量积不变的: 如果 $\Psi_{\mathrm{f}_n} \to \Phi$ 且 $\Psi_{\mathrm{g}_n} \to \chi$, 则根据定义, $U(a, \Lambda)\Psi_{\mathrm{f}_n} \to U(a, \Lambda)\Phi$ 且 $U(a, \Lambda)\Psi_{\mathrm{g}_n} \to U(a, \Lambda)\chi$, 于是[24]

$$(U(a, \Lambda)\Phi, U(a, \Lambda)\chi) = \lim\limits_{n,m\to\infty} (U(a, \Lambda)\Psi_{\mathrm{f}_n}, U(a, \Lambda)\Psi_{\mathrm{g}_m}) = (\Phi, \chi).$$

进一步, 这样定义在 $\mathscr{H}$ 上的 $U(a, \Lambda)$ 关于 $\{a, \Lambda\}$ 是连续的. 因为 $\|U(b, M)\Psi - U(a, \Lambda)\Psi\| = \|\Psi - U(\{b, M\}^{-1}\{a, \Lambda\})\Psi\|$, 我们只需要验证单位元 $\{0, 1\}$ 处的连续性即可. 对于形如 Ψ_f 的矢量, 这一连续性容易验证:

$$\|\Psi_\mathrm{f} - U(a, \Lambda)\Psi_\mathrm{f}\| = \|\mathrm{f} - U(a, \Lambda)\mathrm{f}\|. \tag{3.55}$$

由于右侧可以被展开为分布 $\mathscr{W}$ 被检验函数 f_k 和 $\{a, \Lambda\}f_\ell$ 均匀化的结果, 而 $\{a, \Lambda\}f_\ell$ 在 $\mathscr{S}(\mathbf{R}^{4\ell})$ 拓扑下对 $\{a, \Lambda\}$ 的依赖是连续的, 因此我们可以看到 (3.55) 式关于 $\{a, \Lambda\}$ 是连续的. 对于一般的 $\Psi \in \mathscr{H}$, $U(a, \Lambda)$ 的连续性源于它的幺正性. 显式地表达出来即当 $(a, \Lambda) \to (0, 1)$ 且 $\Psi_\mathrm{f} \to \Psi$ 时,

$$\|\Psi - U(a, \Lambda)\Psi\| = \|(\Psi - \Psi_\mathrm{f}) + (\Psi_\mathrm{f} - U(a, \Lambda)\Psi_\mathrm{f})\| + U(a, \Lambda)(\Psi_\mathrm{f} - \Psi)\|$$

$$\leqslant 2\|\Psi - \Psi_\mathrm{f}\| + \|\Psi_\mathrm{f} - U(a, \Lambda)\Psi_\mathrm{f}\| \to 0.$$

---

[23]译者注: 见第 33 页的内容.

[24]译者注: 英文版原书下式最右侧等于 (Φ, Ψ), 其中 Ψ 显然为 χ 的笔误.

$U(a, \Lambda)$ 具有一个不变矢量, 在最终的符号中我们也将其记为 Ψ_0. 它是 h 中 Cauchy 列 $\{f, f, \cdots\}$ 的等价类, 此处 $f \in H/H_0$ 是检验函数序列 $(1, 0, 0, \cdots)$ 的等价类. 现在我们要证明, 得益于集团分解性质, 不存在与 Ψ_0 线性无关且 $U(a, \Lambda)$ 不变的矢量 Ψ_0'. 不失一般性, 我们可以假设 $(\Psi_0', \Psi) = 0$, 且 $(\Psi_0', \Psi_0') = 1$. 如果 Ψ_0' 形如 $\Psi_f \in D_1$, 我们马上可以推出矛盾的结果, 因为对于类空矢量 a,

$$(\Psi_0', \Psi_0') = \lim_{\lambda \to \infty} (\Psi_0', U(\lambda a, 1) \Psi_0') = (\Psi_0', \Psi_0)(\Psi_0, \Psi_0') = 0,$$

其中第二个等式源自真空期望值的集团分解性质:

$$(\Psi_f, U(\lambda a, 1) \Psi_f) = ((f_0, f_1, \cdots), (f_0, \{\lambda a, 1\} f_1, \{\lambda a, 1\} f_2, \cdots))$$
$$= \sum_{j,k=0}^{\infty} \int \cdots \int \mathrm{d}x_1 \cdots \mathrm{d}x_j \, \mathrm{d}y_1 \cdots \mathrm{d}y_k \bar{f}_j(x_1, \cdots, x_j)$$
$$\times \mathscr{W}^{(j+k)}(x_j, \cdots, x_1, y_1 + \lambda a, \cdots, y_k + \lambda a) f_k(y_1, \cdots, y_k)$$
$$\to \sum_{j,k=0}^{\infty} \int \cdots \int \mathrm{d}x_1 \cdots \mathrm{d}x_j \, \mathrm{d}y_1 \cdots \mathrm{d}y_k \bar{f}_j(x_1, \cdots, x_j) \mathscr{W}^{(j)}(x_j, \cdots, x_1)$$
$$\times \mathscr{W}^{(k)}(y_1, \cdots, y_k) f_k(y_1, \cdots, y_k)$$
$$= (\Psi_f, \Psi_0)(\Psi_0, \Psi_f).$$

一般而言, Ψ_0' 不具有 Ψ_f 的形式, 但是由于 Ψ_f 是稠密的, 它可以由 Ψ_f 无限逼近. 假定 $\|\Psi_0' - \Psi_f\| < \varepsilon$, 此时不失一般性, 我们可以选取 $\|\Psi_f\| = 1$. 于是

$$(\Psi_0', \Psi_0') = \lim_{\lambda \to \infty} (\Psi_0', U(\lambda a, 1) \Psi_0')$$
$$= \lim_{\lambda \to \infty} [(\Psi_0' - \Psi_f, U(\lambda a, 1) \Psi_0')$$
$$+ (\Psi_f, U(\lambda a, 1)(\Psi_0' - \Psi_f)) + (\Psi_f, U(\lambda a, 1) \Psi_f)].$$

因而根据集团分解性质[27],

---

[27]译者注: 为了得到下式, 只要注意到先前已经证明过上式中的 $\lim_{\lambda \to \infty} (\Psi_f, U(\lambda a, 1) \Psi_f) = (\Psi_f, \Psi_0)(\Psi_0, \Psi_f)$, 因而 $(\Psi_0', \Psi_0') - (\Psi_f, \Psi_0)(\Psi_0, \Psi_f) = \lim_{\lambda \to \infty}[(\Psi_0' - \Psi_f, U(\lambda a, 1) \Psi_0') + (\Psi_f, U(\lambda a, 1)(\Psi_0' - \Psi_f))]$. 而根据 $U(\lambda a, 1)$ 的幺正性, 等式右端又可以改写为 $\lim_{\lambda \to \infty}[(\Psi_0' - \Psi_f, U(\lambda a, 1) \Psi_0') + (U(-\lambda a, 1) \Psi_f, \Psi_0' - \Psi_f)]$. 由于

$$|(\Psi_0', \Psi_0') - (\Psi_f, \Psi_0)(\Psi_0, \Psi_f)| \leqslant \lim_{\lambda \to \infty}[|(\Psi_0' - \Psi_f, U(\lambda a, 1) \Psi_0')| + |(U(-\lambda a, 1) \Psi_f, \Psi_0' - \Psi_f)|],$$

根据 (3.53) 式,

$$|(\Psi_0', \Psi_0') - (\Psi_f, \Psi_0)(\Psi_0, \Psi_f)| \leqslant \lim_{\lambda \to \infty}[\|\Psi_0' - \Psi_f\| \, \|U(\lambda a, 1) \Psi_0'\| + \|U(-\lambda a, 1) \Psi_f\| \, \|\Psi_0' - \Psi_f\|]$$
$$\leqslant \lim_{\lambda \to \infty} (\varepsilon + \varepsilon) = 2\varepsilon.$$

$$|(\Psi_0', \Psi_0') - (\Psi_f, \Psi_0)(\Psi_0, \Psi_f)| \leqslant 2\varepsilon.$$

然而

$$|(\Psi_f, \Psi_0)| = |(\Psi_f - \Psi_0', \Psi_0)| \leqslant \|\Psi_f - \Psi_0'\| < \varepsilon,$$

因而

$$(\Psi_0', \Psi_0') \leqslant (\Psi_f, \Psi_0)(\Psi_0, \Psi_f) + |(\Psi_0', \Psi_0') - (\Psi_f, \Psi_0)(\Psi_0, \Psi_f)|$$
$$\leqslant \varepsilon^2 + 2\varepsilon,$$

对于足够小的 ε 与假设矛盾[28]. 所以, 真空态是唯一的.

到此为止, 只剩下 $U(a, \Lambda)$ 的一个性质仍有待验证, 即它的能动量谱位于未来光锥的内部或表面. 这是条件 (3.44) 的直接结果.

均匀化场 $\varphi(h)$ 定义在所有 H/H_0 的矢量 g 上. 这一定义直接就可以给出它在 $\mathscr{H}$ 中 Ψ_g 组成的稠子集 D_1 上的定义. 我们将 $\varphi(h)\Psi_g$ 定义为 $\Psi_{h \otimes g}$, 其中 $h \otimes g$ 是序列

$$(0, hg_0, h \otimes g_1, h \otimes g_2, \cdots) \tag{3.56}$$

的等价类, $(g_0, g_1, \cdots)$ 是等价类 g 的某一代表元. 由此定义有

$$\varphi(h)[\alpha \Psi_g + \beta \Psi_f] = \Psi_{\alpha h \otimes g + \beta h \otimes f}.$$

特别地, 上述定义在形如 $\mathscr{P}[\varphi(h)]\Psi_0$ 的矢量的集合 D_0 上定义了 $\varphi(h)$. 进一步,

$$\int \cdots \int f_1(x_1) \cdots f_n(x_n) \, \mathrm{d}x_1 \cdots \mathrm{d}x_n \mathscr{W}^{(n)}(x_1, \cdots, x_n) = (\Psi_0, \varphi(f_1) \cdots \varphi(f_n) \Psi_0).$$

区域 D_1 是定义场的合适的区域, 因为它显然满足 $\varphi(h)D_1 \subset D_1$, $\Psi_0 \in D_1$, $U(a, \Lambda)$ $D_1 \subset D_1$. 因为 $(\Psi_g, \varphi(h)\Psi_f)$ 是 $\mathscr{W}$ 的有限线性组合, 所以它是 h 的缓增分布. 这就完成了公理 O 和 I 的验证. 变换律 II 是 (3.42) 式的直接结果. 对于所有 D_1 中的矢量 Ψ 都可以证明厄米关系 $\varphi(h)\Psi = [\varphi(\bar{h})]^*\Psi$. 因为 φ 和 φ^* 是线性算子, 只需要对形如

$$\Psi_g = \int g(x_1, \cdots, x_n)\varphi(x_1) \cdots \varphi(x_n) \, \mathrm{d}x_1 \cdots \mathrm{d}x_n \, \Psi_0$$

的矢量验证该关系即可[29]. 利用由 $\|\Psi_g\|^2 = (\Psi_g, \Psi_g)$ 给出的由 $\mathscr{W}$ 表达的范数的定义,

---

[28]译者注: 与假设 $(\Psi_0', \Psi_0') = 1$ 矛盾.

[29]译者注: 根据定义, φ 的 n 重张量积 $\otimes^n \varphi$ 作为 $\mathscr{S}(\mathbf{R}^{4n})$ 空间上的缓增分布作用于 $g \in \mathscr{S}(\mathbf{R}^{4n})$

由 (3.56) 容易得到[30]

$$\|\varphi(h)\,\Psi_{\mathbf{g}} - \varphi(\bar{h})^*\,\Psi_{\mathbf{g}}\| = 0.$$

利用同样的方法, 由 (3.56) 式可以验证 D_1 中矢量的局域对易性.

至此我们完成了对厄米标量场的显式构造. 剩余的工作只是说明其余任意具有相同真空期望值的场都幺正等价于上述构造.

假设 $\mathscr{H}_1, U_1(a, \Lambda)$ 和 $\varphi_1(x)$ 定义了一个真空态为 Ψ_{01} 的理论, 且具有与前述理

上、即积分 $\int g(x_1, \cdots, x_n)\varphi(x_1) \cdots \varphi(x_n)\,\mathrm{d}x_1 \cdots \mathrm{d}x_n$ 会给出一个线性算子 $(\otimes^n \varphi)(g)$, 而 $\Psi_{\mathbf{g}}$ 是该算子作用在真空态 Ψ_0 上得到的结果. 前文中并没有显式地给出这一作用的定义, 我们在此做一说明. 首先, 存在有限和序列

$$g_N(x_1, \cdots, x_n) = \sum_j^N h_1^{(j)}(x_1) h_2^{(j)}(x_2) \cdots h_n^{(j)}(x_n)$$

使得 $\lim_{N\to\infty} \|g_N(x_1, \cdots, x_n) - g(x_1, \cdots, x_n)\| = 0$. 于是对于 $f = (f_0, f_1, f_2, \cdots) \in H$, 由算子的线性性, 我们只需要考虑

$$\int h_1(x_1) \cdots h_n(x_n)\varphi(x_1) \cdots \varphi(x_n)\,\mathrm{d}x_1 \cdots \mathrm{d}x_n\, f = \varphi(h_1) \cdots \varphi(h_n)\, f$$
$$= \varphi(h_1) \cdots \varphi(h_{n-1})(0, h_n(x_1)f_0, h_n(x_1)f_1(x_2), \cdots)$$
$$= \varphi(h_1) \cdots \varphi(h_{n-2})(0, h_{n-1}(x_1) \times 0, h_{n-1}(x_1)h_n(x_2)f_0, \cdots)$$
$$= (0, \cdots, 0, h_1(x_1) \cdots h_n(x_n)f_0, h_1(x_1) \cdots h_n(x_n)f_1(x_{n+1}), \cdots),$$

其中前 n 个分量均为零. 因此

$$\int g_N(x_1, \cdots, x_n)\varphi(x_1) \cdots \varphi(x_n)\,\mathrm{d}x_1 \cdots \mathrm{d}x_n\, f$$
$$= \sum_j^N \int h_1^{(j)}(x_1) \cdots h_n^{(j)}(x_n)\varphi(x_1) \cdots \varphi(x_n)\,\mathrm{d}x_1 \cdots \mathrm{d}x_n\, f$$
$$= \sum_j^N (0, \cdots, 0, h_1^{(j)}(x_1) \cdots h_n^{(j)}(x_n)f_0, h_1^{(j)}(x_1) \cdots h_n^{(j)}(x_n)f_1(x_{n+1}), \cdots)$$
$$= (0, \cdots, 0, g_N(x_1, \cdots, x_n)f_0, g_N(x_1, \cdots, x_n)f_1(x_{n+1}), \cdots).$$

在大 N 极限下, 上述结果给出

$$\int g(x_1, \cdots, x_n)\varphi(x_1) \cdots \varphi(x_n)\,\mathrm{d}x_1 \cdots \mathrm{d}x_n\, f = (0, \cdots, 0, g(x_1, \cdots, x_n)f_0, \cdots),$$

因而 $\Psi_{\mathbf{g}} = (0, \cdots, 0, g(x_1, \cdots, x_n), 0, \cdots)$ 具有明确的定义.

[30]译者注: 这是由于

$$\|\varphi(h)\,\Psi_{\mathbf{g}} - \varphi(\bar{h})^*\,\Psi_{\mathbf{g}}\|^2 = (\varphi(h)\,\Psi_{\mathbf{g}} - \varphi(\bar{h})^*\,\Psi_{\mathbf{g}}, \varphi(h)\,\Psi_{\mathbf{g}} - \varphi(\bar{h})^*\,\Psi_{\mathbf{g}})$$
$$= (\varphi(h)\,\Psi_{\mathbf{g}}, \varphi(h)\,\Psi_{\mathbf{g}}) - (\varphi(h)\,\Psi_{\mathbf{g}}, \varphi(\bar{h})^*\,\Psi_{\mathbf{g}}) - (\varphi(\bar{h})^*\,\Psi_{\mathbf{g}}, \varphi(h)\,\Psi_{\mathbf{g}})$$
$$+ (\varphi(\bar{h})^*\,\Psi_{\mathbf{g}}, \varphi(\bar{h})^*\,\Psi_{\mathbf{g}}).$$

论相同的真空期望值. 令 V 为将 $\Psi_{\mathrm{f}} \in \mathscr{H}$ 对应到 $\mathscr{H}_1$ 中矢量, 即

$$
\begin{aligned}
V \Psi_{\mathrm{f}} = \Psi_{1\mathrm{f}} = {} & f_0 \Psi_{01} + \varphi_1(f_1) \Psi_{01} \\
& + \int \varphi_1(x_1)\varphi_1(x_2) f_2(x_1, x_2) \mathrm{d}x_1 \mathrm{d}x_2 \ \Psi_{01} + \cdots
\end{aligned} \tag{3.57}
$$

的映射, 其中 $\{f_0, f_1, f_2, \cdots\} = f$ 属于等价类 f. 由于 (3.57) 式的结果明显独立于代表元的选取, 映射 V 是良定义的[①]. 映射 V 是幺正的, 因为由期望值相同可以得到[②]

$$
(V \Psi_{\mathrm{f}}, V \Psi_{\mathrm{g}}) = (\Psi_{\mathrm{f}}, \Psi_{\mathrm{g}}).
$$

利用连续性扩张到整个 $\mathscr{H}$ 和 $\mathscr{H}_1$ [我们假设形如 (3.57) 式的矢量在 $\mathscr{H}_1$ 中是稠密的]. 如果 $\Psi_{\mathrm{f}} \in D_1$, 则

$$
V \varphi(h) \Psi_{\mathrm{f}} = V \Psi_{h \otimes \mathrm{f}},
$$

其中 $\Psi_{h \otimes \mathrm{f}}$ 由 (3.57) 式定义

$$
\begin{aligned}
& = \varphi_1(h f_0) \Psi_{01} + \int h(x_1) f_1(x_2) \varphi_1(x_1) \varphi_1(x_2) \mathrm{d}x_1 \mathrm{d}x_2 \ \Psi_{01} + \cdots \\
& = \varphi_1(h) \left[f_0 \Psi_{01} + \int f_1(x_1) \varphi_1(x_1) \mathrm{d}x_1 \ \Psi_{01} + \cdots \right] \\
& = \varphi_1(h) V \Psi_{\mathrm{f}}.
\end{aligned}
$$

根据标量积与伴随算子的定义, 以及 (3.52) 式,

$$
\begin{aligned}
\|\varphi(h)\Psi_{\mathrm{g}} - \varphi(\bar{h})^* \Psi_{\mathrm{g}}\|^2 = {} & (\varphi(h)\Psi_{\mathrm{g}}, \varphi(h)\Psi_{\mathrm{g}}) - \overline{(\varphi(\bar{h})^*\Psi_{\mathrm{g}}, \varphi(h)\Psi_{\mathrm{g}})} - (\Psi_{\mathrm{g}}, \varphi(\bar{h})\varphi(h)\Psi_{\mathrm{g}}) \\
& + (\Psi_{\mathrm{g}}, \varphi(\bar{h})\varphi(\bar{h})^*\Psi_{\mathrm{g}}) \\
= {} & (\varphi(h)\Psi_{\mathrm{g}}, \varphi(h)\Psi_{\mathrm{g}}) - \overline{(\Psi_{\mathrm{g}}, \varphi(\bar{h})\varphi(h)\Psi_{\mathrm{g}})} - (\varphi(h)\Psi_{\mathrm{g}}, \varphi(h)\Psi_{\mathrm{g}}) \\
& + (\varphi(h)\Psi_{\mathrm{g}}, \varphi(\bar{h})^*\Psi_{\mathrm{g}}) \\
= {} & -(\varphi(\bar{h})\varphi(h)\Psi_{\mathrm{g}}, \Psi_{\mathrm{g}}) + \overline{(\varphi(\bar{h})^*\Psi_{\mathrm{g}}, \varphi(h)\Psi_{\mathrm{g}})} \\
= {} & -(\varphi(h)\Psi_{\mathrm{g}}, \varphi(h)\Psi_{\mathrm{g}}) + \overline{(\Psi_{\mathrm{g}}, \varphi(\bar{h})\varphi(h)\Psi_{\mathrm{g}})} \\
= {} & -(\varphi(h)\Psi_{\mathrm{g}}, \varphi(h)\Psi_{\mathrm{g}}) + \overline{(\varphi(h)\Psi_{\mathrm{g}}, \varphi(h)\Psi_{\mathrm{g}})} \\
= {} & -(\varphi(h)\Psi_{\mathrm{g}}, \varphi(h)\Psi_{\mathrm{g}}) + (\varphi(h)\Psi_{\mathrm{g}}, \varphi(h)\Psi_{\mathrm{g}}) = 0.
\end{aligned}
$$

[①]译者注: 对于不同的代表元, (3.57) 式右侧之差具有相同的形式, 只是其中的 f 被一个属于零等价类的代表元替换. 这一矢量的范数, 根据零等价类和真空期望值的定义, 等于零, 因而不同的代表元选取给出的结果相同.

[②]译者注: 英文版原书此式为

$$
(V \Psi_{\mathrm{f}}, V \Psi_{\mathrm{g}}) = (\Psi_{1\mathrm{f}}, \Psi_{1\mathrm{g}}),
$$

只是重复了 $\Psi_{1\mathrm{f}}$ 的定义, 并不意味着幺正性, 显然为笔误.

因此, 对于所有 $D_{11} \subset \mathscr{H}_1$ 中的矢量, $V\varphi(h)V^{-1} = \varphi_1(h)$ 都成立. 最后, 简单的直接计算能够给出 $U_1(a, \Lambda) = VU(a, \Lambda)V^{-1}$. ■

在此我们指出, 只要给出足够的满足正确关系的 $\mathscr{W}$, 这一构造方法可以推广到由可数个任意自旋的场组成的集合的情形. 我们将如下问题留给读者: 给定如 3.3 节中的真空期望值, 对于自由场和广义自由场完成上述构造. 这样的构造不会给出 (只利用上面列举的性质) 满足渐近完备性的理论. 然而, 如果理论的谱在 $p^2 = m^2$ 处呈现为 $\mathscr{P}_+^\uparrow$ 的一个孤立的表示, 则 Haag-Ruelle 理论确实能够保证至少对于碰撞态, 粒子诠释是存在的. 接下来, 我们将对理论中可能出现的一些其他的对称性进行一些讨论, 以之作为这一章的收尾.

3.5 场论中的对称性

现在, 我们回到 1.2 节末尾提到的问题, 即如果意图将一个 $\mathscr{H}$ 中的幺正算子诠释为对称性, 则它必须有合理的物理意义. 我们首先说明, 在场论的定义中, 所有的场都有确定的变换律这一假设, 将相应的变换作用在态上的行为确定到只差一个相位的地步.

简单起见, 我们只对在宇称算子下遵循通常变换规律的厄米标量场证明这一定理. 对于更普遍的场论在 (1.52) 式给出的算子 P, C 和 T 作用下的类似结果的证明, 只需要简单地修改指标部分即可得到.

定理 3.8 给定定义在区域 D 上的厄米标量场 φ 的场论, 如果 $U(I_s)$ 是满足

$$U(I_s)D = D,$$
$$U(I_s)\varphi(x)U(I_s)^{-1} = \varphi(x_0, -\boldsymbol{x}) \equiv \varphi(I_s x) \tag{3.58}$$

的幺正算子, 则 $U(I_s)$ 被唯一确定到相差一个相因子的地步, 且 $U(I_s)\Psi_0 = \mathrm{e}^{\mathrm{i}\alpha}\Psi_0$[33]. 进一步,

$$U(I_s)U(a, \Lambda)U(I_s)^{-1} = U(I_s a, I_s^{-1}\Lambda I_s), \tag{3.59}$$

其中 $U(a, \Lambda)$ 是 $\mathscr{P}_+^\uparrow$ 的表示.

证明 选取 $\Psi, \Phi \in D$, 考虑

$$(\Psi, \varphi(x)U(I_s)U(a, \Lambda)U(I_s)^{-1}U(I_s a, I_s^{-1}\Lambda I_s)^{-1}\Phi).$$

---

[33]译者注: 英文版原书此处为 $U\Psi_0 = \mathrm{e}^{\mathrm{i}\alpha}\Psi_0$, 为了避免歧义且与前后文一致, 此处将 "$(I_s)$" 补明.

利用 (3.58) 和 (3.4) 式, 将 φ 移至最右侧, 我们得以将上式变为[34]

$$(\Psi, U(I_s)U(a,\Lambda)U(I_s)^{-1}U(I_sa, I_s^{-1}\Lambda I_s)^{-1}\,\varphi(x)\Phi).$$

提前利用后文定理 4.5 的结果, 我们可以假定 φ 是不可约的, 因此

$$U(I_s)U(a,\Lambda)U(I_s)^{-1}U(I_sa, I_s^{-1}\Lambda I_s)^{-1} = \omega\mathbf{1}, \tag{3.60}$$

这里 $|\omega| = 1$[35]. 将 (3.60) 式两边作用在真空上, 由于 $U(a,\Lambda)\Psi_0 = \Psi_0$, 我们发现对于任意的 a, Λ, 都有[36]

$$U(I_sa, I_s^{-1}\Lambda I_s)U(I_s)\,\Psi_0 = \omega^{-1}U(I_s)\,\Psi_0. \tag{3.61}$$

由于真空 Ψ_0 是唯一在所有 $U(a,\Lambda)$ 下不变的态,

$$U(I_s)\,\Psi_0 = e^{i\alpha}\,\Psi_0.$$

代入 (3.61) 式, 我们发现 $\omega = 1$, (3.59) 式得证.

　　最后, 为了证明 $U(I_s)$ 在确定相因子后被唯一确定, 假定 $U(I_s)\Psi_0 = \Psi_0$, 则对

---

[34]译者注: 这是因为

$$(\Psi, \varphi(x)U(I_s)U(a,\Lambda)U(I_s)^{-1}U(I_sa, I_s^{-1}\Lambda I_s)^{-1}\Phi)$$
$$= (\Psi, U(I_s)\,U(I_s)^{-1}\varphi(I_s(I_s^{-1}x))U(I_s)\,U(a,\Lambda)U(I_s)^{-1}U(I_sa, I_s^{-1}\Lambda I_s)^{-1}\Phi)$$
$$= (\Psi, U(I_s)\varphi(I_s^{-1}x)\,U(a,\Lambda)U(I_s)^{-1}U(I_sa, I_s^{-1}\Lambda I_s)^{-1}\Phi)$$
$$= (\Psi, U(I_s)\,U(a,\Lambda)U(a,\Lambda)^{-1}\varphi(I_s^{-1}x)\,U(a,\Lambda)U(I_s)^{-1}U(I_sa, I_s^{-1}\Lambda I_s)^{-1}\Phi)$$
$$= (\Psi, U(I_s)\,U(a,\Lambda)\varphi(\Lambda^{-1}(I_s^{-1}x - a))\,U(I_s)^{-1}U(I_sa, I_s^{-1}\Lambda I_s)^{-1}\Phi)$$
$$= (\Psi, U(I_s)U(a,\Lambda)U(I_s)^{-1}\,U(I_s)\varphi(\Lambda^{-1}(I_s^{-1}x - a))\,U(I_s)^{-1}\,U(I_sa, I_s^{-1}\Lambda I_s)^{-1}\Phi)$$
$$= (\Psi, U(I_s)U(a,\Lambda)U(I_s)^{-1}\,\varphi(I_s\Lambda^{-1}(I_s^{-1}x - a))\,U(I_sa, I_s^{-1}\Lambda I_s)^{-1}\Phi)$$
$$= (\Psi, U(I_s)U(a,\Lambda)U(I_s)^{-1}U(I_sa, I_s^{-1}\Lambda I_s)^{-1}U(I_sa, I_s^{-1}\Lambda I_s)\varphi(I_s\Lambda^{-1}(I_s^{-1}x - a))$$
$$U(I_sa, I_s^{-1}\Lambda I_s)^{-1}\Phi)$$
$$= (\Psi, U(I_s)U(a,\Lambda)U(I_s)^{-1}U(I_sa, I_s^{-1}\Lambda I_s)^{-1}\,\varphi(I_s^{-1}\Lambda I_s I_s\Lambda^{-1}(I_s^{-1}x - a) + I_sa)\Phi)$$
$$= (\Psi, U(I_s)U(a,\Lambda)U(I_s)^{-1}U(I_sa, I_s^{-1}\Lambda I_s)^{-1}\,\varphi(x)\Phi).$$

[35]译者注: 由 φ 的不可约性只能得到上述等式左侧正比于单位算子, 比例系数 $|\omega| = 1$ 的结果源自左式各算子的幺正性.

[36]译者注: 注意, 这里并没有利用 $U(I_s)$ 或任何不属于 $\mathscr{P}_+^\uparrow$ 的时空变换作用在真空态上的性质, 因为理论中并没有对它们做出指定. 当然, 正如接下来证明中也用到的, $U(I_sa, I_s^{-1}\Lambda I_s) \in \mathscr{P}_+^\uparrow$.

于形如 $\Psi = \varphi(f_1) \cdots \varphi(f_n) \Psi_0$ 的态, 我们有[32]

$$U(I_s)\Psi = U(I_s)\varphi(f_1)U(I_s)^{-1} U(I_s)\varphi(f_2)U(I_s)^{-1} \cdots U(I_s)\varphi(f_n)U(I_s)^{-1} U(I_s)\Psi_0$$
$$= \varphi(\hat{f}_1) \cdots \varphi(\hat{f}_n)\Psi_0 \in D,$$

其中 $\hat{f}_i(x) = f_i(I_s x)$. 因此算子 $U(I_s)$ 能够被唯一地连续线性扩张到整个 $\mathscr{H}$, 并且这一扩张同样满足 (3.59) 式. ∎

同样地, 对于 $U(C)$ 和 $U(I_t)$ 的要求 (1.52) 式保证了 $U(C)\Psi_0 = \mathrm{e}^{\mathrm{i}\alpha_C}\Psi_0$ 和 $U(I_t)\Psi_0 = \mathrm{e}^{\mathrm{i}\alpha_t}\Psi_0$, 并且有 "群" 性质

$$U(I_t)U(a,\Lambda)U(I_t)^{-1} = U(I_t a, I_t^{-1}\Lambda I_t), \tag{3.62}$$

$$U(C)U(a,\Lambda)U(C)^{-1} = U(a,\Lambda). \tag{3.63}$$

(3.59), (3.62) 和 (3.63) 式以及 Ψ_0 不变性, 使得算子 $U(I_s)$, $U(I_t)$ 和 $U(C)$ 具备了被诠释为 P, T 和 C 对应的对称性变换的合适的性质.

这里标准的约定, 是利用 $U(I_s)$, $U(I_t)$ 和 $U(C)$ 的定义中相因子的任意性, 选取合适的相因子使得

$$U(I_s)\Psi_0 = \Psi_0, \qquad U(I_t)\Psi_0 = \Psi_0, \qquad U(C)\Psi_0 = \Psi_0. \tag{3.64}$$

于是, 定理 3.8 的结果可以被总结为: 场论中的场在 $U(I_s)$, $U(I_t)$ 或 $U(C)$ 下的确定变换律, 唯一决定了这些算子.

因此, 在场论中, 确定一个给定的对称性是否是 P, T 或 C 操作的合理表达的问题, 就被转化为理解场在相应操作下的变化律的物理内容的问题. 这是一个比较复杂的问题, 此处无法探讨它的所有细节. 我们将满足于对这一问题做若干评述.

对于可观测的场, 它在 P, C 或 T 下的变换律是可观测量的直接后果, 因而不具有任何歧义. 比如, 在中性 π 介子理论中, 与赝标量 π^0 介子适配的变换律 $\varphi(x) \to -\varphi(I_s x)$, 物理上不同于 $\varphi(x) \to \varphi(I_s x)$, 后者描述的是标量 π^0 介子. 另一方面, 对于不可观测的场, 给定变换律假设的物理结果只能通过间接手段确定, 对理论中超选择定则的分析, 在判断不同的变换律假设是否真的会给出物理上不同的理论时, 往往是不可或缺的. 比如, 对于一个单一的自旋 $\frac{1}{2}$ 的场 ψ, 在 P, C 和 T 的定义式 (1.45) 中的相因子的选择, 是相当任意的, 一如在高自旋推广中的情形. $\psi(x) \to \gamma^0\psi(I_s x)$ 在定义宇称变换的意义上, 和 $\psi(x) \to -\gamma^0\psi(I_s x)$ 并无优劣之分.

---

[32]译者注: 英文版原书下式等号右侧的 $U(I_s)$ 均被简写为 U, 为了避免歧义且与前后文一致, 此处将 "(I_s)" 补明. 读者应能认识到, 第二行等式的根据 (3.58), 并不在几条公理中, 因而需要作为条件单独给出.

如果 $U(I_s)$ 是给出第一种约定的变换, 则若 R 是绕某轴转动 2π 的算子, $RU(I_s)$ 将导致第二种约定, 因为 R 作用在具有整数自旋的态上给出 1, 作用在半奇数自旋的态上给出 -1. 一般而言, 如果存在一个算子 V, 使得同一个对称性算子的两个不同的选取 U 和 U' 满足 $U = VU'$, 且对于所有物理上可能实现的态 Ψ, Φ 都有 $|(V\Psi, \Phi)|^2 = |(\Psi, \Phi)|^2$, 则这两个不同的选取是物理等价的.

　　$U(I_s)$ 变换律中的相因子也可能具有物理后果, 作为一个简单的例子, 我们考虑两个满足反对易关系的自旋为二分之一的场 ψ_1 和 ψ_2. 假设在空间反射操作下, $\psi_1(x) \to \varepsilon_1 \gamma^0 \psi_1(I_s x)$, $\psi_2(x) \to \varepsilon_2 \gamma^0 \psi_2(I_s x)$. 利用前文提到的变换 R, 可以得到新的场 ψ_1', ψ_2', 其空间反射变换规则中的 $(\varepsilon_1, \varepsilon_2)$ 被 $(-\varepsilon_1, -\varepsilon_2)$ 替代. 然而 $(\varepsilon_1, \varepsilon_2) = (1, +1), (1, -1), (1, i)$ 的理论彼此都是物理上可以区分的. 比如, $\psi_1^+(x_1)\psi_2(y) + \psi_2^+(y)\psi_1(x)$ 是前两个理论的潜在可观测量, 在第一个理论中是标量, 在第二个理论中是赝标量, 但是对于第三个理论, 它不具有良定义的变换规律. 第三个理论是有趣的, 因为在该理论中 $U(I_s)^2$ 与 $\psi_2(x)$ 对易, 而与 $\psi_1(x)$ 反对易. 这意味着理论中存在一个超选择定则, 它将形如 $P(\psi_1(f), \psi_2(g), \cdots)\Psi_0$ 的态拣选出来张成一个子空间 $\mathscr{H}_1$, 其中多项式 P 关于 ψ_1 是奇次的, 并将之区别于由 ψ_1 的偶次多项式 P 构造出的态张成的 $\mathscr{H}_2$. 为了说明这一点, 注意到物理上可能实现的态 Ψ 在空间反射算子作用两次后一定保持不变, 所以如果 Ψ 是射线 $\boldsymbol{\Psi}$ 中的一个矢量, $U(I_s)^2 \Psi$ 也一定是该射线中的矢量. 现在 $U(I_2)^2$ 在 $\mathscr{H}_1$ 上为 -1, 在 $\mathscr{H}_2$ 上为 $+1$, 于是如果 $\alpha\beta \neq 0$, $\Psi_1 \in \mathscr{H}_1$, $\Psi_2 \in \mathscr{H}_2$, 则形如 $\alpha\Psi_1 + \beta\Psi_2$ 的态在物理上无法实现. 更一般地, 如果 $U(I_s), U(C)$ 或 $U(I_t)$ 被解释为 P, C 或 T 变换对应的算子, 则 $U(I_s)^2, U(I_t)^2$, $U(C)^2, U(I_s)U(C)U(I_s)U(C)$ 等组合中的任意一个, 在每个相干子空间上都必须等于某常数乘以恒等变换 (物理上可实现的态和相干子空间的定义参见 1.1 节). 这一结论在实践中的意义在于, 对于 $U(I_s), U(I_c)$ 或 $U(C)$ 的特定相位选取, 如果理论的 P, C 或 T 不变性没有借此强加更多的超选择定则, 那么这些理论在这个意义上是更一般的. 1.3 节中的特定选择就是基于这一原则.

　　反射变换的不同相因子约定物理等价的一个普遍的场合, 是存在可乘性对称性 (multiplicative symmetry) 的理论. 这些理论中包含一个幺正算子 V, 使得对于某些绝对值为 1 的复数, 有

$$V\psi_j(x)V^{-1} = \lambda_j \psi_j(x). \tag{3.65}$$

前文中出现的 R 就是可乘性对称性的一个例子, 对于整数自旋的场 $\lambda_j = +1$, 对于半奇数自旋的场为 -1. 利用与定理 3.8 证明中类似的论证, 人们可以得知 V 与 $U(a, \Lambda)$ 对易, 且保持真空态不变. 因此

$$
\begin{aligned}
(\Psi_0, \psi_1(x_1) \cdots \Psi_0) &= (V\Psi_0, V\psi_1(x) \cdots \Psi_0) \\
&= \lambda_1^{k_1} \lambda_2^{k_2} \cdots (\Psi_0, \psi_1(x_1) \cdots \Psi_0),
\end{aligned}
$$

其中 k_j 是该真空期望值中 ψ_j 出现的次数. 显然, $\lambda_1^{k_1}\lambda_2^{k_2}\cdots \neq 1$ 推出相应的真空期望值为零. 这一为零的真空期望值意味着理论中存在特定的选择定则. 在这样的理论中, 空间反射算子的特定相位角选取 $U(I_s)$, 物理等价于相位角选取 $VU(I_s)$.

对于场在对称性下的变换律, 为使它们的物理诠释是完备的, 还需要一个根本的性质, 那就是与碰撞理论的联系. Haag-Ruelle 理论的一个直接的运用表明, 场在 P, C 或 T 下的变换律决定了与之对应的入态场和出态场的变换律. 比如, 如果理论中存在一个标量粒子, 则与之相应的渐近场满足

$$U(I_s)\varphi^{\mathrm{in}}(x)U(I_s)^{-1} = \varphi^{\mathrm{in}}(I_s x),$$
$$U(C)\varphi^{\mathrm{in}}(x)U(C)^{-1} = \varphi^{\mathrm{in}*}(x),$$
$$U(I_t)\varphi^{\mathrm{in}}(x)U(I_t)^{-1} = \varphi^{\mathrm{out}}(I_t x),$$

以及将其中的 φ^{in} 和 φ^{out} 互相替换为对方得到的相应方程. 如果理论中存在更高自旋的粒子, 其协变性质被在真空态和包含一个该粒子的态之间给出非零矩阵元的那些由基本场构成的单项式决定. (1.45) 式中的算子 $U(I_s)$ 被规定为使得入态粒子的动量反向. 依据对宇称算子的物理要求 [即它不依赖于时间, 参见 (1.3) 式后面的说明], 相同的算子在入态和出态粒子上具有相同的作用. 同样的, $U(C)$ 将粒子变为其反粒子. 作为结论, 如果 $U(I_s), U(C)$ 定义了对称性, 它们与 S 算子对易, 给出一个守恒律 (conservation law): 如果 Ψ^{in} 是 $U(I_s)$ 的一个本征态, 则 $\Psi^{\mathrm{out}} = S\Psi^{\mathrm{in}}$ 也是, 并且具有相同的本征值. I_t 不变性的情况略为复杂, 因为 $U(I_t)$ 将入态变为出态, 并且反转动量和自旋方向, 它给出的是 S 矩阵元的现实性条件.

接下来, 我们将重构定理 (定理 3.7) 的证明推广到给出类似 (3.38) 和 (3.39) 式的具有离散对称性的理论. 相应 $U(C)$ 和 Θ 的构造, 与定理 3.7 中 $U(a, \Lambda)$ 的构造过程类似. 我们在这里, 满足于仅讨论 PCT 算子. 如果对于 P, C 和 T 分别给出 $\mathscr{W}$ 之间的进一步的等式, 诸如 C 变换的 (3.38) 式, 我们可以类似地证明相应算子的存在性.

定理 3.9 考虑包含场 $\varphi_{(\alpha)(\dot\beta)}, \cdots, \psi_{(\mu)(\dot\nu)}$ 的场论, 其中 $(\alpha), \cdots, (\mu)$ 代表不带点的指标集合, $(\dot\beta), \cdots, (\dot\nu)$ 代表带点的指标集合. 假设 (3.39) 式对场的所有真空期望值都成立, 即

$$(\Psi_0, \varphi_{(\alpha)(\dot\beta)}(x_1)\cdots\psi_{(\mu)(\dot\nu)}(x_n)\Psi_0)$$
$$= \mathrm{i}^F(-1)^J\overline{(\Psi_0, \varphi^*_{(\alpha)(\dot\beta)}(-x_1)\cdots\psi^*_{(\mu)(\dot\nu)}(-x_n)\Psi_0)}, \tag{3.66}$$

其中 F 是半奇数自旋的场的数目, J 是 $(\alpha), \cdots, (\nu)$ 中不带点的指标的总数, 则 $\mathscr{H}$ 中存在唯一的 (确定到相差一个相因子) 反幺正算子 Θ, 使得对于理论中的任意场

都有

$$\Theta^{-1}\varphi_{(\alpha)(\dot\beta)}(f)\Theta = (-1)^j \mathrm{i}^{F^{(\varphi)}}\varphi^*_{(\alpha)(\dot\beta)}(\hat f), \tag{3.67}$$

其中

$$\hat f(x) = \bar f(-x), \quad (\alpha) = (\alpha_1 \cdots \alpha_j), \quad (\dot\beta) = (\dot\beta_1 \cdots \dot\beta_k),$$

且

$$F^{(\varphi)} = 0, \quad 若 j+k 为偶数,$$
$$= 1, \quad 若 j+k 为奇数.$$

证明　我们可以定义

$$\Theta\varphi_{(\alpha)(\dot\beta)}(f_1)\cdots\psi_{(\mu)(\dot\nu)}(f_n)\Psi_0 = \Theta\varphi_{(\alpha)(\dot\beta)}(f_1)\Theta^{-1}\Theta\cdots\Theta\psi_{(\mu)(\dot\nu)}(f_n)\Theta^{-1}\Theta\Psi_0$$
$$= (-\mathrm{i})^F(-1)^J\varphi^*_{(\alpha)(\dot\beta)}(\hat f_1)\cdots\psi^*_{(\mu)(\dot\nu)}(\hat f_n)\Psi_0 \in H.$$

此方程可以反线性地扩张到整个空间 H (定义参见 3.4 节). 如此定义的 Θ, 利用 (3.66) 式可知是反幺正的, 即

$$(\Theta f, \Theta g) = \overline{(f,g)}$$

对于任意检验函数的有限序列 $f = (f_0, f_1, \cdots), g = (g_0, g_1, \cdots)$ 均成立. 实际上 Θ 定义了通过将 H 中相差零范数矢量的矢量归为等价类所得到的商空间 H/H_0 (参见 3.4 节) 上的一个映射. 因为 $f \sim g$ 当且仅当 $\|f - g\| = 0$. 这意味着真空期望值经过 f 和 g 均匀化后的特定和为零. 我们可以利用 (3.66) 式将这些真空期望值替换为经过 PCT 变换的真空期望值. 新的方程恰好给出 $\|\Theta f - \Theta g\| = 0$, 亦即 $\Theta f \sim \Theta g$. 因此 Θ 定义了 H/H_0 上的一个反幺正算子, 即 $\mathscr{H}$ 一个子集上的反幺正算子. 由连续性它可以被扩张到整个 $\mathscr{H}$ 上, 并且根据定义, 这一扩张后得到的算子也是反幺正的. ∎

定理 3.9 说明, 一个场论中存在 PCT 对称性, 与 (3.66) 式的成立是等价的. 在下一章中, (3.66) 式将被证明对于所有的局域场论都是成立的. 显然, 这是一个非常重要的结果.

参 考 文 献

3.1 节中给出的公理源于 Gårding 和 Wightman 的工作:

1. A. S. Wightman, *Les Problèmes mathématiques de la théorie quantique des champs*, pp. 11–19, Centre National de la Recherche Scientifique, Paris, 1959.

2. A. S. Wightman and L. Gårding, "Fields as Operator-Valued Distributions in Quantum Field Theory", *Ark. Fys.*, **28**, 129 (1964).

量子场论中各公理的独立性的研究, 参见如下文献:

3. R. Haag and B. Schroer, "The Postulates of Quantum Field Theory", *J. Math. Phys.*, **3**, 248 (1962).

一般自由场的引入由 O. W. Greenberg 完成, 如

4. O. W. Greenberg, "Generalized Free Fields and Models of Local Field Theory", *Ann. Phys.*, **16**, 158 (1961).

3.1 节中提到的 D. Ruelle 在碰撞理论方面的奠基性工作是

5. D. Ruelle, "On the Asymptotic Condition in Quantum Field Theory", *Helv. Phys. Acta*, **35**, 34 (1962). 在这里, 读者可以在参考文献中找到 Haag 和其他研究者对于这种形式的碰撞理论的更早的基础性工作. 这篇文献同时也给出了本书中用到的不可约性的定义 (3.8).

我们对于真空期望值的处理, 遵循

6. A. S. Wightman, "Quantum Field Theory in Terms of Vacuum Expectation Values", *Phys. Rev.*, **101**, 860 (1956).

集团分解性质与真空态唯一性之间的重要关系, 可以参见

7. K. Hepp, R. Jost, D. Ruelle, and O. Steinmann, "Necessary Condition on Wightman Functions", *Helv. Phys. Acta*, **34**, 542 (1961).

8. H. J. Borchers, "On the Structure of the Algebra of Field Observables", *Nuovo Cimento*, **24**, 214 (1962).

集团分解定理本身包含很多变种. D. Ruelle 的文章, 即文献 5 就给出了一种, 可能是最精练的一种. 其他的变种, 可以参考如下文献, 在它们的引文中可以找到更早期的文章:

9. H. Araki, "On the Asymptotic Behavior of Vacuum Expectation Values at Large Spacelike Separations", *Ann. Phys.*, **11**, 260 (1960).

10. R. Jost and K. Hepp, "Über die Matrixelemente des Translations Operators", *Helv. Phys. Acta*, **35**, 34 (1962).

11. H. Araki, K. Hepp, and D. Ruelle, "On the Asymptotic Behavior of Wightman Functions in Space-like Directions", *Helv. Phys. Acta*, **35**, 164 (1962).

其中最后一篇文献包含了对于没有质量间隙的情况的详细讨论.

关于真空期望值的全纯域的综述工作, 参见

12. A. O. G. Källén, "Properties of Vacuum Expectation Values of Field Operators",

pp. 389–447 in *Dispersion Relations and Elementary Particles*, Wiley, New York, 1960.

13. A. S. Wightman, "Quantum Field Theory and Analytic Functions of Several Complex Variables", *Proc. Indian Math. Soc.*, **24**, 625 (1960).

3.4 节中重构定理的证明, 与原始证明相比 (前述文献 6), 更接近下面这个版本:

14. W. Schmidt and K. Baumann, "Quantentheorie der Felder als Distributionstheorie", *Nuovo Cimento*, **4**, 860 (1956).

近期发展的概况, 包括 Haag-Ruelle 理论, 可以在如下文献中找到:

15. A. S. Wightman, "Recent Achievements of Axiomatic Field Theory", *Proceedings of the Summer Seminar of IAEA*, Trieste, 1962. 出版成书: *Theoretical Physics*, IAEA, Vienna, 1963.

非线性程式最为系统性的方法, 由 K. Symanzik 给出, 并在下列文献中予以总结:

16. K. Symanzik, "Green's Functions and the Quantum Theory of Fields", *Lectures in Theoretical Physics Ⅲ*, Boulder, 1960, pp. 490–531, Interscience, New York, 1961.

场在反射变换下的相因子的效应的详细研究, 参见

17. G. Feinberg and S. Weinberg, "On the Phase Factors in Inversions", *Nuovo Cimento*, **14**, 571 (1959).

第四章　相对论性量子场论中的一些一般性的定理

他买了一张描绘大海的巨大地图,

图上没有丝毫与陆地有关的内容,

当海员们发现这是一张他们全都能看懂的地图时,

他们非常开心.

———Lewis Carroll

《蛇鲨之猎》第二部分

在前一章中, 我们明确了相对论性量子场论的定义, 给出了一些用来分析它的结构的工具. 在本章中, 它们会被用来建立相对论性量子场论的一系列一般性的性质.

4.1　局域对易性的全局本质

局域对易性断言, 对于所有类空的 $x - y$, 对易子或反对易子 $[\varphi(x), \psi(y)]_\pm$ 为零. 一个看上去弱一些的假设, 是要求这一条件在略小一些的区域 $(x - y)^2 < -a < 0$ 中成立. 定理 4.1 指出, 这个看上去弱一些的假设事实上并不弱, 因为局域对易性可以由之推出.

我们对单一厄米标量场和对易子的情况证明这一定理. 对于包含任意场和反对易子或对易子的情况的证明, 只需要附加一些必需的步骤并改变部分符号即可, 我们将此作为作业留给读者.

定理 4.1　设 φ 为满足公理 I 和 II 的厄米标量场, 而公理 III 的条件被如下性质取代: 当 x 和 y 在某些类空间隔的开集中取值时,

$$[\varphi(x), \varphi(y)]_- = 0. \tag{4.1}$$

假如真空关于 φ 是循环的, 则 φ 是局域的, 即 (4.1) 式对于任何类空间隔的 x 和 y 都成立.

注 1. 根据场的变换律, 我们有

$$U(a, \Lambda)[\varphi(x), \varphi(y)]_{\pm} U(a, \Lambda)^{-1} = [\varphi(\Lambda x + a), \varphi(\Lambda y + a)]_{\pm},$$

因而由 (4.1) 式在点 $\{x, y\}$ 的某邻域中为零, 可知它在 $\{\Lambda x + a, \Lambda y + a\}$ 的某邻域中亦为零. 因此, 本定理的假设直接导出对于 $(x - y)^2$ 包含于负实轴上某开集中的所有 $\{x, y\}$, 对易子恒为零.

2. 对易子为零的断言, 意为该算子在 φ 的定义域 D 上为零.

证明 考虑两个分布 F_1 和 F_2, 其中 F_1 定义为

$$F_1(x_1 - x_2, x_2 - x_3, \cdots, x_{j-1} - x_j, x_j - x, x - y, y - y_1, y_1 - y_2, \cdots, y_{k-1} - y_k)$$
$$= (\Psi_0, \varphi(x_1) \cdots \varphi(x_j) \varphi(x) \varphi(y) \varphi(y_1) \cdots \varphi(y_k) \Psi_0), \tag{4.2}$$

F_2 由对其交换 x 和 y 得到. 它们分别是全纯函数 F_1 和 F_2 的边界值. F_1 是扩张管状域 $\mathscr{T}'_{j+k+1}$ 中如下变量的全纯函数:

$$x_1 - x_2 - \mathrm{i}\eta_1, \cdots, x_{j-1} - x_j - \mathrm{i}\eta_{j-1}, x_j - x - \mathrm{i}\eta, x - y - \mathrm{i}\eta',$$
$$y - y_1 - \mathrm{i}\eta'', y_1 - y_2 - \mathrm{i}\rho_1, \cdots, y_{k-1} - y_k - \mathrm{i}\rho_{k-1}. \tag{4.3}$$

为了得到 F_1 的边界值, 人们需要令 $\eta_1, \cdots, \eta_{j-1}, \eta, \eta', \eta'', \rho_1, \cdots, \rho_{k-1}$ 在 V_+ 中趋于 0. 对于 F_2, 只需要交换 x 与 y 的位置, 上述结论完全成立. 然而, 如果我们希望将 F_2 视为变量 (4.3) 的函数, 则这些变量必须位于置换的扩张管状域 $\mathscr{P}\mathscr{T}'_{j+k+1}$ 中, 其中 $\mathscr{P}$ 是将 (4.3) 式变为

$$x_1 - x_2 - \mathrm{i}\eta_1, \cdots, x_{j-1} - x_j - \mathrm{i}\eta_{j-1}, (x_j - x - \mathrm{i}\eta) + (x - y - \mathrm{i}\eta'),$$
$$-(x - y - \mathrm{i}\eta'), (x - y - \mathrm{i}\eta') + (y - y_1 - \mathrm{i}\eta''),$$
$$y_1 - y_2 - \mathrm{i}\rho_1, \cdots, y_{k-1} - y_k - \mathrm{i}\rho_{k-1} \tag{4.4}$$

的置换①. 第二种看待 F_2 的观点, 在后面的证明中起着至关重要的作用.

接下来, 根据 2.4 节末尾的讨论, 我们知道 $\mathscr{T}'_{j+k+1}$ 与 $\mathscr{P}\mathscr{T}'_{j+k+1}$ 具有公共的实点, 并且, 这个公共实点集实际上是 $x - y$ 落在类空矢量给定邻域的实点构成的开

---

①译者注: 对比第二章 2.4 节的 (2.93) 式容易发现, 只要在后三式中令 $\zeta_{j-1} = x_j - x - \mathrm{i}\eta$, $\zeta_j = x - y - \mathrm{i}\eta'$ 和 $\zeta_{j+1} = y - y_1 - \mathrm{i}\eta''$ 即可得到 (4.4) 式. 我们知道, 当 (4.4) 式的变量落在扩张管状域中时, F_2 是全纯的, 因此如果以 (4.3) 式的变量如 (4.4) 式的方式表示 F_2, 使 (4.4) 式落在扩张管状域中的 (4.3) 式这些复变量不一定在扩张管状域中.

集②. 在这样的邻域中 $\boldsymbol{F}_1 = \boldsymbol{F}_1$ 且 $\boldsymbol{F}_2 = \boldsymbol{F}_2$. 因此, 定理的假设推出 $\boldsymbol{F}_1 = \boldsymbol{F}_2$ 在实开集 $\mathscr{U}$ 中成立, 因而在一个复开集中也成立.

如果我们由此草率地前进一步, 会做出如下推论: 通过解析延拓, $\boldsymbol{F}_1$ 和 $\boldsymbol{F}_2$ 的相等在整个 $\mathscr{T}'_{j+k+1} \cup \mathscr{P}\mathscr{T}'_{j+k+1}$ 中都成立. 进而我们可以推广到边界值, 并得到对于所有类空的 $x - y$ 都有 $\boldsymbol{F}_1 = \boldsymbol{F}_2$. 这一推导是不正确的, 原因有二. 首先, 虽然我们知道 $\boldsymbol{F}_1$ 在 $\mathscr{T}'_{j+k+1}$ 中是单值的, $\boldsymbol{F}_2$ 在 $\mathscr{P}\mathscr{T}'_{j+k+1}$ 中是单值的, 但是我们至此并没有证明它们在 $\mathscr{T}'_{j+k+1} \cup \mathscr{P}\mathscr{T}'_{j+k+1}$ 中都是单值的. 其次, 如果在等式

$$\boldsymbol{F}_1(\zeta_1, \cdots, \zeta_{j+k+1}) = \boldsymbol{F}_2(\zeta_1, \cdots, \zeta_{j-2}, \zeta_{j-1} + \zeta_j, -\zeta_j, \zeta_j + \zeta_{j+1}, \cdots, \zeta_{j+k+1}) \quad (4.5)$$

中, 我们趋近 $\mathscr{T}_{j+k+1}$ 的边界, 则 $\zeta_1, \cdots, \zeta_{j+k+1}$ 的虚部必须落在使 $\boldsymbol{F}_1 \to \boldsymbol{F}_1$ 的正确的锥中, 于是等式右侧无法趋向 $\mathscr{T}_{j+k+1}$ 的边界③, 因而我们无法确定是否有 $\boldsymbol{F}_2 \to \boldsymbol{F}_2$. 我们将通过更为仔细的分析绕过这些问题. 文献 1 中给出了一个与这里给出的处理不同的方法, 该方法没有使用楔边定理.

继续定理的证明. 根据第一条说明, 我们可以假定 $\mathscr{U}$ 对于 $x - y$ 的依赖仅限于 $(x - y)^2$. 我们可以沿着如下形式的点给出的路径对等式 $\boldsymbol{F}_1 = \boldsymbol{F}_2$ 进行延拓:

$$\rho(x_1 - x_2), \cdots, \rho(x_{j-1} - x_j), \ \rho(x_j - x), \ \rho(x - y), \ \rho(y - y_1),$$
$$\rho(y_1 - y_2), \cdots, \rho(y_{k-1} - y_k), \quad \rho > 0, \quad (4.6)$$

其中 $\rho = 1$ 的点落在前面定义的邻域 $\mathscr{U}$ 中. 容易看出, 如果 $\rho = 1$ 的点落在扩张管状域 $\mathscr{T}'_{j+k+1}$ 和 $\mathscr{P}\mathscr{T}'_{j+k+1}$ 的公共 Jost 点集中, 则这条曲线就完全落在这个公共 Jost 点集中④. 明显地, 我们可以将矢量 $x - y$ 另选为具有任意负 $\xi^2 = \rho^2(x - y)^2$

---

②译者注: 根据管状域和扩张管状域的定义, 显然在管状域内部不存在实点, 这些实点只存在于扩张管状域内. 2.4 节的定理 2.12 告诉我们, 这些实点 (Jost 点) 满足对于任意的 $\lambda_j \geqslant 0$ 和 $\sum_j \lambda_j > 0$, 都有 $\sum_j \lambda_j \zeta_j$ 类空, 也就是一个类空的开凸 $(j+k+1)$- 棱锥. 因此 $x - y$ 作为实点的一个变量, 必须是实类空的, 由于 Jost 点构成开集, 定理的前提要求当 $x - y$ 在一个类空矢量的类空开邻域内时有 $\boldsymbol{F}_1 = \boldsymbol{F}_2$, 显然它也是 $\mathbf{R}^{4(j+k+1)}$ 的一个实类空 (所有变量均类空且为实点) 开邻域. 因而当 $x - y$ 在某一类空矢量的开邻域内时, Jost 点满足 $\boldsymbol{F}_1 = \boldsymbol{F}_2$. 读者不应将其与 $\boldsymbol{F}_1$ 和 $\boldsymbol{F}_2$ 本身的定义域混淆, 那里的 "实" 点是作为管状域的边界出现的, 并不在管状域, 也不一定在扩张管状域 (只要某些四矢量变量不类空) 中. 仅仅在 Jost 点上相等, 并不能直接导出 $\boldsymbol{F}_1 = \boldsymbol{F}_2$. 尽管在实环境中的取值相等决定了 $\boldsymbol{F}_1$ 和 $\boldsymbol{F}_2$ 在共同解析的一个复邻域中相等, 一般的非 Jost 点的结果并不能由此向非公共实环境做解析延拓直接得到.

③译者注: 注意, 这里考虑的是管状域而非扩张管状域, 因此 $-\zeta_j$ 的虚部必须落在未来光锥内部, 这意味着 ζ_j 的虚部位于过去光锥的内部, 不可能位于未来光锥的内部, 而等式右侧趋向管状域的条件中包含 ζ_j 的虚部必须落在未来光锥的内部, 因而是无法实现的.

④译者注: 这一点由 2.4 节定理 2.12 很容易得到. 由于延拓一直在共同解析的 Jost 点集中进行, 自然是良定义的, 并且等式 $\boldsymbol{F}_1 = \boldsymbol{F}_2$ 一直成立.

的点, 此时相应地有开集 $\mathscr{U}$ 被变换为另一个开集 $\rho\mathscr{U}$. 因此如果 $(x-y)^2 < 0$,

$$F_1 = F_2$$

在开集 $\rho\mathscr{U}$ 上成立 (显然, 这一论断绕开了前面提到的第一个陷阱, 即 F_1 和 F_2 在 $\mathscr{T}'_{j+k+1} \cup \mathscr{P}\mathscr{T}'_{j+k+1}$ 中的潜在多值性).

　　定理证明的最后一步在于说明, 如果 $F_1 = F_2$ 在 $(x-y)^2 < 0$ 和所有的变量都落在 $\rho\mathscr{U}$ 中时成立, 则它对于所有的 $x_1, \cdots, x_j, y_1, \cdots, y_k$ 和所有类空的 $x-y$ 都成立. 为了说明这一点, 我们引入两个新的缓增分布 f_1 和 f_2. 给定 $(x'-y')$ 满足 $(x'-y')^2 < 0$, $\rho\mathscr{U}$ 是与之相应的开集. 等式

$$f_1(x_1 - x_2, \cdots, x_{j-1} - x_j, x_j, -y_1, y_1 - y_2, \cdots, y_{k-1} - y_k)$$
$$= \int h(x, y)\, \mathrm{d}x\, \mathrm{d}y (\Psi_0, \varphi(x_1)\cdots\varphi(x_j)\varphi(x)\varphi(y)\varphi(y_1)\cdots\varphi(y_k)\Psi_0) \qquad (4.7)$$

定义了 f_1, 而 f_2 的定义与之相似, 只是交换了 $\varphi(x)$ 和 $\varphi(y)$ 的位置. 检验函数 h 具有包含给定点 $x'-y'$ 的紧支集 K. 且支集 K 足够小, 使得对于在 (4.7) 式积分域 K 中的任意矢量 $x-y$, 集合 $\rho\mathscr{U}$ 总包含余下变量 $x_1 - x_2, \cdots, x_{j-1} - x_j, x_j, -y_1, y_1 - y_2, \cdots, y_{k-1} - y_k$ 空间中的一个固定的开集 V[⑤].

　　分布 f_1 和 f_2 分别是全纯函数 $\boldsymbol{f}_1$ 和 $\boldsymbol{f}_2$ 的边界值, 其中当变量 $x_1 - x_2 - \mathrm{i}\eta_1, \cdots, x_{j-1} - x_j - \mathrm{i}\eta_{j-1}, x_j - \mathrm{i}\eta, -y_1 - \mathrm{i}\eta', y_1 - y_2 - \mathrm{i}\rho_1, \cdots, y_{k-1} - y_k - \mathrm{i}\rho_{k-1}$ 在管状域 $\mathscr{T}_{j+k+1}$ 中变化时, $\boldsymbol{f}_1$ 和 $\boldsymbol{f}_2$ 是全纯的. 这一结论基于定理 2.6, 因为只有当其变量取值于物理谱时, f_1 和 f_2 的 Fourier 变换才不为零[⑥]. 接下来我们对 $\boldsymbol{f}_1 - \boldsymbol{f}_2$ 运用定理 2.17. 它在 $\mathscr{T}_{j+k+1}$ 中全纯, 且在一个由实点构成的开集中为零, 因此它恒为零, 进而在边界上的取值 $f_1 - f_2$ 也为零. 由于在支集 K 在 $x'-y'$ 的足够小邻域内这一前提成立时, 检验函数 h 是任意的, 我们可以得出在 $x'-y'$ 的某邻域内都有 $F_1 = F_2$ 这一结论. 因为 $x'-y'$ 是任意类空矢量, 我们推出[⑦], 当 $(x-y)^2 < 0$

---

⑤译者注: 为了直观地理解 K 和 V, 我们首先注意到, 当固定 $x-y$ 这一变量时, $\rho\mathscr{U}$ 被限制在 $\mathbf{R}^{4(j+k+1)}$ 中得到一个 "垂直" $x-y$ 方向的截面, 且是 $\mathbf{R}^{4(j+k)}$ [即 $x_1 - x_2, \cdots, x_{j-1} - x_j, x_j, -y_1, y_1 - y_2, \cdots, y_{k-1} - y_k$ 空间, 注意此处的 x_j 相当于 (4.6) 中的 $x_j - x$] 中的一个开集. 改变 $x-y$, 我们会得到不同的截面, 所有这些截面的交集, 显然是 V 的一个候选者. 然而这一交集很可能为空集, 文中的构造要求 $x-y$ 被限制在 $x'-y'$ 的一个足够小的开邻域 K 内, 使得该交集非空, 因而存在该交集的一个开子集 V, 使得对于任意的 $x-y \in K$, $\rho\mathscr{U}$ 总包含剩余变量空间的开集 V.

⑥译者注: f_1 和 f_2 的 Fourier 变换 T_1 和 T_2 只在物理谱处非零, 因而其 Fourier 逆变换是动量空间上的分布, 即属于 $\mathscr{D}'_p$. 从而由定理 2.6 可知, T_1 和 T_2 的 Laplace 变换 $\mathscr{L}(T_1)$ 和 $\mathscr{L}(T_2)$ 是管状域 $\mathscr{T}_{j+k+1}$ 中的全纯函数, 且被只依赖于实部的多项式控制住. 而这个 Laplace 变换在各变量虚部趋于 0 时的边界值, 正是 f_1 和 f_2.

⑦见 2.1 节.

时, $F_1 = F_2$. 这意味着对任意的 $(x-y)^2 < 0$, $\Psi, \Phi \in D_0$,

$$(\Phi, [\varphi(x), \varphi(y)] \Psi) = 0, \tag{4.8}$$

矢量的定义域通过将均匀化场作用在真空上得到. 因为 D_0 是稠密的 (循环公理), 且标量积是连续的, 我们可以得出, 对于任意的 $\Phi \in D$ 和 $\Psi \in D_0$, (4.8) 式都成立. 利用厄米关系

$$-(\Phi, [\varphi(x), \varphi(y)] \Psi) = ([\varphi(x), \varphi(y)] \Phi, \Psi),$$

我们发现, 如果 $\Phi \in D$, $(x-y)^2 < 0$, 则

$$[\varphi(x), \varphi(y)] \Phi \quad \text{正交于所有的} \quad \Psi \in D_0,$$

因而恒为零. ∎

4.2 开集上多项式代数的性质

量子场论提供了一系列局域可观测量候选者, 即对应于在有限大小的实验室内进行、有限时间内完成的对场进行测量得到的可观测量. 这些可观测量正对应于场算子在具有紧支集的检验函数上均匀化的结果. 本节意在讨论由这些量结合而成的代数的性质. 简单起见, 我们将再次限于讨论厄米标量场.

令 $\mathscr{P}(\mathscr{O})$ 为所有形如

$$c + \sum_{j=1}^{N} \varphi(f_1^{(j)}) \cdots \varphi(f_j^{(j)}) \tag{4.9}$$

的多项式构成的集合, 其中 $f_k^{(j)}$ 为紧支集在时空中的开集 $\mathscr{O}$ 内的检验函数, c 是任意复常数. 显然, 如果 p 和 q 是两个这样的多项式, 则 $p+q$, αp, p^* 和 pq 也都是. 这意味着 $\mathscr{P}(\mathscr{O})$ 是一个 $*$ 代数[⑧], $\mathscr{O}$ 上的多项式代数 (polynomial algebra of $\mathscr{O}$). 下面

[⑧]译者注: 一个环 R 被称为 $*$ 环, 如果其上定义了一个反自同构 $*$, 满足
1. 对任意的 $x, y \in R$, $(x+y)^* = x^* + y^*$;
2. 对任意的 $x, y \in R$, $(xy)^* = y^* x^*$;
3. 对任意的 $x \in R$, $(x^*)^* = x$;
4. 对恒等元 $1 \in R$, $1^* = 1$.

交换 $*$ 环 R 上的结合代数 A 构成一个 $*$ 代数, 如果 A 本身是一个 $*$ 环, 且对于所有的 $r \in R$ 和 $x \in A$, 都有

$$(rx)^* = r^* x^*.$$

以复共轭为 $*$ 运算, 复数域 $\mathbf{C}$ 构成一个 $*$ 环. 文中所述多项式集合 $\mathscr{P}(\mathscr{O})$ 构成 $\mathbf{C}$ 上的一个 $*$ 代数.

的定理是惊人的: 任意开集 $\mathscr{O}$ 上的代数都以 Ψ_0 为循环矢量. 这一定理属于 Reeh 和 Schlieder.

定理 4.2　记 $\mathscr{O}$ 为时空中的开集. 若 Ψ_0 是 $\mathscr{P}(\mathbf{R}^4)$ 的循环矢量, 则它也是 $\mathscr{P}(\mathscr{O})$ 的循环矢量. 也就是说, 如果 $\operatorname{supp} f_j^{(k)} \subset \mathscr{O}$, 形如

$$\sum_{j=0}^{N} \varphi(f_1^{(j)}) \cdots \varphi(f_j^{(j)}) \Psi_0 \tag{4.10}$$

的矢量在 $\mathscr{H}$ 中是稠密的.

证明　假设 Ψ 正交于所有形如 (4.10) 的矢量. 我们将证明 Ψ 也正交于所有均匀化场组成的多项式, 而无须对其中检验函数的支集加以限制. 也就是说, Ψ 正交于 $\mathscr{P}(\mathbf{R}^4)\Psi_0 = D_0$. 这一结果将进一步导致 $\Psi = 0$, 因为根据假设, D_0 张成 Hilbert 空间 $\mathscr{H}$. 证明的方法, 是解析延拓原理的另一个典型的应用.

证明的第一步, 在于说明形式表达式

$$(\Psi, \Psi_0) = \int (\Psi, \varphi(x_1)\varphi(x_2)\cdots\varphi(x_n)\Psi_0) f(x_1, x_2, \cdots, x_n) \mathrm{d}x_1 \cdots \mathrm{d}x_n$$

对于 $\mathscr{S}$ 中的任意检验函数 f 和 $\mathscr{H}$ 中的任意 Ψ 都是有意义的. 证明和 (3.24) 式后面的说明类似. 首先注意到 $(\Psi, \varphi(f_1)\cdots\varphi(f_n)\Psi_0)$ 是检验函数 $f_1, \cdots, f_n$ 的连续多重线性泛函, 利用 Schwartz 核定理, 可以将其扩展为同时关于所有这些变量的一个缓增分布. 因此, 存在缓增分布 F, 其定义为

$$F(-x_1, x_1 - x_2, \cdots, x_{n-1} - x_n) \equiv (\Psi, \varphi(x_1)\cdots\varphi(x_n)\Psi_0).$$

标准化的论证[9]表明, 除非所有的四动量变量都属于物理谱, 否则 F 的 Fourier 变换为零. 这样, 存在一个全纯函数 $\boldsymbol{F}$, 在自变量 $(-x_1) - \mathrm{i}\eta_1, (x_1 - x_2) - \mathrm{i}\eta_2, \cdots, (x_{n-1} - x_n) - \mathrm{i}\eta_n$ 的管状域 $\mathscr{T}_n$ 中全纯, 且当 $\eta_1, \cdots, \eta_n$ 在 $\boldsymbol{V}_+$ 内趋于 0 时, 其边界值为 F. 当 $x_1, \cdots, x_n \in \mathscr{O}$ 时, 在其决定的 $-x_1, x_1 - x_2, \cdots, x_{n-1} - x_n$ 所在的开集中, 该边界值为零. 于是根据定理 2.17, $\boldsymbol{F}$ 为零, 所以其边界值对于所有的 $x_1, \cdots, x_n$ 都为零. 这样就说明了 Ψ 正交于 D_0.　∎

在有界算子的代数理论中, 众所周知的是, $*$ 代数 $\mathscr{P}$ 的一个循环矢量是它换位子集的分离矢量. 这一结论的意思是: 如果矢量 $\mathscr{P}\Psi$ 的集合是稠密的, 则若算子 T 与 $\mathscr{P}$ 中全体算子都对易, 则 $T\Psi = 0$ 推出 $T = 0$ (证明可以参见文献 4). 定理 4.3 是这一结论在我们讨论的问题中的一个类似的结果. 它可以被这样理解: 将一个由场描述的系统从外界的影响中孤立出来是困难的. 如果开集 $\mathscr{O}$ 满足一定的有

---

[9]见 2.6 节.

界条件, 则代数 $\mathscr{P}(\mathcal{O})$ 不包含任何产生或湮灭算子. 为了明确这一有界条件, 考虑与 $\mathcal{O}$ 中任一点都类空的时空点构成的集合. 我们将这些点构成的集合的内部记作 $\mathcal{O}'$, 于是有如下定理.

定理 4.3 若 $\mathcal{O}$ 为时空中的开集, 且 $\mathcal{O}'$ 非空, $T \in \mathscr{P}(\mathcal{O})$, 则

$$T\Psi_0 = 0 \tag{4.11}$$

推出 $T = 0$[⑩].

证明 设 Φ 是 φ 定义域 D 中的矢量. 令 $\Psi = P'\Psi_0$, 其中 $P' \in \mathscr{P}(\mathcal{O}')$, 则对于任意满足 (4.11) 式的 $T \in \mathscr{P}(\mathcal{O})$,

$$(\Psi, T^*\Phi) = (T\Psi, \Phi) = (TP'\Psi_0, \Phi) = (P'T\Psi_0, \Phi) = 0, \tag{4.12}$$

其中最后一步利用了 (4.11) 式. 因为根据定理 4.2, 形如 Ψ 的矢量张成 $\mathscr{H}$, 我们有 $T^*\Phi = 0$. 这也就意味着对于 $\Psi \in D$, 都有 $T\Psi = 0$, 因为 $(T\Psi, \Phi) = (\Psi, T^*\Phi)$, 且 D 是稠密的. ∎

注 1. 对于定理 4.3 而言, 如果将场在类空间隔的对易子为零这一假设替换为反对易子为零, 其结论仍然成立. 这一结果在定理 4.8 的证明中将会用到.

2. 任意有界开集 $\mathcal{O}$ 都具有非空的 $\mathcal{O}'$, 因而本定理对它们都适用.

定理 4.4 也由 Reeh 和 Schlieder 给出, 它表明, 只需要加入一个算子, $\mathscr{P}(\mathcal{O})$ 就会成为不可约的.

定理 4.4 记 E_0 为到真空态上的投影算子, 且真空态根据假设关于场是循环的, 则对于任意的开集 $\mathcal{O}$, 算子集合 $\{E_0, \mathscr{P}(\mathcal{O})\}$ 是不可约的.

证明 回想不可约性的定义 (3.8). 假设对某有界算子 C 和所有的 $\Phi, \Psi \in D_0$, 我们有

$$(\Phi, C\varphi(f)\Psi) = (\varphi(f)^*\Phi, C\Psi), \tag{4.13}$$

其中 supp $f \subset \mathcal{O}$, 并且

$$CE_0 = E_0C, \tag{4.14}$$

则特别地, (4.13) 式对于形如

$$\Psi = p\Psi_0, \quad p \in \mathscr{P}(\mathcal{O}) \tag{4.15}$$

_____

[⑩]译者注: (4.11) 式意味着, 任意的湮灭算子不可能属于满足定理 4.3 条件的时空开集的 $*$ 代数 $\mathscr{P}(\mathcal{O})$. 由于 $\mathscr{P}(\mathcal{O})$ 是 $*$ 代数, 产生算子也不可能在 $\mathscr{P}(\mathcal{O})$ 中.

的态 Ψ 成立, 并且

$$(\Phi, C\Psi) = (\Phi, Cp\Psi_0) = (p^*\Phi, C\Psi_0) = (p^*\Phi, CE_0\Psi_0)$$
$$= (p^*\Phi, E_0C\Psi_0) = (p^*\Phi, \Psi_0)(\Psi_0, C\Psi_0). \tag{4.16}$$

上式的推导用到了 (4.13), (4.14) 式和投影算子 E_0 的定义

$$E_0\Psi = (\Psi_0, \Psi)\Psi_0.$$

(4.16) 式清楚地告诉我们,

$$(\Phi, C\Psi) = c_0(\Phi, \Psi),$$

其中

$$c_0 = (\Psi_0, C\Psi_0).$$

因为有界算子是连续的, 且态 Φ, Ψ 在 $\mathscr{H}$ 中稠密, 所以有 $C = c_0$.   ∎

定理 4.4 说明对于任意的 $\mathscr{O}$, 在 $\mathscr{P}(\mathscr{O})$ 上添加 E_0 即构成算子的一个不可约集. 下面的定理告诉我们, 对于一种特别的 $\mathscr{O}$, 明确讲就是整个时空, E_0 被有效地包含在 $\mathscr{P}(\mathscr{O})$ 内, 因而 $\mathscr{P}(\mathscr{O})$ 本身是不可约的. 我们对中性标量场理论的情形给出一个证明. 这个证明在包含任意数目、满足任意变换律的场的理论情形下的推广, 是容易的.

定理 4.5   在任意场论中, 均匀化场构成算子的不可约集.

注   根据本书对场论的定义, 真空是均匀化场的循环矢量, 这一假设是本定理成立的本质条件. 这个定理为利用真空的循环性而非均匀化场算子的不可约性定义场论, 提供了一种正当的理由.

证明   注意到, 如果 C 是对于所有的 $\Psi, \Phi \in D_0$ 都满足

$$(\Phi, C\varphi(f)\Psi) = (\varphi(f)^*\Phi, C\Psi)$$

的有界算子, 则它满足

$$(\Phi, C\varphi(f_1)\cdots\varphi(f_n)\Psi) = (\varphi(f_n)^*\cdots\varphi(f_1)^*\Phi, C\Psi). \tag{4.17}$$

特别地, 考虑如下情况:

$$(\Psi_0, C\varphi(\{a, \mathbf{1}\}f_1)\cdots\varphi(\{a, \mathbf{1}\}f_n)\Psi_0)$$
$$= (\varphi(\{a, \mathbf{1}\}f_n)^*\cdots\varphi(\{a, \mathbf{1}\}f_1)^*\Psi_0, C\Psi_0). \tag{4.18}$$

利用 φ 的变换律和真空态的变换不变性, 上面的表达式可以重写为

$$(\Psi_0, CU(a,\mathbf{1})\varphi(f_1)\cdots\varphi(f_n)\Psi_0) = (\varphi(f_n)^*\cdots\varphi(f_1)^*\Psi_0, U(-a,\mathbf{1})C\Psi_0).$$

对上述结果以 a 为变量进行 Fourier 变换, 可以得到

$$(\Psi_0, CE(S)\varphi(f_1)\cdots\varphi(f_n)\Psi_0) = (\varphi(f_n)^*\cdots\varphi(f_1)^*\Psi_0, E(-S)C\Psi_0),$$

其中 S 是动量空间中的任意可测集. 这一点已经在 2.6 节中解释过了[①].

然而, 因为能动量的谱落在未来光锥的内部或边界上, 如果 $-S$ 落在物理谱中且不包含 $p=0$, 则等式左侧为零. 这意味着 $C\Psi_0$ 正交于所有形如 $E(-S)\varphi(f_n)^*\cdots\varphi(f_1)^*\Psi_0$ 的态, 因而 $C\Psi_0 = c\Psi_0$, 其中 c 是复常数[②]. 于是对于 $\Psi = \Psi_0$ 的特殊情况, (4.17) 式即

$$(\Phi, C\varphi(f_1)\cdots\varphi(f_n)\Psi_0) = (\varphi(f_n)^*\cdots\varphi(f_1)^*\Phi, C\Psi_0)$$
$$= c(\Phi, \varphi(f_1)\cdots\varphi(f_n)\Psi_0).$$

由此以及 C 的连续性和 D_0 的稠密性可知, 对于任意的 $\Phi, \Psi \in D_0$,

$$(\Phi, C\Psi) = c(\Phi, \Psi),$$

也就是说, $C = c$. ■

应该指出, 虽然真空对于任意的代数 $\mathscr{P}(\mathscr{O})$ 都是循环的, 这些代数却并不都是不可约的. 比如, 如果 $\mathscr{O} \neq \mathbf{R}^4$, 我们就无法对于任意的 a 证明 (4.18) 式, 因为此时的 (4.17) 式仅对那些支集落在 $\mathscr{O}$ 内的检验函数成立. 特别地, 我们无法证明时间层公理 (见 3.2 节). 比如, 在描写核子与 π 介子相互作用的理论中 (我们假设这些粒子是稳定的), 我们可以对 p, n 和 $\pi^\pm, \pi^0$ 分别引入态场 ψ_p, ψ_n 和 $\varphi^\pm, \varphi^0$ 加以刻画. 在一个渐近完备的理论中, 形如 $P(\psi_p, \psi_n)\Psi_0$ 的态张成 Hilbert 空间 (包含 π 介子). 如果 $P(\psi_p, \psi_n)\Psi_0$ 与单介子态不正交, 这一点可以由 Haag-Ruelle 理论得到. 这时, 定理 4.5 就告诉我们, 通过任意检验函数的均匀化, 算子 (ψ_p, ψ_n) 构成不

[①]译者注: 即根据 SNAG 定理, 时空平移群作为局部紧 Abel 群, 其幺正表示可以表示为

$$U(a,\mathbf{1}) = \int e^{ip\cdot a}dE(p).$$

为了使得上式的成立不依赖于具体的算子多项式, 表达式一定对于任意的动量空间中的可测集 $E(S)$ 都成立.

[②]译者注: 注意到这句论证告诉我们只有当 $0 \in E(-S)$ 时, 等式才可能非零. 而等式右侧的 $\varphi(f_n)^*\cdots\varphi(f_1)^*\Psi_0$ 在 $\mathscr{H}$ 中是稠密的, 于是 $C\Psi_0$ 只能完全落在 $p=0$ 的子空间中. 根据真空的唯一性, 这个子空间中的态只能是 $c\Psi_0$, 其中 c 为复常数.

可约集. 同样的讨论表明, (ψ_p, φ^-) 和 (ϕ_n, φ^+) 也是不可约集. 然而我们知道, 下面这种情况是可能发生的, 即对于某个理论, (ψ_p, ψ_n) 在一个时间层内不可约, 但对另一个理论, 它却是可约的, 而在那里 $(\psi_p, \psi_n, \varphi)$ 才是不可约集. 这一问题, 与 π 介子是否在某种意义上可以被视为正反核子构成的束缚态的问题密切相关.

本节讨论话题的一个自然的延伸, 将导致开集 $\mathscr{O}$ 上的 von Neumann 代数 $\mathscr{R}(\mathscr{O})$ 的概念的引入. 这是有界 (bounded) 算子构成的一个 $*$ 代数. 利用 $\mathscr{P}(\mathscr{O})$ 中的厄米元素的谱分解, 选取由它们的谱投影生成的代数, 是得到它们的最自然的方法. 我们不会在此解释这方面的进展, 但是愿意强调, 确实有很好的理由使我们相信, 研究 $\mathscr{R}(\mathscr{O})$ 是值得的. 如下事实已经被说明, 两个属于 Lorentz 群相同表示的场论给出完全相同的 S 矩阵的充要条件是, 它们的 $\mathscr{R}(\mathscr{O})$ 是同构的[⑬]. 这个结论使得本节的这些定理变得更为有趣.

4.3　PCT 定理

在第 3.5 节中我们看到, 对于一定的场的集合, PCT 算子 Θ 的存在性, 等价于 (3.66) 式:

$$(\Psi_0, \varphi_1(x_1) \cdots \varphi_n(x_n) \Psi_0) = (-1)^J \mathrm{i}^F (\Psi_0, \varphi_n(-x_n) \cdots \varphi_1(-x_1) \Psi_0) \tag{4.19}$$

的成立性. 在本节中, 我们将证明, (4.19) 式对于任意局域场的场论都是成立的. 这就是 PCT 定理, 或称 Lüders-Pauli 定理. 实际上, 这里将证明一个更精确的结果, 它表明一个弱一些的条件 —— 弱局域对易性 (weak local commutativity) 条件, 对于证明 (4.19) 成立已经足够了. 我们同样称之为 PCT 定理的这一改进形式及其证明方法, 都来自 Jost.

清晰起见, 我们将首先给出并证明中性标量场理论的 PCT 定理, 然后再将其推广到一般的场论中.

定理 4.6 [中性标量场的 PCT 定理 (PCT Theorem for a Neutral Scalar Field)] 令 φ 为满足公理 I 和公理 II, 但不一定满足公理 III (LC) 的厄米标量场, 如果 PCT 条件

$$(\Psi_0, \varphi(x_1) \cdots \varphi(x_n) \Psi_0) = (\Psi_0, \varphi(-x_n) \cdots \varphi(-x_1) \Psi_0) \tag{4.20}$$

对于所有的 $x_1, \cdots, x_n$ 都成立, 则对于任意使得 $x_1 - x_2, \cdots, x_{n-1} - x_n$ 为 Jost 点的 $x_1, \cdots, x_n$, 弱 (Weak) 局域 (Local) 对易性 (Commutativity) (WLC) 条件

$$(\Psi_0, \varphi(x_1) \cdots \varphi(x_n) \Psi_0) = (\Psi_0, \varphi(x_n) \cdots \varphi(x_1) \Psi_0) \tag{4.21}$$

---

⑬参见第三章文献 3.

都成立.

反之, 如果 WLC 条件 (4.21) 在某 Jost 点的一个 (实) 邻域中成立, 则 *PCT* 条件处处成立.

由于 LC 可以推出 WLC 条件, 任意局域厄米标量场的场论均具有 *PCT* 对称性.

证明 证明的第一步, 是将 *PCT* 条件 (4.20) 转换为关于全纯函数的等价的关系. 根据定理 3.5, 我们知道对于 $n-1$ 个复变量 $\zeta_1, \cdots, \zeta_{n-1}$, 其中 $\zeta_j = \xi_j - i\eta_j$, $\xi_j = x_j - x_{j+1}$, 存在扩张管状域 $\mathscr{T}'_{n-1}$ 中的全纯函数 W 满足

$$\lim_{\eta_1, \cdots, \eta_{n-1} \in V_+ \to 0} W(\zeta_1, \cdots, \zeta_{n-1}) = W(\xi_1, \cdots, \xi_{n-1})$$
$$= (\Psi_0, \varphi(x_1) \cdots \varphi(x_n) \Psi_0). \tag{4.22}$$

进一步, 由定理 3.5, 我们知道 W 对于任意的 $\Lambda \in L_+(C)$ 和所有的 $\zeta_1, \cdots, \zeta_{n-1} \in \mathscr{T}'_{n-1}$, 在正常复 Lorentz 变换下具有不变性:

$$W(\zeta_1, \cdots, \zeta_{n-1}) = W(\Lambda\zeta_1, \cdots, \Lambda\zeta_{n-1}). \tag{4.23}$$

特别地, 这一结果给出对于任意的 $\zeta_1, \cdots, \zeta_{n-1} \in \mathscr{T}'_{n-1}$,

$$W(\zeta_1, \cdots, \zeta_{n-1}) = W(-\zeta_1, \cdots, -\zeta_{n-1}). \tag{4.24}$$

我们很快就将用到这一结果. (4.20) 式的右侧同样是一个全纯函数的边界值:

$$\lim_{\eta_1, \cdots, \eta_{n-1} \in V_+ \to 0} W(\zeta_{n-1}, \cdots, \zeta_1) = W(\xi_{n-1}, \cdots, \xi_1)$$
$$= (\Psi_0, \varphi(-x_n)\varphi(-x_{n-1}) \cdots \varphi(-x_1) \Psi_0). \tag{4.25}$$

由于 $W(\zeta_1, \cdots, \zeta_{n-1}) - W(\zeta_{n-1}, \cdots, \zeta_1)$ 是 $\mathscr{T}_{n-1}$ 中的全纯函数, 并且由 (4.20) 式可知它在实的 $\zeta_1, \cdots, \zeta_{n-1}$ 处恒为零. 利用定理 2.17, 我们发现 (4.20) 式可以推出

$$W(\zeta_1, \cdots, \zeta_{n-1}) = W(\zeta_{n-1}, \cdots, \zeta_1). \tag{4.26}$$

但是, 反之, 如果 (4.26) 式在 $\mathscr{T}'_{n-1}$ 中某点的某个邻域成立, 则它在 $\mathscr{T}'_{n-1}$ 中处处成立, 并且当在管状域 $\mathscr{T}_{n-1}$ 中趋向边界时, 能够得到 (4.20) 式. 因此, (4.20) 式与全纯函数 W 的关系 (4.26) 式是完全等价的.

现在, 我们综合 (4.24) 和 (4.26) 式, 可知

$$W(\zeta_1, \cdots, \zeta_{n-1}) = W(-\zeta_{n-1}, \cdots, -\zeta_1) \tag{4.27}$$

在 $\mathscr{T}'_{n-1}$ 中成立. 如果我们直接在此式的基础上取边界极限, 不会得到真空期望值之间的关系, 因为当 $\zeta_1, \cdots, \zeta_{n-1}$ 在正管状域 $\mathscr{T}_{n-1}$ 中趋向实矢量时, $-\zeta_{n-1}, \cdots, \zeta_1$

将在负管状域中趋向实矢量. 然而, 无论怎样, 在全纯实点 (Jost 点) 处, (4.27) 式是真空期望值之间的关系, 即

$$W(\xi_1,\cdots,\xi_{n-1}) = (\Psi_0,\varphi(x_1)\cdots\varphi(x_n)\Psi_0)$$
$$= W(-\xi_{n-1},\cdots,-\xi_1) = (\Psi_0,\varphi(x_n)\cdots\varphi(x_1)\Psi_0), \qquad (4.28)$$

这正是 WLC. 这样, 我们就证明了定理的前半部分.

递逆定理的证明是简单的. 如果 (4.28) 式在全纯域中某实点的一个实邻域中成立, 则它在一个复邻域中成立, 并且进一步, 通过解析延拓, (4.27) 式在 $\mathscr{T}'_{n-1}$ 中恒成立. 利用复 Lorentz 不变性 (4.24), 这就意味着 (4.26) 式成立. 我们已经看到, 它等价于真空期望值之间的 PCT 条件.

定理的最后一个论断, 是任意 Jost 点的所有坐标值之差 $x_j - x_k, j \neq k$ 均类空 (见定理 2.12) 这一事实的直接结论, 因此公理 Ⅲ (LC) 在这一情况下显然给出 WLC. ∎

包含按照 Lorentz 群一般的不可约表示变换的场 $\varphi_\alpha, \varphi_\beta, \cdots$ 的场论中的 PCT 定理的证明是类似的. 这时 W 不再是不变的, 而是在 $SL(2,C) \otimes SL(2,C)$ 变换下遵循变换律

$$\sum_{\mu'\cdots\nu'} S^{(\varphi)}_{\mu\mu'}(A,B)\cdots S^{(\psi)}_{\nu\nu'}(A,B)\boldsymbol{W}_{\mu'\cdots\nu'}(\zeta_1,\cdots,\zeta_{n-1})$$
$$= \boldsymbol{W}_{\mu\cdots\nu}(\Lambda(A,B)\zeta_1,\cdots,\Lambda(A,B)\zeta_{n-1}). \qquad (4.29)$$

此处 $\boldsymbol{W}_{\mu\cdots\nu}$ 是 $\mathscr{T}'_{n-1}$ 中的全纯函数, 并且

$$\lim_{\eta_1,\cdots,\eta_{n-1}\in \boldsymbol{V}_+\to 0} \boldsymbol{W}_{\mu\cdots\nu}(\zeta_1,\cdots,\zeta_{n-1}) = W_{\mu\cdots\nu}(\xi_1,\cdots,\xi_{n-1})$$
$$= (\Psi_0,\varphi_\mu(x_1)\cdots\psi_\nu(x_n)\Psi_0). \qquad (4.30)$$

(4.29) 式与 (4.23) 式相对应. 由此可以得出, 如果带点与不带点的指标的总和为奇数, 则真空期望值为零. 为了得到这一点, 比较 (4.29) 式在 $\{A,B\} = \{-1,1\}$ 和 $\{A,B\} = \{1,-1\}$ 时的结果. 对这两种情况, 等式右侧的值是相同的, 原因是 $\Lambda(-1,1) = \Lambda(1,-1) = -1$. 而根据 (1.27) 式, 等式左侧相差一个负号. 无论何时, 总有

$$S^{(\varphi)}_{\mu\mu'}(-1,1)\cdots S^{(\psi)}_{\nu\nu'}(-1,1) = \delta_{\mu\mu'}\cdots\delta_{\nu\nu'}(-1)^J, \qquad (4.31)$$

其中 J 是不带点的指标的总数. 因此, 与 (4.24) 相应的, 对于任意的 $\zeta_1,\cdots,\zeta_{n-1} \in \mathscr{T}'_{n-1}$, 有

$$\boldsymbol{W}_{\mu\cdots\nu}(\zeta_1,\cdots,\zeta_{n-1}) = (-1)^J\boldsymbol{W}_{\mu\cdots\nu}(-\zeta_1,\cdots,-\zeta_{n-1}). \qquad (4.32)$$

对于这些一般的场, 与 *PCT* 条件 (4.20) 相应的是 (4.19) 式. 它给出全纯函数之间的如下关系:

$$W_{\mu\cdots\nu}(\zeta_1,\cdots,\zeta_{n-1}) = \mathrm{i}^F(-1)^J \hat{W}_{\nu\cdots\mu}(\zeta_{n-1},\cdots,\zeta_1), \tag{4.33}$$

其中 $\hat{W}_{\nu\cdots\mu}$ 是 $\mathscr{T}'_{n-1}$ 中的全纯函数, 并且边界值为

$$\lim_{\eta_1,\cdots,\eta_{n-1}\in V_+\to 0} \hat{W}_{\nu\cdots\mu}(\zeta_{n-1},\cdots,\zeta_1) = \hat{W}_{\nu\cdots\mu}(\xi_{n-1},\cdots,\xi_1)$$

$$= (\Psi_0, \psi_\nu(-x_n)\cdots\varphi_\mu(-x_1)\Psi_0). \tag{4.34}$$

综合 (4.32) 和 (4.33) 式可以得到与 (4.27) 式相应的

$$W_{\mu\cdots\nu}(\zeta_1,\cdots,\zeta_{n-1}) = \mathrm{i}^F \hat{W}_{\nu\cdots\mu}(-\zeta_{n-1},\cdots,-\zeta_1), \tag{4.35}$$

其在 $\mathscr{T}'_{n-1}$ 中的实点上给出

$$(\Psi_0, \varphi_\mu(x_1)\cdots\psi_\nu(x_n)\Psi_0) = \mathrm{i}^F(\Psi_0, \psi_\nu(x_n)\cdots\varphi_\mu(x_1)\Psi_0). \tag{4.36}$$

此式正是这一情况下的 WLC 关系, 余下的任务只是验证它是场对易关系的结论. 我们将假设 "正常的" 对易关系. 这意味着, 除那些指标总数为奇数的场之外, 所有的场在类空间隔处对易. 指标总数为奇数的场之间是反对易的. 这一对易关系马上给出因子 $(-1)^{(F-1)+(F-2)+\cdots+1} = (-1)^{F(F-1)/2} = \mathrm{i}^F$, 最后一处等号成立的原因是给出非零结果的 F 都是偶数. 利用 (4.29) 到 (4.36) 式, 证明的步骤与之前完全类似. 我们总结如下.

定理 4.7 [一般自旋情况的 *PCT* 定理 (*PCT* Theorem for General Spin)] 令 $\varphi_\mu,\cdots,\psi_\nu$ 为满足公理 I 和公理 II, 但不一定满足公理 III (LC) 的旋量场, 如果 *PCT* 条件

$$(\Psi_0, \varphi_\mu(x_1)\cdots\psi_\nu(x_n)\Psi_0)$$
$$= \mathrm{i}^F(-1)^J(\Psi_0, \psi_\nu(-x_n)\cdots\varphi_\mu(-x_1)\Psi_0)$$

对于所有的 $x_1,\cdots,x_n$ 都成立, 则对于任意使得 $x_1-x_2,\cdots,x_{n-1}-x_n$ 为 Jost 点的 $x_1,\cdots,x_n$, WLC 条件

$$(\Psi_0, \varphi_\mu(x_1)\cdots\psi_\nu(x_n)\Psi_0) = \mathrm{i}^F(\Psi_0, \psi_\nu(x_n)\cdots\varphi_\mu(x_1)\Psi_0)$$

都成立.

反之, 如果 WLC 条件在某 Jost 点的一个 (实) 邻域中成立, 则 *PCT* 条件处处成立.

$\varphi,\cdots,\psi$ 之间的正常对易关系给出 *WLC* 条件, 因而任何具备满足正常对易关系的场的场论, 都具有 *PCT* 对称性.

在下一节中我们将看到, 如果场具有 "异常的" 对易关系, 理论中同样存在一个对称性 Θ, 它与定义 (1.53) 相差一个额外的 ± 1 因子. 这一点将在下一节的结尾处讨论.

值得强调的是, 虽然由局域对易性可以推出场论具有 PCT 对称性, 但是只有弱局域对易性条件对于这一结论才是必要的. 原则上这很重要, 因为构造一个满足弱局域对易性 (而不满足局域对易性) 的具有非平庸 S 矩阵的场论是相对简单的. 这样一个理论将同样具有 PCT 对称性. 因此, 在自然界观测到 PCT 对称性不能作为对局域对易性假设强有力的支持.

4.4   自旋与统计

迄今所有的实验事实都显示, 具有整数自旋的系统遵循 Bose-Einstein 统计, 具有半奇数自旋的系统遵循 Fermi-Dirac 统计. 虽然确实存在非常重要的既不同于 Bose-Einstein 统计又不同于 Fermi-Dirac 统计的统计规律, 目前还没有发现遵循这些统计的系统 (见文献 28). 理论上实现 Bose-Einstein 统计的一个自然的方式, 就是利用在类空间隔上满足对易关系的场去描述所研究问题的系统. 类似地, 实现 Fermi-Dirac 统计的方式是采用在类空间隔上满足反对易关系的场. 联系自旋与统计的定理, 我们将其简称为自旋 – 统计定理, 断言在量子场论中, 一个非平庸的整数自旋的场在类空间隔上的反对易关系不能为零, 同时, 一个非平庸的半奇数自旋的场在类空间隔上的对易关系不能为零. 如果人们抛开除 Bose-Einstein 和 Fermi-Dirac 之外的其他统计的可能性, 自旋 – 统计定理就可以解释实验的结果.

当人们由给定场的对易关系转而关注不同场之间的对易关系时, 情况会变得更为复杂. 此时可能出现如下 "异常的" 对易关系: 两个整数自旋场或一个整数自旋场与一个半奇数自旋场满足反对易关系, 抑或两个半奇数自旋场满足对易关系. 这些 "异常的" 对易关系是可以实现的, 但是一般而言, 这样的理论会具有特殊的对称性. 借助这些对称性, 总可以找到另一组场的集合, 它们之间满足正常的对易关系, 并且通过所谓的 Klein 变换与最初的一组场相联系. 这样, 最初的理论可以被等价地视作这一组场的理论. 在这一意义上, 具有异常对易关系的理论是具有正常对易关系的理论的一个特殊情形, 在该情形下, 理论具有一些对称性.

我们将会陆续证明这些结论. 采用 Dell'Antonio 的思路, 我们首先排除一个场分量 φ 与场分量 ψ 及其伴随算子 ψ^* 满足不同对易关系的可能性.

定理 4.8   在一个场论中, 如果对于所有的 $(x-y)^2 < 0$ 都有

$$[\varphi(x), \psi(y)]_\pm = 0 \tag{4.37}$$

以及

$$[\varphi(x), \psi^*(y)]_\mp = 0, \tag{4.37'}$$

则 φ 与 ψ 中必有一个为零.

证明 如果 f 与 g 是两个具有紧支集的检验函数, 我们有

$$(\Psi_0, \varphi(f)^*\psi(g)^*\psi(g)\varphi(f)\Psi_0) = \|\psi(g)\varphi(f)\Psi_0\|^2 \geqslant 0. \tag{4.38}$$

如果 f 与 g 的支集是类空间隔的, 假设的对易关系 (4.37) 可以推出 (4.38) 式左侧为

$$-(\Psi_0, \psi(g)^*\psi(g)\varphi(f)^*\varphi(f)\Psi_0). \tag{4.39}$$

根据集团分解性质, 如果 g 的支集沿类空方向趋于无穷, (4.39) 式趋于

$$-(\Psi_0, \psi(g)^*\psi(g)\Psi_0)(\Psi_0, \varphi(f)^*\varphi(f)\Psi_0) = -\|\psi(g)\Psi_0\|^2\|\varphi(f)\Psi_0\|^2$$

是一个非正的结果. 因此, 与 (4.38) 式比较, 我们看到这一极限唯一自洽的结果为 0, 进而 $\psi(g)\Psi_0 = 0$ 或 $\varphi(f)\Psi_0 = 0$. 由定理 4.3 可知, 由此可以推出 $\psi(g) = 0$ 或 $\varphi(f) = 0$. 如果 $\psi \neq 0$, 则存在具有紧支集的检验函数 g 使得 $\psi(g) \neq 0$. 于是对于所有具有紧支集的检验函数 f, $\varphi(f) = 0$. 由于具有紧支集的检验函数在 $\mathscr{S}$ 中稠密, 由此可以推出 $\varphi = 0$. 类似地, 如果 $\varphi \neq 0$, 则 $\psi = 0$. ∎

推论 在一个场论中, 不存在对于所有 $(x-y)^2 < 0$ 都满足

$$[\varphi(x), \varphi(y)]_\pm = 0 \tag{4.40}$$

以及

$$[\varphi(x), \varphi^*(y)]_\mp = 0$$

的非零场.

接下来, 我们证明正式的自旋 – 统计定理. 清晰起见, 我们首先处理单一标量场的情况, 之后给出任意自旋情况的证明所必需的调整.

定理 4.9 [单一标量场的自旋 – 统计定理 (Spin-Statistics Theorem for a Scalar Field)] 设 φ 为一个标量场, 并且当 $(x-y)^2 < 0$ 时, 有

$$[\varphi(x), \varphi^*(y)]_+ = 0, \tag{4.41}$$

则 $\varphi(x)\Psi_0 = 0 = \varphi^*(x)\Psi_0$. 在一个场论中, 如果这样的 φ 和 φ^* 与其余所有场或满足对易关系, 或满足反对易关系, 则有 $\varphi = \varphi^* = 0$.

证明 由 "错误的" 自旋 – 统计关系假设 (4.41) 可知, 如果 $(x-y)^2 < 0$, 则

$$(\Psi_0, \varphi(x)\varphi^*(y)\Psi_0) + (\Psi_0, \varphi^*(y)\varphi(x)\Psi_0) = 0. \qquad (4.42)$$

上式中的真空期望值均仅依赖于 $(x-y)$, 并且是全纯函数的边界值:

$$\begin{aligned}
(\Psi_0, \varphi(x)\varphi^*(y)\Psi_0) &= \lim_{\eta \to 0, \eta \in \boldsymbol{V}_+} \boldsymbol{W}(x-y-\mathrm{i}\eta), \\
(\Psi_0, \varphi^*(y)\varphi(x)\Psi_0) &= \lim_{\eta \to 0, \eta \in \boldsymbol{V}_+} \hat{\boldsymbol{W}}(y-x-\mathrm{i}\eta),
\end{aligned} \qquad (4.43)$$

其中当 $\eta \in \boldsymbol{V}_+$ 时, $\boldsymbol{W}$ 与 $\hat{\boldsymbol{W}}$ 为全纯函数. 因为 $\boldsymbol{W}$ 和 $\hat{\boldsymbol{W}}$ 在限制 Lorentz 群下是不变的, 由定理 2.11 可知它们在正常复 Lorentz 群下也是不变的, 并且是关于变量 $\zeta = (x-y) - \mathrm{i}\eta$ 的扩张管状域 $\mathscr{T}_1'$ 中的全纯函数. 而所有实类空的 ζ 都属于上述区域, 因此, (4.42) 式

$$\boldsymbol{W}(\zeta) + \hat{\boldsymbol{W}}(-\zeta) = 0 \qquad (4.44)$$

是全纯函数在扩张管状域中实点的一个开集上满足的关系, 从而在整个扩张管状域中都成立. 利用 $\hat{\boldsymbol{W}}$ 在正常复 Lorentz 变换 $\Lambda = -1$ 下的不变性, 有

$$\hat{\boldsymbol{W}}(\zeta) = \hat{\boldsymbol{W}}(-\zeta). \qquad (4.45)$$

结合 (4.44) 式我们可以得到

$$\boldsymbol{W}(\zeta) + \hat{\boldsymbol{W}}(\zeta) = 0 \qquad (4.46)$$

对于所有的 $\zeta \in \mathscr{T}_1'$ 都成立.

对 (4.46) 式取边界极限 $\eta \to 0, \eta \in \boldsymbol{V}_+$ 我们得到, 对于所有的 x 和 y 的分布关系

$$(\Psi_0, \varphi(x)\varphi^*(y)\Psi_0) + (\Psi_0, \varphi^*(-y)\varphi(-x)\Psi_0) = 0. \qquad (4.47)$$

我们断言 (4.47) 式推出 $\varphi(x)\Psi_0 = 0$. 为了证明这一点, 记 $\hat{f}(x) = f(-x)$. 于是, 回想起 $\varphi^*(f) = [\varphi(\bar{f})]^*$,

$$\varphi(f) = \int \mathrm{d}x\, f(x)\varphi(x),$$

以及

$$\begin{aligned}
\varphi(\hat{f}) &= \int \mathrm{d}x\, f(-x)\varphi(x) \\
&= \int \mathrm{d}x\, f(x)\varphi(-x),
\end{aligned}$$

我们得到

$$\|\varphi(f)^* \Psi_0\|^2 + \|\varphi(\hat{f}) \Psi_0\|^2 = (\Psi_0, \varphi(f)\varphi(f)^* \Psi_0) + (\Psi_0, \varphi(\hat{f})\varphi(\hat{f})^* \Psi_0)$$
$$= \int \mathrm{d}x\ \mathrm{d}y\ f(x)\overline{f(y)}[(\Psi_0, \varphi(x)\varphi^*(y)\Psi_0)$$
$$+ (\Psi_0, \varphi^*(-y)\varphi^*(-x)\Psi_0)]$$
$$= 0.$$

因此, 对于所有的检验函数 f, $\|\varphi(f)\Psi_0\|^2 = \|\varphi(f)^* \Psi_0\|^2 = 0$, 这就说明了 $\varphi(f)\Psi_0 = 0$ 并完成了定理前半部分的证明.

在所有场之间都满足对易或反对易关系的场论中, 定理 4.3 都是适用的, 从而有 $\varphi(f)\Psi_0 = 0$ 推出 $\varphi = \varphi^* = 0$. ■

对于一般自旋的场, 与定理 4.9 类似地有如下定理.

定理 4.10 [一般自旋场的自旋 – 统计定理 (Spin-Statistics Theorem for General Spin)] 对于一个一般的不可约旋量场, "错误的" 自旋 – 统计关系, 即对于所有的 $(x-y)^2 < 0$,

$$
\begin{aligned}
[\varphi_\alpha(x), \varphi_\alpha^*(y)]_+ = 0, &\quad \varphi \text{ 具有整数自旋}, \\
[\varphi_\alpha(x), \varphi_\alpha^*(y)]_- = 0, &\quad \varphi \text{ 具有半奇数自旋},
\end{aligned}
\tag{4.48}
$$

给出 $\varphi_\alpha(x)\Psi_0 = 0$. 在一个场论中, 如果所有的场或满足对易关系, 或满足反对易关系, 则由此有 $\varphi_\alpha = \varphi_\alpha^* = 0$.

证明 在不引起混淆的前提下, 我们略去指标 α. 证明的方法与单一标量场的情况相同. 作为对 (4.42) 式的推广, (4.48) 式直接给出对于所有的 $(x-y)^2 < 0$, 有

$$(\Psi_0, \varphi(x)\varphi^*(y)\Psi_0) \pm (\Psi_0, \varphi^*(y)\varphi(x)\Psi_0) = 0, \tag{4.49}$$

其中的符号约定与 (4.48) 式相同. 与定理 4.9 的证明相同, 定义由 (4.43) 式给出真空期望值的全纯函数 $\boldsymbol{W}$ 和 $\hat{\boldsymbol{W}}$. (4.44) 式推广为

$$\boldsymbol{W}(\zeta) \pm \hat{\boldsymbol{W}}(-\zeta) = 0, \tag{4.50}$$

而 (4.45) 式则变为

$$\hat{\boldsymbol{W}}(\zeta) = (-1)^J \hat{\boldsymbol{W}}(-\zeta), \tag{4.51}$$

其中 J 是 $\varphi\varphi^*$ 中不带点的指标的总数. 作为 (4.32) 式的特殊情况, (4.51) 式是 $\hat{\boldsymbol{W}}$ 在 $SL(2,C) \otimes SL(2,C)$ 群下变换规律的结果. 我们注意到 $\varphi\varphi^*$ 中不带点的指标的

总数与 φ 的指标总数相同, 因此当 φ 具有整数 (半奇数) 自旋时为偶数 (奇数). 所以, 在全纯点处,

$$\hat{\boldsymbol{W}}(\zeta) = \pm\hat{\boldsymbol{W}}(-\zeta), \tag{4.52}$$

满足与 (4.48) 式相同的符号规律. 综合 (4.52) 和 (4.50) 式, 我们得到形式与之前的结果 (4.46) 完全相同的结论. 接下去的证明, 与定理 4.9 的相关步骤完全相同. ■

接下来, 我们转而讨论不同场之间的对易关系. 我们从一个例子开始, 它以简单的方式说明了许多涉及的原则.

例 1 满足反对易关系的标量场与自旋 $\frac{1}{2}$ 场. 假设 φ 是一个标量场, ψ 是一个自旋 $\frac{1}{2}$ 的场, 并且 φ 与 ψ 在类空间隔上反对易. 我们可以定义新的场 φ' 和 ψ', 如果 $\varPsi_1$ 是 φ, ψ 的定义域 D 中的矢量, 且位于 $\mathscr{H}$ 属于 $\mathscr{P}_+^\uparrow$ 整数自旋表示的相干子空间 $\mathscr{H}_1$ 中, 定义

$$\varphi'(x)\varPsi_1 = \varphi(x)\varPsi_1, \qquad \psi'(x)\varPsi_1 = \psi(x)\varPsi_1,$$

如果 $\varPsi_2$ 是 D 中的矢量, 且位于 $\mathscr{H}$ 属于 $\mathscr{P}_+^\uparrow$ 半奇数自旋表示的相干子空间 $\mathscr{H}_2$ 中, 定义

$$\varphi'(x)\varPsi_2 = -\varphi(x)\varPsi_2, \qquad \psi'(x)\varPsi_2 = \psi(x)\varPsi_2.$$

φ' 和 ψ' 作用在 $\mathscr{H}_1$ 和 $\mathscr{H}_2$ 中矢量的线性叠加态上的结果, 由线性性给出. 一个超选择定则 (同叶超选择定则) 区分了 $\mathscr{H}_1$ 和 $\mathscr{H}_2$. 回忆 1.1 节, 可知由以超选择定则区分的不同相干子空间中的矢量线性叠加得到的态, 不是物理上可实现的态. 在这个例子中, 态 $\alpha\varPsi_1 + \beta\varPsi_2$ 在绕任意轴的 2π 转动下变为 $\alpha\varPsi_1 - \beta\varPsi_2$. 而它们应该是同一个态, 因此除非 $\alpha = 0$ 或 $\beta = 0$, 否则它们将不是物理上可实现的态. 容易发现, 新定义的场 φ' 和 ψ' 在类空间隔上满足对易关系, 也就是说, 与 φ, ψ 不同, 新的场满足正常的对易关系. 从 φ, ψ 到 φ', ψ' 的变换, 称为 Klein 变换. 与 3.5 节中我们讨论的对称性不同, 不存在满足

$$\varphi' = V\varphi V^{-1}, \qquad \psi' = V\psi V^{-1}$$

的幺正或反幺正的变换 V, 因为这样的 V 的存在性将导致

$$[\varphi'(x), \psi'(y)]_- = V[\varphi(x), \psi(y)]_- V^{-1}.$$

我们可以通过两种观点理解变换 $\varphi, \psi \to \varphi', \psi'$. 在第一种观点中, 它无非是一种简单的 "变量替换". 理论的可观测量将是 φ, ψ 的确定函数, 而 φ, ψ 是 φ', ψ' 的

确定函数. 因此可观测量是场 φ', ψ' 的 (形式不同的) 确定函数. 前面的讨论只是说, 通过一个变量替换, 人们可以将可观测量表示为具有正常对易关系的场的函数.

在第二种观点中, 人们对算子和实验操作之间的对应关系采取不同的看法. 如果一个确定的函数, 如 $F(\varphi, \psi)$, 与特定良定义的实验测量相对应, 则 Klein 变换被视为给出一个不同的理论, 新理论中的 $F(\varphi', \psi')$ 对应于相同的一组测量. 自然地, 人们会问这两个理论是否对所有的实验都给出相同的结果. 是否如此, 只有通过对系统的测量理论进行详尽的分析才能确定. 可观测的算子越多, 两个理论物理等价的可能性就越小. 在我们的例子中, 我们有

$$(\Psi_2, \varphi(x)\Psi_2) = -(\Psi_2, \varphi'(x)\Psi_2),$$

所以, 如果 $\varphi(x)$ 是可观测量, 两个理论将是不同的. 在另一个极端情况中, 只有散射实验的结果是可观测的, 这两个理论预言相同的结果. 后文中将结合 PCT 定理讨论这一问题.

前面讨论的这个例子, 具有一个在一般包含异常对易关系的理论中并不具有的特点: $U(a, \Lambda)$ 不变的正交子空间 $\mathscr{H}_1$ 和 $\mathscr{H}_2$ 的存在性, 已经是同叶超选择定则的结果. 一般而言, 类似子空间的存在性、正交性, 以及不变性是异常对易关系本身的结果. 由于这里有几个原则性的新要点, 我们引入第二个例子加以说明.

例 2 单一标量场与两个自旋 $\frac{1}{2}$ 场. 考虑一个包含一个厄米标量场 φ 和两个厄米半奇数自旋场 ψ_1 和 ψ_2 的理论. 简单起见, 我们略去 ψ_1 和 ψ_2 的旋量指标. 假定它们之间满足正常对易关系

$$[\psi_1(x), \psi_2(y)]_+ = 0 = [\varphi(x), \psi_2(y)]_-, \qquad (x-y)^2 < 0, \tag{4.53}$$

和 "异常" 关系

$$[\varphi(x), \psi_1(y)]_+ = 0, \qquad (x-y)^2 < 0. \tag{4.54}$$

我们将会看到, 这些关系导致特定的真空期望值为零. 为了后面的应用, 我们将对一般的场论给出并证明这一结果.

定理 4.11 在任意局域场论中, 如果 $M(x_1, \cdots, x_j)$ 和 $N(y_1, \cdots, y_k)$ 为两个场分量单项式, 并且当 (x) 和 (y) 为类空间隔的点集时, 它们彼此满足反对易关系, 那么, 或者 $(\Psi_0, M\Psi_0) = 0$, 或者 $(\Psi_0, N\Psi_0) = 0$.

证明 如果 a 为某一很大的类空矢量, 考虑

$$(\Psi_0, M(x_1, \cdots, x_j)N(y_1 + a, \cdots, y_k + a)\Psi_0)$$
$$= -(\Psi_0, N(y_1 + a, \cdots, y_k + a)M(x_1, \cdots, x_j)\Psi_0). \tag{4.55}$$

当 $a \to \infty$ 时, 根据集团分解定理 (定理 3.4), 该式的极限为

$$(\Psi_0, M \Psi_0)(\Psi_0, N \Psi_0) = -(\Psi_0, N \Psi_0)(\Psi_0, M \Psi_0).$$

因而 $(\Psi_0, M \Psi_0)$ 与 $(\Psi_0, N \Psi_0)$ 中必有一个为零. ■

　　回到前面讨论的模型, 假设对于任意的奇数 n, $(\Psi_0, \varphi(x_1) \cdots \varphi(x_n) \Psi_0) \neq 0$. 相反的可能性当然也可以分析, 但是在这里该假设已经足以说明要点了. 令

$$M = \varphi(x_1) \cdots \varphi(x_n), \qquad n \text{ 为奇数},$$
$$N = \varphi(y_1) \cdots \varphi(y_j) \psi_1(y_{j+1}) \cdots \psi_1(y_{j+k+1}) \psi_2(y_{j+k+1}) \cdots \psi_2(y_{j+k+\ell}),$$
$$k \text{ 为奇数}, \ell \text{ 为奇数},$$

利用定理 4.11, 由于 M 和 N 是反对易的, 对于任意的 j, 我们都有

$$(\Psi_0, \varphi(y_1) \cdots \varphi(y_j) \psi_1(y_{j+1}) \cdots \psi_1(y_{j+k+1}) \psi_2(y_{j+k+1}) \cdots \psi_2(y_{j+k+\ell}) \Psi_0) = 0,$$
$$k \text{ 为奇数}, \ell \text{ 为奇数}. \tag{4.56}$$

当 $k + \ell$ 为奇数时, 这一表达式已经为零 [参见 (4.30) 式后面的说明]. 显然, 它与 (4.56) 式结合可以推出真空期望值, 因而整个理论, 在由四个变换 $(\psi_1, \psi_2) \to (\pm\psi_1, \pm\psi_2)$ 组成的群变换下是不变的. 这一对称性导致一个守恒律, 我们称之为奇偶律 (even-odd rule).

　　Hilbert 空间 $\mathscr{H}$ 可以分解为四个正交子空间 $\mathscr{H}_{\pm,\pm}$, 它们分别由如下态张成:

$$\varphi(x_1) \cdots \varphi(x_j) \psi_1(x_{j+1}) \cdots \psi_1(x_{j+k}) \psi_2(x_{j+k+1}) \cdots \psi_2(x_{j+k+\ell}) \Psi_0,$$

其中 $(k, \ell) = (偶, 偶), (偶, 奇), (奇, 偶)$ 和 $(奇, 奇)$. 这四个子空间之间的正交性由 (4.56) 式和同叶超选择定则保证. 显然, 它们在 Poincaré 群变换下是不变的.

　　接下来, 我们定义这种情况下的 Klein 变换. 它保持 ψ_1 和 ψ_2 不变, 而将 φ 替换为新的场 φ', 这个新的场在 $\mathscr{H}_{+,\pm}$ 中 φ 定义域上的矢量上作用的结果与 φ 相同, 在 $\mathscr{H}_{-,\pm}$ 中 φ 定义域上的矢量上作用的结果与 $-\varphi$ 相同, 在其他矢量上作用的结果由线性性给出. 可以看出, φ' 是厄米的. 这样定义的 φ', 与 $\psi_1' = \psi_1$ 和 $\psi_2' = \psi_2$ 一起满足正常对易关系.

　　例 1 中的结论在这个例子中的类比依然成立. 除此之外, 这个例子具有如下新的特性: 奇偶律定义了系统的一个守恒律. 它是否定义了一个超选择定则? 为了回答这个问题, 人们仍需要分析可观测量. 在前文讨论的第一重意义上, 新理论与旧的等价: 存在满足正常对易关系的场算子不可约集 $(\varphi', \psi_1', \psi_2')$. 当然, 理论中真正有趣的量在某一个场算子不可约集下可能具有更为 "简洁" 的形式. 这时, 选取变换

后的场 $(\varphi', \psi_1', \psi_2')$ 具有一定的优越性, 因为厄米量 $\varphi(x)$ 和 $\psi_1(y)\psi_2(z) + \psi_2(z)\psi_1(y)$ 在大类空间隔情况下不对易. 这在一个场论中看起来是非常不自然的, 它意味着任意一个与系统的局域可观测量相对应的, 由场 $(\varphi, \psi_1, \psi_2)$ 构成的函数一定是旧场的形式非常复杂的函数. 由于不再受缺少类空间隔对易性的困扰, 它有可能是新场的简单函数. 我们对第二个例子的讨论, 就此结束.

现在, 我们利用 Araki 给出的方法, 处理一组一般的局域场的情况. 其关键步骤, 在于指明异常对易关系会导致特定的奇偶律, 进而说明它使我们可以定义所需的 Klein 变换. 我们假设理论中存在 n 个场 $\varphi_1, \cdots, \varphi_n$, 并且 φ_j 的所有分量与 φ_k 的所有分量满足一致的对易 (或者反对易) 关系. 我们还将假设 φ_j 的分量 $\varphi_{j\alpha}$ 的伴随算子 $\varphi_{j\alpha}^*$ 必是某一个 $\varphi_{k\beta}$. 我们的最终目标由下面的定理展现.

定理 4.12 对于任意具有异常对易关系的场论, 一定存在一个不可约的场的集合, 使得这些场之间满足正常对易关系, 并且, 它们可以通过对最初给出的那些场进行 Klein 变换得到.

这个定理的证明比较长, 而且包含若干步. 首先, 我们需要对奇偶律的概念进行推广. 如果一个理论中任意包含奇数个特定种类场的真空期望值都为零, 则称对于这些特定种类的场构成的集合 α 具有奇偶律. 此时, 由包含奇数或偶数个 α 中的场 (其余不属于 α 的场的数目可以是任意的) 的多项式作用于真空态分别生成的两个空间 $\mathscr{H}_o$ 和 $\mathscr{H}_e$, 彼此之间是正交的, 并且具有明显的 $\mathscr{P}_+^\uparrow$ 不变性. 因此可以定义算子 $p(\alpha)$, 它作用于 $\mathscr{H}_e$ 中的矢量为 1, 作用于 $\mathscr{H}_o$ 中的矢量为 -1, 其他情况则由此线性扩张得到. 显然, $p(\alpha)$ 与 $\mathscr{P}_+^\uparrow$ 的表示 $U(a, \Lambda)$ 对易.

如果我们这样定义 Klein 变换, 它将场的另一个子集 β 中的所有场乘以 $p(\alpha)$:

$$
\begin{aligned}
\varphi_j' &= p(\alpha)\varphi_j, \quad \varphi_j \in \beta, \\
\varphi_j' &= \varphi_j, \qquad \varphi_j \notin \beta,
\end{aligned}
\tag{4.57}
$$

则 φ' 一般而言是满足不同对易关系的新场. 根据定理 4.11, (4.57) 式中的集合 α (或若干这样的集合) 被异常对易关系决定. 集合 β 则可以自由选取, 通过适当的选取, 可以得到正常对易关系. 在前面的第一个例子中, α 是由自旋 $\frac{1}{2}$ 的场 ψ 构成的集合, 相应的奇偶律由同叶超选择定则给出. 在第二个例子中, 有两种不同的 α 的选取方法: 场 ψ_1 构成的集合, 或者场 ψ_2 构成的集合. 在两个例子中, β 都是由单一场 φ 构成的集合.

如果 φ_j 和 φ_k 之中一个属于 α, 另一个属于 β, 并且二者不同时都在 α 和 β 中, 则变换后的场 φ_j' 和 φ_k' 的对易关系将与变换前不同. 否则, 它们的对易关系就不会改变. 为了说明这一点, 我们必须依次考察各种可能的情况. 根据 φ_1 与 φ_2 在

或不在 α 或 β 中, 一共可以分为十六种不同的情况 (简单起见, j 与 k 暂时用 1 和 2 代替). 如果 φ_1 和 φ_2 都不在 β 中, 则有 $\varphi_1' = \varphi_1$ 和 $\varphi_2' = \varphi_2$, 因而对易关系不变. 这包含四种情形, 分别记为 $(\varphi_1 \in \alpha, \notin \beta; \varphi_2 \in \alpha, \notin \beta)$, $(\varphi_1 \notin \alpha, \notin \beta; \varphi_2 \in \alpha, \notin \beta)$, $(\varphi_1 \in \alpha, \notin \beta; \varphi_2 \notin \alpha, \notin \beta)$, $(\varphi_1 \notin \alpha, \notin \beta; \varphi_2 \notin \alpha, \notin \beta)$. 如果 φ_1 和 φ_2 都不在 α 中, 则它们都与 $p(\alpha)$ 对易, 因而对易关系也不改变. 这就又包含了另外三种情形: $(\varphi_1 \notin \alpha, \notin \beta; \varphi_2 \notin \alpha, \in \beta)$, $(\varphi_1 \notin \alpha, \in \beta; \varphi_2 \notin \alpha, \in \beta)$, 以及 $(\varphi_1 \notin \alpha, \in \beta; \varphi_2 \notin \alpha, \notin \beta)$. 同样容易看出, 如果其中一个场同时不在两个集合中, Klein 变换不会影响对易子. 这又包含了 $(\varphi_1 \notin \alpha, \notin \beta; \varphi_2 \notin \alpha, \in \beta)$, $(\varphi_1 \notin \alpha, \in \beta; \varphi_2 \notin \alpha, \notin \beta)$. 如果 φ_1 和 φ_2 都同时在两个集合中, 则有 $\varphi_1' \varphi_2' = p(\alpha)\varphi_1 p(\alpha)\varphi_2 = -p(\alpha)^2 \varphi_1 \varphi_2 = -\varphi_1 \varphi_2$ 以及 $\varphi_2' \varphi_1' = -\varphi_2' \varphi_1'$. 因而此时 $[\varphi_1, \varphi_2]_{\pm}$ 为零的事实不会被变换 (4.57) 改变. 这就进一步解决了 $(\varphi_1 \in \alpha, \in \beta; \varphi_2 \in \alpha, \in \beta)$. 余下的六种情况都满足 φ_1 和 φ_2 中的一个属于 α, 而另一个属于 β. 它们是 $(\varphi_1 \notin \alpha, \in \beta; \varphi_2 \in \alpha, \in \beta)$, $(\varphi_1 \in \alpha, \notin \beta; \varphi_2 \notin \alpha, \in \beta)$, $(\varphi_1 \in \alpha, \notin \beta; \varphi_2 \notin \alpha, \in \beta)$, $(\varphi_1 \in \alpha, \in \beta; \varphi_2 \notin \alpha, \in \beta)$, $(\varphi_1 \in \alpha, \in \beta; \varphi_2 \in \alpha, \notin \beta)$, $(\varphi_1 \notin \alpha, \in \beta; \varphi_2 \in \alpha, \notin \beta)$. 对于这六种情形, $[\varphi_1, \varphi_2]_{\pm} = 0$ 将变为 $[\varphi_1', \varphi_2']_{\mp} = 0$, 利用 (4.57) 式和 $p(\alpha)$ 与 α 中的 φ_j 反对易、与不属于 α 的 φ_j 对易的事实, 可以说明这一点, 我们将此作为练习留给读者完成[14]. 于是, 我们有如下结果: 如果一个场属于 α, 另一个场属于 β, 并且二者不同时都在 α 和 β 中, 则变换 (4.57) 改变它们的对易关系; 否则, 它不改变它们的对易关系.

　　我们意图将对易关系完全变为正常的情形, 为此, 如下定义的矩阵是我们感兴趣的:

$$\sigma_{ij} = 0, \quad \text{如果 } \varphi_i, \varphi_j \text{ 之间满足正常对易关系,}$$
$$\sigma_{ij} = 1, \quad \text{其他情形.} \tag{4.58}$$

---

[14]译者注: 我们可以定义取值在 Z_2 上的特征函数

$$t_j(\alpha) = \begin{cases} 0, & \varphi_j \notin \alpha, \\ 1, & \varphi_j \in \alpha, \end{cases} \qquad t_j(\beta) = \begin{cases} 0, & \varphi_j \notin \beta, \\ 1, & \varphi_j \in \beta. \end{cases}$$

于是有

$$\varphi_j' = p(\alpha)^{t_j(\beta)} \varphi_j, \quad \varphi_j p(\alpha) = (-1)^{t_j(\alpha)} p(\alpha)\varphi_j,$$

从而

$$\varphi_j' \varphi_k' = p(\alpha)^{t_j(\beta)}\varphi_j p(\alpha)^{t_k(\beta)}\varphi_k = (-1)^{t_j(\alpha)t_k(\beta)} p(\alpha)^{t_j(\beta)+t_k(\beta)} \varphi_j\varphi_k,$$
$$\varphi_k' \varphi_j' = p(\alpha)^{t_k(\beta)}\varphi_k p(\alpha)^{t_j(\beta)}\varphi_j = (-1)^{t_k(\alpha)t_j(\beta)} p(\alpha)^{t_j(\beta)+t_k(\beta)} \varphi_k\varphi_j.$$

由此可见, Klein 变换后的场之间满足的关系与变换之前相同与否, 被 $(-1)^{t_j(\alpha)t_k(\beta)}$ 和 $(-1)^{t_k(\alpha)t_j(\beta)}$ 的相对符号唯一决定, 或者说, 当且仅当 $t_j(\alpha)t_k(\beta) + t_k(\alpha)t_j(\beta) = 1$ 时, 对易关系才会发生改变. 利用这一判据, 容易检验文中的 16 种情况. 这里定义的特征函数, 在后文该定理的证明中也将用到, 故我们选取了相同的记号.

显然, $\sigma_{ij} = \sigma_{ji}$. 定理 4.10 断言一个场与其自身总满足正常对易关系, 因而 $\sigma_{ii} = 0$.

为了判断我们是否能找到奇偶律, 我们考察场单项式 $M, N, \cdots$ 的对易关系, 并且引入单项式之间的正常对易关系 (normal commutation relations between monomials): 如果两个单项式 M 和 N 的对易关系与假定其中每个场都满足正常对易关系时得到的结果相一致, 则我们称它们具有 "正常" 对易关系. 否则, 称这些多项式之间满足 "异常" 对易关系. 即便组成单项式的组分场之间不满足正常对易关系, 两个单项式也可能满足正常对易关系. 很明显, 单项式之间的对易关系仅仅依赖于它们所包含的每一个场的幂次的宇称[15]. 换言之, 如果我们定义如下等价关系: 若所有的场 φ_i 在两个单项式中出现的次数具有相同的宇称, 则这两个单项式彼此等价, 那么, 两个在此意义上等价的单项式 M_1 与 M_2, 与其他任意单项式都满足对应相同的对易关系[16]. 每个等价类包含一个极小幂次单项式, 在这个单项式中, 每个场 φ_i 或者出现一次, 或者完全不出现 (单项式中各个场出现的顺序, 在我们的讨论中是不重要的). 因此, 在等价类和场 $\varphi_1, \cdots, \varphi_n$ 的子集之间存在一一对应关系. 我们将用定义如下的矢量 $s = (s_1, \cdots, s_n)$ 标记等价类:

$$s_j = \begin{pmatrix} 0 \\ 1 \end{pmatrix}, \quad \text{如果 } \varphi_j \text{ 在等价类 } s \text{ 的单项式中出现} \begin{pmatrix} \text{偶数} \\ \text{奇数} \end{pmatrix} \text{次}.$$

如果 M 是某个单项式, 我们将用符号 $s(M)$ 代表 M 所属的等价类, 或标记该等价类的相应矢量. 对于任意一个场的集合 β, 我们可以引入与之相应的矢量 $t(\beta) = (t_1(\beta), \cdots, t_n(\beta))$, 其定义为

$$t_j(\beta) = 0, \quad \text{如果 } \varphi_j \notin \beta,$$
$$t_j(\beta) = 1, \quad \text{如果 } \varphi_j \in \beta.$$

如果 β 为集合 $(\varphi_1, \cdots, \varphi_k)$, 则显然 $t(\beta)$ 是包含单项式 $\varphi_1 \cdots \varphi_k$ 的等价类.

我们定义两个矢量 s, t 的加法为

$$(s + t)_j = s_j + t_j \pmod 2,$$

也就是说, 我们规定分量的加法律为 $0 + 0 = 1 + 1 = 0, 0 + 1 = 1 + 0 = 1$[17]. 由于我们只关心出现的数的宇称, 这样的规定是方便的. 等价类 $s, \cdots$ 在这一加法律下构成一个线性空间 V. 下面两个公式是容易推导的:

$$\sum_j s_j(M)t_j(\beta) = \begin{pmatrix} 0 \\ 1 \end{pmatrix} \pmod 2, \tag{4.59}$$

---

[15]如果两个数同为偶数, 或者同为奇数, 则称它们具有相同的宇称 (parity).

[16]译者注: 即若 M_1 与另一单项式 N 满足对易关系 (反对易关系), 则 M_2 与 N 也必满足对易关系 (反对易关系), 反之亦然.

[17]译者注: 一言以蔽之, s, t 是定义在有限域 Z_2 上的 n 维线性空间中的元素.

如果 M 包含 $\begin{pmatrix} \text{偶数} \\ \text{奇数} \end{pmatrix}$ 个 β 中的场, 以及由 (4.58) 式,

$$\sum_{i,j} s_i(M)\sigma_{ij}s_j(N) = \begin{pmatrix} 0, & \text{如果 } M, N \text{ 遵循正常对易关系} \\ 1, & \text{其他情况} \end{pmatrix}. \tag{4.60}$$

这里的求和依然是模 2 的.

　　至此, 我们基本备齐了证明定理所需的材料. 变换 (4.57) 式作用于 σ_{ij} 的结果可以直接计算得到. 如果 i 和 j 满足 φ_i 属于集合 α, β 中的一个, φ_j 属于另一个, 则根据 $t(\alpha), t(\beta)$ 的定义, 或者

$$t_i(\alpha) = t_j(\beta) = 1, \tag{4.61a}$$

或者

$$t_i(\beta) = t_j(\alpha) = 1. \tag{4.61b}$$

我们已经说过, 当且仅当 (4.4) 式中之一成立时, Klein 变换 (4.57) 才会改变 σ_{ij}. 因此 (4.57) 式作用在 σ 上的效果可以归纳为

$$\sigma_{ij} \to \sigma_{ij} + t_i(\alpha)t_j(\beta) + t_j(\alpha)t_i(\beta) \pmod{2}. \tag{4.62}$$

我们通过证明 σ 具有如下定理所给出的形式, 说明 σ 可以经由一系列 Klein 变换 (4.57) 约化为 0.

　　定理 4.13　如果当 φ_i 和 φ_j 满足 $\begin{pmatrix} \text{正常} \\ \text{异常} \end{pmatrix}$ 对易关系时, $\sigma_{ij} = \begin{pmatrix} 0 \\ 1 \end{pmatrix}$, 则

$$\sigma_{ij} = \sum_{k=1}^{N} [t_i(\alpha_k)s_j^{(k)} + s_i^{(k)}t_j(\alpha_k)] \pmod{2}, \tag{4.63}$$

其中 α_k 是具有奇偶律的那些集合, $s^{(k)}, k = 1, \cdots, N$ 是 $\boldsymbol{V}$ 中的矢量.

　　定理 4.12 的证明　只要定理 4.13 成立, 我们就可以依下法证明定理. 选择集合 β_k, 使得它由 $s^{(k)}$ 极小幂次单项式中包含的场构成 [或者说, $s^{(k)} = t(\beta_k)$]. 如果我们利用上述 α_k, β_k 进行 N 次 (4.57) 式的操作, 则 σ_{ij} 变为[15]

$$\sigma_{ij} + \sigma_{ij} = 0 \pmod{2}. \qquad\blacksquare$$

---

[15]译者注: 英文版原书此公式为

$$[\sigma_{ij} + \sigma_{ij}] \pmod{2} = 0 \pmod{2}.$$

等式左侧 (mod 2) 在此处冗余, 故略去.

定理 4.13 的证明 为了证明定理 4.13, 我们必须建立判定给定集合 α 是否具有奇偶律的准则. 为此, 我们引入如下定义的 V 的子集 Γ: $s \in \Gamma$, 当且仅当等价类 s 中存在单项式 M, 使得 $(\Psi_0, M\Psi_0) \neq 0$. 我们可以定义 $\bar{\Gamma}$ 为 Γ 与所有通过 Γ 中矢量相加得到的矢量组成的集合的并集 [例如, 如果 Γ 包含 $(0,1)$ 和 $(1,1)$, 则 $\bar{\Gamma}$ 包含 $(0,1)$, $(1,1)$, 以及 $(0,1) + (1,1) = (1,0)$]. 这样得到的 Γ (或 $\bar{\Gamma}$) 就是决定理论所含奇偶律所需要的集合, 原因如下.

我们断言: 如果对所有的 $s \in \Gamma$, 都有

$$\sum_j s_j t_j(\alpha) = 0 \pmod 2 \tag{4.64}$$

(从而同时对所有的 $s \in \bar{\Gamma}$ 都成立), 则存在关于集合 α 的奇偶律. 为了证明这一点, 假设 (如果可能的话) M 是一个包含了奇数个来自集合 α 的场 (和任意数目其他场) 的单项式, 并且 $(\Psi_0, M\Psi_0) \neq 0$. 令 $s(M)$ 为 M 所在的等价类. 根据 Γ 的定义, $s \in \Gamma$, 由 (4.59) 式可知 $\sum_j s_j(M) t_j(\alpha) = 1 \pmod 2$, 而这与假设矛盾.

接下来, 我们断言, 如果 $s(M), s(N)$ 是 Γ 中的两个矢量, 则 M, N 具有正常对易关系. 理由是, $(\Psi_0, M\Psi_0) \neq 0$, $(\Psi_0, N\Psi_0) \neq 0$, 只有 M 与 N 对易, 才能避免与定理 4.11 矛盾. M 和 N 都含有偶数个半奇数自旋场, 因此, 如果我们已经假设所有的场 φ_j 都具有正常对易关系, M 与 N 将是对易的. 于是, M 与 N 具有正常对易关系. 根据 (4.60) 式, 一个与之等价的条件是, 如果 $s(M), s(N) \in \Gamma$, 则

$$\sum_{i,j} s(M)_i \sigma_{ij} s(N)_j = 0. \tag{4.65}$$

这一条件在接下来的证明中将扮演重要角色. 此即初步讨论的结果, 下面, 我们转入正式的证明本身.

令 $e^{(1)}, \cdots, e^{(m)}$ 为一组张成 $\bar{\Gamma}$ 的线性无关的矢量, $e^{(1)}, \cdots, e^{(n)}$ 是 V 中包含 $e^{(1)}, \cdots, e^{(m)}$ 的一组基.

我们总可以找到一个 (对偶) 线性无关集 $d^{(k)}$, 满足

$$(e^{(j)}, d^{(k)}) = \sum_i e_i^{(j)} d_i^{(k)} = \delta_{jk} \pmod 2. \tag{4.66}$$

这里我们使用 V 中自然的标量积

$$(s, t) = \sum_{i=1}^n s_i t_i \pmod 2.$$

值得注意的是, 这个标量积不是正定的, 所以一组彼此正交的矢量不一定是线性无关的. 比如, $((1,1), (1,1)) = 1 + 1 = 0$, 因此 $(1,1)$ 与它自身是正交的. 不过, 正定性的缺失并不妨碍我们找到对偶基 $d^{(k)}$.

我们可以将 σ 视作 V 中的算子 $s \to \sigma s$, 具体定义为

$$(\sigma s)_j = \sum_i \sigma_{ij} s_i \pmod 2.$$

让我们记 σ 在新坐标系 $e^{(1)}, \cdots, e^{(n)}$ 下的矩阵元为

$$\sigma'_{ij} = (e^{(i)}, \sigma e^{(j)}). \tag{4.67}$$

于是就有

$$(t, \sigma s) = \sum_{i,k} (t, d^{(i)}) \sigma'_{ik} (d^{(k)}, s), \qquad s, t \in V. \tag{4.68}$$

我们知道, 任意单项式与其自身满足正常对易关系[19]. $e^{(i)}$ 定义的单项式自然也具备这一性质, 再利用 (4.60) 式, 我们发现 $\sigma'_{ii} = 0, i = 1, 2, \cdots, n$. 根据定义, 我们容易发现

$$\sigma'_{ij} = \sigma'_{ji}.$$

由于矢量 $e^{(1)}, \cdots, e^{(m)}$ 属于 Γ, 对于 $i, k \leqslant m$, 作为 (4.65) 式的结论, 有 $\sigma'_{ik} = 0$. 因此

$$\sigma_{ij} = \sum_{k>m} (d_i^{(k)} s_j^{(k)} + s_i^{(k)} d_j^{(k)}),$$

其中

$$s^{(k)} = \sum_{i<k} \sigma'_{ik} d^{(i)}.$$

现在, 我们断言, 当 $k > m$ 时, 矢量 $d^{(k)}$ 定义了一个具有奇偶律的集合 α_k. 令 α_k 包含那些属于被每个场的极小幂次 $d^{(k)}$ 标记的单项式等价类中的场, 即

$$d^{(k)} = t(\alpha_k),$$

或

$$\varphi_j \in \alpha_k, \qquad 如果 \ d_j^{(k)} = 1,$$
$$\varphi_j \notin \alpha_k, \qquad 如果 \ d_j^{(k)} = 0.$$

于是, 当 $k > m$ 和 $j \leqslant m$ 时, 我们有 $(d^{(k)}, e^j) = 0$. 由于 $e^j, j = 1, \cdots, m$ 张成整个

---

[19]译者注: 将其视作一般的场, 根据定理 4.10 可以得到这一结论.

Γ, 这意味着对于所有的 $s \in \Gamma$, 都有 $\sum\limits_i d_i^{(k)} s_i = 0 \pmod 2$. 因此, 根据 (4.64), 集合 α_k 定义了一个奇偶律. ∎

我们现在回到关于 PCT 定理的讨论. 在上一节中, 我们证明了对于任意满足正常对易关系的理论, 它都是成立的. 那么对于异常对易关系, 会出现什么情况呢? 回答这一问题最简单的方法就是利用定理 4.12 中 Klein 变换的存在性, 它断言由给定的场 φ_i 出发可以得到满足正常对易关系的场 φ_i'.

对新的场 φ_k' 使用 PCT 定理, 我们就知道理论中存在满足[20]

$$\Theta \varphi_k'(f) \Theta^{-1} = (-1)^j \begin{pmatrix} i \\ 1 \end{pmatrix} \varphi_k'^*(\hat{f}),$$
$$\Theta \Psi_0 = \Psi_0 \tag{4.69}$$

的对称性 Θ, 两行的列矩阵上面的情况对应半奇数自旋场, 下面的情况对应整数自旋场. 在 (4.69) 式中, $\hat{f}(x) = \bar{f}(-x)$. 这一结果会对应于原来的场 φ_k 的一个变换行为, 一般而言, 原有场的变换行为不具有 (4.69) 式的形式. 为了展示这一点, 我们考虑下面的例子.

例 3 反对易厄米标量场. 令 φ 和 ψ 为两个反对易的厄米标量场, 且

$$(\Psi_0, \varphi(x)\psi(y)\Psi_0) \neq 0.$$

由定理 4.11 我们知道, 所有包含奇数个场的真空期望都为零. 对于这个例子, 我们可以定义 Klein 变换如下: 对于均匀化场偶次多项式作用于真空得到的态张成的子空间, $\varphi' = \varphi, \psi' = \psi$; 对于均匀化场奇次多项式作用于真空得到的态张成的子空间, $\varphi' = -\varphi, \psi' = \psi$. 则

$$(\varphi \psi \Psi_0, \Psi_0) = (\psi \Psi_0, \varphi \Psi_0),$$

即

$$-(\varphi' \psi' \Psi_0, \Psi_0) = (\psi' \Psi_0, \varphi' \Psi_0),$$

所以 $(\varphi') = -\varphi'$. Klein 变换会将厄米场变为非厄米场.

因此, 一般而言, 我们会得到 $(\varphi_i')^* = \pm(\varphi_i^*)'$, 结合 (4.69) 式, 我们将得到场 φ_i 的变换律, 与常规的变换关系相比, 对于某些场, 它可能相差一个符号. 通过与上一

---

[20]译者注: 英文版原书中, 此处区分不同场的下标使用的是 i, 为了在 (4.69) 中与虚数单位 i 区分方便, 我们在译文中使用 k 标记不同的场. 另外, 英文版原书 (4.69) 式右侧的场为 $\varphi_i^{*\prime}$, 由于 φ_i' 是一个场, 而 $*$ 表示对它进行的操作, 译者认为写作 $\varphi_i'^*$ 在逻辑上更为通顺, 故而译文中写作 $\varphi_k'^*$.

节末尾给出的对于正常情况类似的方法, 可以将 Θ 解释为 PCT 算子. 余下的工作仅是说明理论中的粒子满足 "正常" 统计. 利用文献 6 中证明的渐近条件可以证明这一点. 对于被时间参数标定的态 Ψ_t, 通过取 $t \to -\infty$ 的强极限, 可以得到包含若干入射粒子的态. 态 Ψ_t 可以通过将 Klein 变换后的场组成的单项式作用在真空上得到. 由于这些场满足正常对易关系, 对于任意有限时间, Ψ_t 都满足正常统计. 因此渐近态也满足正常统计.

4.5　Haag 定理及其推广

在 3.1 节中, 我们已经提到过, 在传统的场论方法中, 人们假定一个不可约集中的算子在给定时刻满足正则对易关系[21]. 在本节中, 我们遵循传统并深入探讨这一想法.

可以证明, 对于包含有限多自由度的系统, 在特定条件下, 对易关系的任意两个解都通过一个正则 (幺正) 变换相联系[22]. 如果这一结果在场论中仍然成立, 我们

---

[21]译者注: 也就是在文献中经常被提到的等时正则对易关系 [Equal-Time Canonical Commutation Relations (ETCCR)]. 对于有限自由度的量子力学系统, 它指的是系统的正则坐标 q_i 和正则动量 $p_i, i = 1, \cdots, n$ 算子之间的正则对易关系:

$$[q_j, q_k] = [p_j, p_k] = 0, \quad [q_j, p_k] = \mathrm{i}\delta_{jk}.$$

对于无穷多自由度的场论系统, 场算子 $\phi_i(\boldsymbol{x}, t)$ 和共轭动量算子 $\pi_i(\boldsymbol{x}, t)$ 之间的正则对易关系为

$$[\phi_j(\boldsymbol{x}, t), \phi_k(\boldsymbol{y}, t)] = [\pi_j(\boldsymbol{x}, t), \pi_k(\boldsymbol{y}, t)] = 0, \quad [\phi_j(\boldsymbol{x}, t), \pi_k(\boldsymbol{y}, t)] = \mathrm{i}\delta_{jk}\delta^3(\boldsymbol{x} - \boldsymbol{y}).$$

[22]译者注: 这一结果在量子力学中, 正是著名的 Stone-von Neumann 定理. 对于有限自由度的量子力学系统, 给定正则坐标和正则动量满足的等时正则对易关系, 求解问题需要找到它的一个表示, 也就是说找到一个 Hilbert 空间 $\mathscr{H}$ 和它上面的自伴算子 Q_i, P_i, 使得 Q_i, P_i 满足正则坐标和正则动量的等时正则对易关系. 这里有一点技术性的问题, 由于 Q_i, P_i 一般而言是无界算子, 它们无法定义在全空间上, 这时等时正则对易关系的定义会出现问题. 为了解决这一问题, 人们通常引入指数变换 (注意, 这一指数变换在幂级数展开的意义上只能形式地理解, 因为 Q_i, P_i 是无界算子, 严格的定义需要用到 Stone 定理和 SNAG 定理)

$$U(\boldsymbol{a}) = \exp(\mathrm{i}\boldsymbol{a} \cdot \boldsymbol{P}), \quad V(\boldsymbol{b}) = \exp(\mathrm{i}\boldsymbol{b} \cdot \boldsymbol{Q}),$$

其中 $\boldsymbol{a} \cdot \boldsymbol{b} \equiv \sum_j a_j b_j$. 这时幺正算子 $U(\boldsymbol{a}), V(\boldsymbol{b})$ 之间满足

$$U(\boldsymbol{a})U(\boldsymbol{b}) = U(\boldsymbol{a} + \boldsymbol{b}), \quad V(\boldsymbol{a})V(\boldsymbol{b}) = V(\boldsymbol{a} + \boldsymbol{b}), \quad U(\boldsymbol{a})V(\boldsymbol{b}) = \exp(\mathrm{i}\boldsymbol{a} \cdot \boldsymbol{b})V(\boldsymbol{b})U(\boldsymbol{a}).$$

这一组等时对易关系称为 Weyl 关系. Stone-von Neumann 定理断言, n 个自由度系统 Weyl 关系的任意不可约表示, 都幺正等价于 $L^2(\mathbf{R}^n)$ 上的 Schrödinger 表示, n 个自由度系统 Weyl 关系的任意可约表示, 都是若干不可约表示的直和. 这里的 Schrödinger 表示, 就是读者十分熟悉的

$$Q_j\psi(\boldsymbol{x}) = x_j\psi(\boldsymbol{x}), \quad P_j\psi(\boldsymbol{x}) = -\mathrm{i}\frac{\partial}{\partial x_j}\psi(\boldsymbol{x}),$$

或者, 以指数算子的形式写下就是

就可以定义所谓的相互作用表象 (interaction picture)[23]. 这一表象假定每一时刻的正则变量都与自由场 φ_{int} 的正则变量等价. 特别地,

$$V(t)\varphi(\boldsymbol{x}, t)V(t)^{-1} = \varphi_{\text{int}}(\boldsymbol{x}, t). \tag{4.70}$$

算子 V 对时间的依赖体现了相互作用的存在性, 利用它可以计算各种物理上感兴趣的量. 比如, 碰撞算子 S 由

$$S = \lim_{t \to \infty} V(t)V(-t)^*$$

给出.

很快人们就意识到, 得到 (4.70) 式的论点是不确定的, 因为正则对易关系存在多个不等价表示 [即无法通过幺正变换 (4.70) 联系的表示]. 更进一步, 事实上这一论点不仅仅是不确定的, 它根本是错误的: 除非 $\varphi(\boldsymbol{x}, t)$ 是自由场, 否则根本就不存在满足 (4.70) 式的变换 V, 正如接下来作为 R. Haag 的思想的实现的论点展现的那样.

显然, 为了使这一定理有意义, 我们必须假定, 对于时间变量的每一个确定的取值, 场都是其空间变量的分布.

我们证明的第一步, 是说明由两个不可约算子集的幺正等价性, 可以得到它们具有相同的等时真空期望值.

定理 4.14 假定在 Hilbert 空间 $\mathscr{H}_1$ 和 $\mathscr{H}_2$ 上存在非齐次 $SU(2)$ 群[24]的连续幺正表示

$$\{\boldsymbol{a}, A\} \to U_j(\boldsymbol{a}, A), \quad j = 1, 2,$$

令 $\varphi_{1\alpha}(f, t)$ 和 $\varphi_{2\beta}(f, t), f \in \mathscr{S}(\mathbf{R}^3)$ 分别为由 $\mathscr{H}_1$ 和 $\mathscr{H}_2$ 上的定义在 t 时刻的场算子组成的任意不可约集, 且在非齐次 $SU(2)$ 群连续幺正表示下变换为[25]

$$U_j(\boldsymbol{a}, A)\varphi_{j\alpha}(f, t)U_j(\boldsymbol{a}, A)^{-1} = \sum_{\beta} S_{\alpha\beta}(A^{-1})\varphi_{j\beta}(\{\boldsymbol{a}, A\}f, t), \tag{4.71}$$

$$U(\boldsymbol{a})\psi(\boldsymbol{x}) = \psi(\boldsymbol{x} + \boldsymbol{a}), \quad V(\boldsymbol{b})\psi(\boldsymbol{x}) = e^{i\boldsymbol{b} \cdot \boldsymbol{x}}\psi(\boldsymbol{x}).$$

Stone-von Neumann 定理中自由度有限这一条件是至关重要的, 可以证明, 对于无穷维自由度系统, Weyl 关系存在无穷多不等价的不可约表示.

[23]译者注: 在中文文献中有时也称 "相互作用绘景".

[24]译者注: 由于固定了时间参数 t, 此处的变量只剩下三维空间坐标, 其对称变换群为三维 Euclid 群 E_3 或 $ISO(3)$. 非齐次 $SU(2)$ 群, 作为三维平移群和 $SU(2)$ 群的半直积, 是三维 Euclid 群的万有覆盖群. 使用它而非 E_3 的原因, 是考虑到处理半奇数自旋场的需要.

[25]译者注: (4.71) 式中 $\{\boldsymbol{a}, A\}f$ 的定义, 同上一章的 (3.5) 式.

其中 $A \to S(A)$ 为特殊幺正群 $SU(2)$ 的矩阵表示. 假设表示 U_j 存在唯一的不变态 Ψ_{j0}:

$$U_j(\boldsymbol{a}, A) \Psi_{j0} = \Psi_{j0}, \quad j = 1, 2. \tag{4.72}$$

如果存在一个幺正算子 V 使得在 t 时刻有

$$\varphi_{2\alpha}(f, t) = V \varphi_{1\alpha}(f, t) V^{-1}, \tag{4.73}$$

则

$$U_2(\boldsymbol{a}, A) = V U_1(\boldsymbol{a}, A) V^{-1}, \tag{4.74}$$

并且

$$c \Psi_{20} = V \Psi_{10}, \tag{4.75}$$

其中 c 为模为 1 的复常数.

定理的证明与定理 3.8 的证明非常类似. 人们考虑算子 $U_2(\boldsymbol{a}, A)^{-1} V U_1(\boldsymbol{a}, A) V^{-1}$, 证明它在 $\mathscr{H}_2$ 中是恒等算子乘以某个常数. 我们将证明的细节留给读者完成[29]. 关系 (4.73) 和 (4.75) 马上可以导出下面的推论.

---

[29]译者注: 定理的证明方法如下. 考虑从 $\mathscr{H}_2$ 到其自身的线性算子 $U_2(\boldsymbol{a}, A)^{-1} V U_1(\boldsymbol{a}, A) V^{-1}$, 易知它与任意算子 $\varphi_{2\alpha}(f, t)$ 都对易, 根据场算子集合的不可约性容易得到, $c_{\boldsymbol{a}, A} U_2(\boldsymbol{a}, A) = V U_1(\boldsymbol{a}, A) V^{-1}$. 由此可以得到

$$c_{\boldsymbol{a}, A} c_{\boldsymbol{b}, B} \, U_2(\boldsymbol{a}, A) U_2(\boldsymbol{b}, B) = V U_1(\boldsymbol{a}, A) U_1(\boldsymbol{b}, B) V^{-1}.$$

故而有

$$U_2(\{\boldsymbol{a}, A\}\{\boldsymbol{b}, B\})^{-1} V U_1(\{\boldsymbol{a}, A\}\{\boldsymbol{b}, B\}) V^{-1} = c_{\boldsymbol{a}, A} c_{\boldsymbol{b}, B} \mathbf{1},$$

于是 $c_{\boldsymbol{a}, A} c_{\boldsymbol{b}, B} = c_{\{\boldsymbol{a}, A\}\{\boldsymbol{b}, B\}}$. 由此容易说明 $c_{\boldsymbol{a}, A}$ 构成非齐次 $SU(2)$ 群的一个一维复表示, 而这样的表示只能是平凡表示 (首先考虑齐次子群 $SU(2)$, 其一维复表示只有平凡表示, 因此 $c_{0, A} \equiv 1$. 由于 $c_{\boldsymbol{a}, A} = c_{0, A} c_{A^{-1}\boldsymbol{a}, I} = c_{A^{-1}\boldsymbol{a}, I}$ 且 $c_{\boldsymbol{a}, A} = c_{\boldsymbol{a}, I} c_{0, A} = c_{\boldsymbol{a}, I}$, 所以 $c_{A^{-1}\boldsymbol{a}, I} \equiv c_{\boldsymbol{a}, I}$. 对任意的 $\boldsymbol{a}$, 我们总可以选取 A 为绕某一垂直 $\boldsymbol{a}$ 的轴转动 π 的变换, 因此有 $c_{-\boldsymbol{a}, I} \equiv c_{\boldsymbol{a}, I}$, 两边乘以 $c_{\boldsymbol{a}, I}$ 可知 $1 = c_{2\boldsymbol{a}, I}$. 这样我们就证明了所有的 $c_{\boldsymbol{a}, A} \equiv 1$), 于是我们知道 $c_{\boldsymbol{a}, A} \equiv 1$.

至此为止, 我们已经证明了 $U_2(\boldsymbol{a}, A) = V U_1(\boldsymbol{a}, A) V^{-1}$. 接下来, 我们证明 $c \Psi_{20} = V \Psi_{10}$. 显然

$$U_2(\boldsymbol{a}, A) V \Psi_{10} = V U_1(\boldsymbol{a}, A) \Psi_{10} = V \Psi_{10}.$$

由于 V 为幺正变换, $V \Psi_{10}$ 为非零矢量, 这样的在所有 $U_2(\boldsymbol{a}, A)$ 变换下不变的态, 根据定义只能是真空态 Ψ_{20} 的常数倍. 由于其范数为 1, 因此

$$c \Psi_{20} = V \Psi_{10}, \quad c \in \mathbf{C}, \quad |c| = 1.$$

推论 任意两个满足定理 4.14 假设的理论, 都具有相等的等时真空期望值:

$$(\Psi_{10}, \varphi_{1\alpha}(\boldsymbol{x}_1, t) \cdots \varphi_{1\beta}(\boldsymbol{x}_n, t)\Psi_{10}) = (\Psi_{20}, \varphi_{2\alpha}(\boldsymbol{x}_1, t) \cdots \varphi_{2\beta}(\boldsymbol{x}_n, t)\Psi_{20}). \quad (4.76)$$

我们现在可以证明 Haag 定理了. 该定理断言, 如果定理 4.14 中的两个场之一是自由场, 那么另一个也一定是自由场. 这一结论容易由 R. Jost 和 B. Schroer 给出的更为一般的结果得到, 因此我们将证明后者. 简单起见, 我们只考虑中性标量场, 尽管这一结果对于更为一般的情况也是成立的.

定理 4.15 如果 $\varphi(x)$ 是循环态真空上的一个局域厄米标量场, 并且

$$(\Psi_0, \varphi(x)\varphi(y)\Psi_0) = \frac{1}{i}\Delta^+(x - y; m), \quad (4.77)$$

其中 $m > 0$, 那么 $\varphi(x)$ 一定是质量为 m 的自由场.

证明 如果我们定义 $j(x) = (\Box_x + m^2)\varphi(x)$, 由 (4.77) 式我们发现 [利用 $(\Box_x + m^2)\Delta^+(x; m) = 0$] $(\Psi_0, j(x)j(y)\Psi_0)$ 为零. 因此 $\|j(f)\Psi_0\| = 0$, 从而由定理 4.3 有 $j(x) = 0$, 也就是说 $(\Box_x + m^2)\varphi(x) = 0$. 因此 φ 场满足自由场方程. 我们仍须说明, 它在 3.2 节所定义的意义上是一个自由场. 证明的主要部分是表明对易子是恒等算子的倍数.

在动量空间中, 我们有 $(p^2 - m^2)\tilde{\varphi}(p) = 0$, 因此 $\tilde{\varphi}$ 的谱位于双曲面 $p^2 = m^2$ 上. 所以我们可以 Lorentz 不变地将 φ 分解为正频部分和负频部分之和:

$$\varphi(x) = \varphi_+(x) + \varphi_-(x).$$

例如, 对于检验函数 h, $\varphi_+(h)$ 定义为

$$\varphi_+(h) = \tilde{\varphi}(\tilde{\theta}\tilde{h}),$$

其中 $\tilde{\theta}$ 是当 $p^2 = m^2, p_0 < 0$ 时为 0, 当 $p^2 > 0, p_0 > 0$ 时为 1 的无穷阶可微函数. 由于不存在负能态 (正频!),

$$\varphi_+(f)\Psi_0 = 0. \quad (4.78)$$

下一步, 考虑态

$$\varphi_+(x)\varphi_-(y)\Psi_0. \quad (4.79)$$

这个态中的任意动量都是一个质量为 m 的指向未来的类时矢量和一个质量为 m 的指向过去的类时矢量之和, 所以这一动量只能是类空矢量或者零. 由于不存在具有类空动量的态, (4.79) 式一定是 Ψ_0 的若干倍. 但是由 (4.78) 式,

$$(\Psi_0, \varphi_+(x)\varphi_-(y)\Psi_0) = (\Psi_0, \varphi(x)\varphi(y)\Psi_0) = \frac{1}{i}\Delta^+(x - y).$$

因此

$$\varphi_+(x)\varphi_-(y)\,\Psi_0 = \frac{1}{i}\Delta^+(x-y)\,\Psi_0, \tag{4.80}$$

并且

$$\frac{1}{i}\Delta^+(x-y)\,\Psi_0 = [\varphi_+(x),\varphi_-(y)]\,\Psi_0. \tag{4.81}$$

结合 (4.80) 式和平凡的等式

$$[\varphi_+(x),\varphi_+(y)]\,\Psi_0 = 0,$$

我们得到

$$[\varphi(x),\varphi(y)]\,\Psi_0 = \frac{1}{i}\Delta(x-y)\,\Psi_0 + [\varphi_-(x),\varphi_-(y)]\,\Psi_0, \tag{4.82}$$

其中

$$\Delta = \Delta^+ + \overline{\Delta^+}.$$

令 Ψ 是任意一个位于 φ 定义域内的态, 定义

$$F(x,y) = (\Psi, [\varphi_-(x),\varphi_-(y)]\,\Psi_0).$$

定理 4.2 证明中给出的论断表明 $F(x,y)$ 是一个缓增分布. 其 Fourier 变换为 0[27], 除非与 x 和 y 共轭的变量位于过去光锥内部. 因此, 根据定理 2.6 和 2.7, $F(x,y)$ 可以解析延拓到管状域 $\mathrm{Im}\,x, \mathrm{Im}\,y \in \boldsymbol{V}_+$ 中成为 $\boldsymbol{F}$. 容易看出, 当 x 和 y 均为实数且 $(x-y)^2 < 0$ 时, $F(x,y)$ 为零. 这一点可以由 (4.82) 式得到, 只要注意当 $(x-y)^2 < 0$ 时 $(1/i)\Delta(x-y) = 0$, 以及 $[\varphi(x),\varphi(y)] = 0$[28]. 因此, 由解析连续性 (定理 2.17), $\boldsymbol{F}(x,y)$ 在其全纯点上恒为零, 因而其边界值 F 为零. 作为结论,

$$[\varphi(x),\varphi(y)]\,\Psi_0 = \frac{1}{i}\Delta(x-y)\,\Psi_0. \tag{4.83}$$

---

[27]这个论断以及证明后面出现的其他几处场合中, 我们处理非均匀化的场. 这样做只是为了方便. 读者可以非常容易地补充所需的均匀化. 比如, 为了处理 (4.79) 式, 人们考虑如下定义在 $\mathbf{R}^8$ 上的缓增分布 T:

$$(\Psi, \varphi_+(f)\varphi_-(g)\,\Psi_0) = T(f,g),$$

进而断言其 Fourier 变换 $\tilde{T}(p_1,p_2)$ 在 $p_1^2 = m^2, p_1{}^0 > 0$ 和 $p_2^2 = m^2, p_2{}^0 < 0$ 之外的区域恒为零. 因此, 对于变量 $p_1 + p_2$, 其支集包含类空矢量和零矢量. 于是我们就有上面的结论.

[28]译者注: 当 $(x-y)^2 < 0$ 时, 根据局域对易性条件可知 $[\varphi(x),\varphi(y)] = 0$. 而由第 3.3 节结尾处的结果

$$\Delta^+(x-y;m) = \frac{i}{(2\pi)^3}\int \theta(p_0)\delta(p^2-m^2)\mathrm{e}^{-ip(x-y)}\mathrm{d}^4p,$$

由 (4.83) 式可知, 算子 $[\varphi(x), \varphi(y)] - (1/\mathrm{i})\Delta(x-y)$ 经过适当均匀化, 且作用在真空上为零. 根据定理 4.3, 利用有限时空区域内的算子无法构造任何湮灭算子, 因此上述算子就是零.

在通常的场论中, 习惯上利用 (4.78) 式和

$$(\Box + m^2)\varphi(x) = 0, \quad [\varphi(x), \varphi(y)] = \frac{1}{\mathrm{i}}\Delta(x-y) \tag{4.84}$$

定义自由标量场. 所以, 从这个意义上讲, 定理已经被证明了. 然而, 验证 (4.84) 式与我们前面对自由场的定义等价也很简单, 只要证明其真空期望值与 (3.41) 式给出的一致即可. 由 (4.84) 式, 我们马上就能得到

$$[\varphi_+(x_1), \varphi(x_j)] = \frac{1}{\mathrm{i}}\Delta^+(x_1 - x_j),$$

因此

$$
\begin{aligned}
&(\Psi_0, \varphi(x_1)\cdots\varphi(x_n)\Psi_0) \\
&= (\Psi_0, \varphi_+(x_1)\varphi(x_2)\cdots\varphi(x_n)\Psi_0) \\
&= (\Psi_0, [\varphi_+(x_1), \varphi(x_2)]\varphi(x_3)\cdots\varphi(x_n)\Psi_0) \\
&\quad + (\Psi_0, \varphi(x_2)[\varphi_+(x_1), \varphi(x_3)]\varphi(x_4)\cdots\varphi(x_n)\Psi_0) \\
&\quad + \cdots + (\Psi_0, \varphi(x_2)\varphi(x_3)\cdots\varphi(x_{n-1})[\varphi_+(x_1), \varphi(x_n)]\Psi_0),
\end{aligned}
$$

推导中我们已经利用了 $\varphi_+(x_1)\Psi_0 = 0$.

可知

$$
\begin{aligned}
\Delta^+(x-y; m) &= \frac{\mathrm{i}}{(2\pi)^3} \int \theta(p_0)\delta(p_0^2 - (\boldsymbol{p}^2 + m^2))\mathrm{e}^{-\mathrm{i}p(x-y)}\mathrm{d}p_0\mathrm{d}^3\boldsymbol{p} \\
&= \frac{\mathrm{i}}{(2\pi)^3} \int \frac{1}{2\sqrt{\boldsymbol{p}^2 + m^2}} \mathrm{e}^{-\mathrm{i}\sqrt{\boldsymbol{p}^2 + m^2}(x_0 - y_0)} \mathrm{e}^{\mathrm{i}\boldsymbol{p}\cdot(\boldsymbol{x} - \boldsymbol{y})} \mathrm{d}^3\boldsymbol{p}.
\end{aligned}
$$

当 $(x-y)^2 < 0$ 时, 总可以选择坐标系使得 $x - y = (0, 0, 0, \kappa)$, $\kappa = \sqrt{-(x-y)^2}$. 于是在极坐标 $p_1 = p\sin\theta\cos\phi, p_2 = p\sin\theta\sin\phi, p_3 = p\cos\theta$ 下,

$$
\begin{aligned}
\Delta^+(x-y; m) &= \frac{\mathrm{i}}{(2\pi)^3} \int \frac{p^2\,\mathrm{d}p\,\mathrm{d}\cos\theta\,\mathrm{d}\phi}{2\sqrt{p^2 + m^2}} \mathrm{e}^{\mathrm{i}p\kappa\cos\theta} \\
&= \frac{\mathrm{i}mK_1(\kappa m)}{\kappa(2\pi)^2},
\end{aligned}
$$

其中 $K_1(z)$ 为第二类修正的 Bessel 函数. 当变量 $z > 0$ 且为实数时 (在此情况下为 $\kappa m > 0$, 显然满足), $K_1(z)$ 取值为实数. 故而 $\Delta^+(x-y; m)$ 在 $m > 0$, x, y 为实数且 $(x-y)^2 < 0$ 时为纯虚数, 所以此时有

$$\Delta(x-y; m) = \Delta^+(x-y; m) + \overline{\Delta^+(x-y; m)} = 0.$$

结合 $[\varphi(x), \varphi(y)] = 0$, 由 (4.82) 式可得 $[\varphi_-(x), \varphi_-(y)]\Psi_0 = 0$.

因此

$$\mathscr{W}_n(x_1,\cdots,x_n)=\sum_{j=2}^{n}\frac{1}{i}\Delta^+(x_1-x_j)\mathscr{W}_{n-2}(x_2,\cdots,\hat{x}_j,\cdots,x_n),$$

其中 $\hat{x}_j$ 意为删去 x_j. 从两点函数出发, 我们可以得到自由场真空期望值 (3.41). 利用重构定理, 我们发现 $\varphi(x)$ 正是 3.2 节中定义的自由场. ■

由定理 4.15, 我们得到如下定理.

定理 4.16 [**Haag 定理** (Haag's Theorem)]   若 $\varphi_1(x)$ 是质量 $m>0$ 的厄米自由标量场, $\varphi_2(x)$ 是在非齐次 $SL(2,C)$ 下协变的局域场. 如果进一步, $\varphi_1(x)$, $\dot{\varphi}_1(x)$, $\varphi_2(x)$ 和 $\dot{\varphi}_2(x)$ 满足定理 4.14 的假设, 那么, $\varphi_2(x)$ 是质量为 m 的自由场.

证明   根据定理 4.14 的推论, 我们有

$$(\Psi_{20},\varphi_2(\boldsymbol{x},t)\varphi_2(\boldsymbol{y},t)\Psi_{20})=\frac{1}{i}\Delta^+(\boldsymbol{x}-\boldsymbol{y},0;m). \tag{4.85}$$

任意两个矢量 $(\boldsymbol{x},t_1)$ 和 $(\boldsymbol{y},t_2)$, 只要它们相差一个类空矢量, 就可以通过一个限制 Lorentz 变换变到一张等时面 $t_1=t_2$ 上. 因此, 结合 φ_2 的协变性和 (4.85) 式, 我们利用标准的解析延拓推导可以得到

$$(\Psi_{20},\varphi_2(\boldsymbol{x},t_1)\varphi_2(\boldsymbol{y},t_2)\Psi_{20})=\frac{1}{i}\Delta^+(x-y;m).$$

由此, 本定理就是定理 4.15 的直接结果. ■

Haag 定理是十分令人不悦的, 它意味着相互作用表象仅存在于没有相互作用的情况.

利用相同的技术, 我们可以证明关于给定时刻幺正等价的两个场的更一般的结果. 该结果被称为广义 Haag 定理 (generalized Haag's theorem).

定理 4.17   假定存在两个满足定理 4.14 条件的理论, 如果它们在非齐次 $SL(2,C)$ 变换下不变, 并且某些算子 $\varphi_{j\alpha}$ 在 $SL(2,C)$ 变换下满足

$$U_j(a,A)\varphi_{j\alpha}(x)U_j(a,A)^{-1}=\sum_{\beta}S_{\alpha\beta}(A^{-1})\varphi_{j\beta}(Ax+a), \tag{4.86}$$

则这两个理论中, 包含四个或者更少这些场算子的真空期望值对应相等.

注   定理 4.17 的结论使得我们可以将其用于基本场在非齐次 $SL(2,C)$ 群下协变的一般情况, 但是当我们将这些场的非协变共轭动量限制在给定时刻的时候, 这些共轭动量必须构成不可约集.

证明 令 $W_{j\alpha\cdots\beta}^{(n)}(\xi_1,\cdots,\xi_{n-1}), j=1,2$ 是边界值分别由 (4.76) 式左右两侧定义的全纯函数, 其中 φ 从那些满足 (4.86) 式的场中选取. (4.76) 式成立的那些点彼此之间完全都是类空的, 其中自然包括 Jost 点[29]. 为了证明定理, 只需要说明这些 Jost 点与由它们经过实 Lorentz 变换得到的点一起, 构成全纯函数 $W_{j\alpha\cdots\beta}^{(n)}$ 的实环境, 其中 $n=2,3,4$ ($n=1$ 的情况是平庸的). $n=2$ 情况的论证, 已经在前面定理证明中 (4.85) 式的后面给出: 任意类空矢量 ξ 都可以通过一个实限制 Lorentz 变换变到 $\xi^0=0$ 的形式. 对于 $n=3$ 的情况, 任意两个实类空矢量 ξ_1,ξ_2 如果可以通过实限制 Lorentz 变换变到等时平面 $\xi_1{}^0=\xi_2{}^0=0$, 则这两个矢量张成的二平面只包含类空矢量 (如果它们共线, 我们就使用 $n=2$ 情形的论证). 判断的准则十分简单,

$$|\xi_1\cdot\xi_2|<\sqrt{\xi_1{}^2\xi_2{}^2}, \quad \xi_1{}^2<0, \quad \xi_2{}^2<0, \tag{4.87}$$

实 Jost 点的一个开子集显然满足这一条件. 最后, 对于 $n=4$ 的情况, 任意三个实类空矢量 ξ_1,ξ_2,ξ_3 如果可以被某个实限制 Lorentz 变换变到一张等时平面 $\xi_1{}^0=\xi_2{}^0=\xi_3{}^0=0$ 上, 则它们张成的三平面完全由类空矢量构成. 这时的判据为矩阵

$$\begin{pmatrix} \xi_1{}^2 & \xi_1\cdot\xi_2 & \xi_1\cdot\xi_3 \\ \xi_2\cdot\xi_1 & \xi_2{}^2 & \xi_2\cdot\xi_3 \\ \xi_3\cdot\xi_1 & \xi_3\cdot\xi_2 & \xi_3{}^2 \end{pmatrix} \tag{4.88}$$

负定, 这又是一个被 Jost 点某开子集满足的条件. ∎

在定理 4.17 中, 我们无法用同样的方法证明两个理论中包含五个或更多算子的真空期望值相等, 因为除非位于十分特殊的子集中, 否则四个或更多的矢量无法被变换到同一张等时面上, 而这样的子集对于为定义在其上的函数确定唯一的解析延拓而言太小了. 无论如何, 这个定理已经足够强大了: 如果两个理论中 2, 3, 4 个场算子乘积的真空期望值不相等, 则一定要用正则对易关系的不等价表示.

我们相信, 本节中证明的定理说明, 自由场与包含相互作用的场之间的关系, 并不像有限自由度系统直接类比所建议的那样简单. 特别是, 由于动力学决定了我们必须使用的正则对易关系的表示, 此时运动学与动力学纠缠在一起了. 在物理上感兴趣的量子场论中, 更有可能的情况是等时对易关系根本没有意义, 除非对时间进行和空间类似的均匀化, 否则场根本就不成为一个算子.

当我们提到这些令人尴尬的定理的时候, 无意否认诸如

$$(\Box+m^2)\varphi(x)=\lambda\varphi(x)^3 \tag{4.89}$$

的运动方程的意义, 以及研究它们的工作的意义. 本节的结果, 仅仅意在澄清一些解释它们时必须考虑的事实. 在特定的意义上, 本章中所有的定理都可以被视作研

---

[29] 参见定理 2.12.

究 (4.89) 式这类事物的准备. 为了说明方程有解, 我们必须找到定义 $\varphi(x)^3$ 的方法, 而为了做到这一点, 我们必须了解量子化场 $\varphi(x)$ 的一些行为.

4.6　局域场的等价类 (Borchers 类)

人们可以经由不同的途径得到局域场等价类的概念. 下述途径是最为直接的. 令 φ_1 为具有循环真空态的厄米标量场. 假设 φ_2 和 φ_3 为与 φ_1 属于 Poincaré 群相同表示的另外两个场. 再假设 φ_2 和 φ_3 不必是局域的, 而是相对于 φ_1 局域的 (local relative to φ_1). 也就是说

$$[\varphi_1(x), \varphi_2(y)]_- = 0, \quad [\varphi_1(x), \varphi_3(y)]_- = 0, \qquad \text{如果 } (x-y)^2 < 0. \qquad (4.90)$$

此时, 关于 φ_2 和 φ_3 的关系, 我们能够给出什么样的论断呢? Borchers 发现, 它们也是相对局域的:

$$[\varphi_2(x), \varphi_3(y)]_- = 0, \qquad \text{如果 } (x-y)^2 < 0. \qquad (4.91)$$

由此可以直接推出它们都是局域的 (只需要取 $\varphi_2 = \varphi_3$). 因此, 相对局域场组成了一些等价类[20].

本节的主要任务, 就是证明这些结果, 并得到只满足弱局域对易性条件时的类似结果. 在进入细节之前, 我们首先向读者展示一下这些结果的重要意义.

属于给定等价类的场, 具体长成什么样子呢? 在 3.2 节中, 我们对于自由场引入了 Wick 多项式的概念. 可以证明, 给定自由场的 Wick 多项式穷尽了该自由场的等价类元素 (文献 28). 对于非自由场来说, 一个合理的预期是, 相同等价类中的场满足的关系与 Wick 多项式之间的关系类似, 即它们可以互相表示为彼此的局域函数. $\varphi(x)$ 与 $\varphi(x) + (\Box + m^2)\varphi(x)$ 就是这样一个例子. 目前, 这一想法中用到的概念 —— 一个场是另一个场的局域函数的明确的定义, 仍在深入研究中, 但是几无定论. 它与 4.2 节末尾提到过的开集的 von Neumann 代数理论紧密相关.

由相对局域对易性带来的等价关系, 在物理上的重要意义在于: 具有相同 Hilbert 空间 $\mathscr{H}$ 和变换律 U 的两个场论, 若它们的场之间是相对局域的, 则它们具有相同的 S 矩阵. 这一结论的证明, 涉及 Haag-Ruelle 理论, 因此超出了本书的范围. 然而它太重要了, 我们希望对论证的方向给出一个梗概, 同时展示等价性

---

[20] 在开头我们就应该指出, 被证明的结论是, 如果局域的 φ_1 以真空为循环态, 也即 φ_1 不可约, 那么 (4.90) 式可以推出 (4.91) 式. φ_2, φ_3 不必是不可约的. 现在, 在数学上习惯的对等价类的定义中, 一个等价类中所有的元素必具有相同的基本性质, 所以严格地讲, 构成等价类的是不可约相对局域场. 我们在后文中提到等价类时, 会选择略微宽松的含义, 使等价类中不仅包含不可约相对局域场, 也包含可约相对局域场.

在技术上的重要性. 考虑质子、中子和 π 介子, 包括 $\pi^{\pm}$ 和 π^0 构成的理论. 我们在 4.2 节的末尾处讨论过这个理论, 其中质子场 ψ_p 和中子场 ψ_n 及其共轭构成算子的不可约集. 在 Haag 和 Ruelle 构造中, 人们构造 $Q_\alpha(t)\Psi_0$, 其中 $Q_\alpha(t)$ 是这些场的适当的均匀化的多项式, 且满足

$$\lim_{t\to\pm\infty}\|Q_\alpha(t)\Psi_0 - \Psi_\alpha^{\text{out,in}}\| = 0,$$

其中 $\Psi_\alpha^{\text{out,in}}$ 是中子、质子与 π 介子的碰撞态. 在这个理论中, 存在另一个不可约算子集, ψ_n, φ^+ 及其共轭可以生成所有的态. 这些场也可以被用来给出 Haag-Ruelle 描述中用到的碰撞态. Ruelle 理论使我们确信, 如果场 $\psi_p, \psi_n, \varphi^+, \varphi^-, \varphi^0$ 都是局域的, 并且是彼此相对局域的, 那么其中一个不可约算子集 ψ_p, ψ_n 定义的碰撞态, 与另一个不可约算子集 ψ_n, φ^+ 定义的碰撞态是相同的. 于是, 无论用哪个集合定义渐近态, 得到的 S 矩阵都相同的.

如果人们考虑下面的问题, 就能得到局域场等价类重要性的进一步的观点: 对于给定 $\mathscr{H}$ 和 U 的场论, 按照 S 矩阵的不同进行分类 (对这一问题的一个真实有效的解决方案, 即便不能帮助我们计算具体的散射截面, 也必将是量子场一般理论的一个巨大成就). 如果我们将两个具有相同 S 矩阵的场论称为 S 等价的 (S-equivalent), 则前面的问题可以重述为: $\mathscr{H}$ 上具有相同 U 的两个彼此相对局域的场论, 是 S 等价的. 因此, S 等价类由 Borchers 等价类构成. 比如, 由具有一个中性标量场 φ 的场论, 人们可以通过用 $V\varphi V^{-1}$ 取代 φ 得到一个新的理论, 其中 V 是任意一个与 $\mathscr{P}_+^\uparrow$ 的表示 U 对易的幺正变换. 一般而言, $V\varphi V^{-1}$ 相对于 φ 将不是局域的, 但是它仍然给出 S 等价的理论. 目前, 人们还不知道, 由单一 Borchers 类在所有可能的 V 下进行上述变换, 是否能够得到给定 S 等价类的全部场论. 然而我们已经知道, 关于 Borchers 等价类的结构的知识, 对于任何理解 S 等价类的努力而言, 都是至关重要的基础.

完成了这些定性的评论, 我们现在着手处理等价类. 简单起见, 我们将讨论单一厄米标量场的场论. 对于任意旋量场集合的情况的推广是直接的. 回忆起一个场 φ 被称为弱局域的条件, 是等式

$$(\Psi_0, \varphi(x_1)\cdots\varphi(x_n)\Psi_0) = (\Psi_0, \varphi(x_n)\cdots\varphi(x_1)\Psi_0) \tag{4.92}$$

对于每个 n 和每个 Jost 点 $x_1,\cdots,x_n$ 都成立. 由 PCT 定理我们看到, 当且仅当存在反幺正算子 Θ 满足

$$\Theta\varphi(f)\Theta^{-1} = \varphi(\hat{f}) \tag{4.93}$$

时, φ 是弱局域的, 其中

$$\hat{f}(x) = \bar{f}(-x).$$

由于定理 4.5 保证 φ 是不可约的, (4.93) 式将 Θ 决定到仅差一个相因子 (证明参见 3.5 节) 的地步. 如果 $\mathscr{H}$ 上存在另一个不可约场 ψ, 并且属于 $\mathscr{P}_+^\uparrow$ 的同一表示 U, 当且仅当它是弱局域的时候, 它会给出一个 PCT 算子 Θ_ψ. 这样, 我们就有了两个 PCT 算子 Θ 和 Θ_ψ, 它们何时相同? 重构定理 (定理 3.7) 和定理 4.7 表明, 如果两个场的定义域满足特定的条件, 并且 φ 和 ψ 一起满足 WLC 等式, 则 $\Theta = \Theta_\psi$. 我们将这种情况称为这些场是相互弱局域的 (weakly local with respect to each other). 作为包含三个非相互弱局域的不可约场的场论的例子, 我们考虑以 $\varphi^{\mathrm{in}}(x), \varphi^{\mathrm{out}}(x)$ 为渐近自由场的非平凡厄米标量场理论, 并且假定理论是渐近完备的. 因为

$$\Theta\varphi^{\mathrm{in}}(f)\Theta^{-1} = \varphi^{\mathrm{out}}(\hat{f}) \neq \varphi^{\mathrm{in}}(\hat{f}),$$

$\varphi(x)$ 的 CPT 算子既不是 $\varphi^{\mathrm{in}}(x)$ 的 CPT 算子, 也不是 $\varphi^{\mathrm{out}}(x)$ 的 CPT 算子. 更不用说, 除非 $\varphi^{\mathrm{in}}(x), \varphi(x)$ 和 $\varphi^{\mathrm{out}}(x)$ 三者完全一致, 否则它们不可能是相互弱局域的.

下面, 我们给出 φ 和 ψ 相对彼此弱局域的一个条件集合. 这些条件是定理 4.7 中条件的一个子集. 应该注意的是, 定理中并没有假定 φ 或 ψ 是局域的, 或者说, 它们不必满足公理 Ⅲ.

定理 4.18 假定 $\varphi(x)$ 是一个以真空为循环矢量的弱局域场, ψ 是另一个与之在 $\mathscr{P}_+^\uparrow$ 变换下满足相同变换关系的场, 并且它们具有相同的定义域. 如果

$$(\Psi_0, \varphi(x_1)\cdots\varphi(x_j)\psi(x)\varphi(x_{j+1})\cdots\varphi(x_n)\Psi_0)$$
$$= (\Psi_0, \varphi(x_n)\cdots\varphi(x_{j+1})\psi(x)\varphi(x_j)\cdots\varphi(x_1)\Psi_0) \tag{4.94}$$

对于所有的 j 和 n 在 Jost 点上恒成立, 则 (a) $\psi(x)$ 是一个弱局域场, 并且 (b) $\varphi(x)$ 与 $\psi(x)$ 是相互弱局域的.

证明 如果 Θ 是 φ 的 PCT 算子, 对于所有的态 $\Phi, \Psi \in D$, 我们有

$$(\Theta\Phi, \Theta\psi(x)\Theta^{-1}\Theta\Psi) = \overline{(\Phi, \psi(x)\Psi)}. \tag{4.95}$$

利用 (4.94) 式在复 Lorentz 群变换下的不变性, 对于全纯点我们得到

$$(\Psi_0, \varphi(x_1)\cdots\varphi(x_j)\psi(x)\varphi(x_{j+1})\cdots\varphi(x_n)\Psi_0)$$
$$- (\Psi_0, \varphi(-x_n)\cdots\varphi(-x_{j+1})\psi(-x)\varphi(-x_j)\cdots\varphi(-x_1)\Psi_0) = 0. \tag{4.96}$$

现在, (4.96) 式两侧都可以延拓到由

$$\mathrm{Im}(x_1 - x_2), \cdots, \mathrm{Im}(x_j - x), \mathrm{Im}(x - x_{j+1}), \cdots, \mathrm{Im}(x_{n-1} - x_n) \in -V_+ \tag{4.97}$$

定义的管状域中, 于是它在所有的全纯点处都成立. 取管状域 (4.97) 的极限, 我们看到 (4.96) 式在所有的实点处都成立. 如果[31]

$$\Psi = \varphi(f_j) \cdots \varphi(f_1) \Psi_0, \qquad \Phi = \varphi(f_{j+1}) \cdots \varphi(f_n) \Psi_0, \qquad (4.98)$$

则

$$\Theta \Psi = \varphi(\hat{f}_j) \cdots \varphi(\hat{f}_1) \Psi_0, \qquad \Theta \Phi = \varphi(\hat{f}_{j+1}) \cdots \varphi(\hat{f}_n) \Psi_0.$$

利用 (4.96) 式, 我们得到

$$(\Psi, \psi(x)\Phi) = (\Theta\Phi, \psi(-x)\Theta\Phi).$$

与 (4.95) 式比较可知

$$\Theta\psi(x)\Theta^{-1} = \psi(-x)$$

对于所有形如 (4.98) 式的态都成立. 利用 ψ 的厄米性, 我们得到 (与 4.1 节末尾的论证类似的) 该式在 D 上成立的结论. 因此, 存在 ψ 的 PCT 算子 [这就证明了 (a)], 并且这个算子与 φ 的 PCT 算子是同一个算子 [这就证明了 (b)].   ■

接下来, 我们证明不可约场之间的相互弱局域性, 在下述定理断言的意义上, 是可传递的 (transitive) (通常对于某种关系 $\equiv$ 的传递性的定义为, 由 $a \equiv b$ 和 $b \equiv c$ 可以推出 $a \equiv c$. 如果 φ_2 和 φ_3 也以真空为循环态, 则我们可以得到在这种严格意义上的传递性).

定理 4.19 假定 φ_1 是一个以真空为循环矢量的弱局域场, $\varphi_j, j = 2, 3$ 与 φ_1 相互弱局域, 并具有相同的定义域和 $\mathscr{P}_+^\uparrow$ 的相同表示, 则 φ_2 与 φ_3 是相互弱局域的.

证明 由定理 4.18 的证明可知 φ_1 和 φ_2 具有相同的 PCT 算子, φ_1 与 φ_3 也具有相同的 PCT 算子. 由于 φ_1 是不可约的, 这一算子是唯一的, 于是 φ_2 与 φ_3 也具有相同的 PCT 算子. 因此, 根据 PCT 定理, 它们也是相互弱局域的.   ■

由此得到的重要结果是, 给定以真空为循环态的弱局域场 $\varphi(x)$, 我们可以构造理论中所有与 φ 相互弱局域的场的等价类. 所有具有相同 PCT 算子和定义域的场都属于这个等价类. 关于这个等价类中场的 S 等价性, 我们有如下较弱的结果.

定理 4.20 如果 $\varphi_1(x)$ 是弱局域的, 且以 Ψ_0 为循环矢量, 并且 φ_2 相对 φ_1 弱局域, 并且存在渐近场

$$\varphi_1^{\text{in}}(x) = \varphi_2^{\text{in}}(x), \qquad (4.99)$$

---

[31]译者注: 这一步用到了 φ 以真空为循环态.

则

$$\varphi_1^{\text{out}}(x) = \varphi_2^{\text{out}}(x). \tag{4.100}$$

证明 φ_1 与 φ_2 具有相同的 PCT 算子, 所以由于 Θ 将入态场映射为出态场, (4.99) 式可以直接给出 (4.100) 式. ∎

对于局域场, 存在更强的结果, 这是因为, 如前所述, 利用 Haag-Ruelle 理论可以证明 (4.99) 式.

接下来的定理断言, 相对局域关系将局域场分为不同的等价类. 这一结果的重要意义在本节伊始已经展开讨论过.

定理 4.21 假定 φ_1, φ_2 和 φ_3 是具有相同定义域、属于 $\mathscr{P}_+^\uparrow$ 相同表示 U 的场, φ_1 是以真空为循环矢量的局域场, 并且

$$[\varphi_1(x), \varphi_2(y)] = 0 = [\varphi_1(x), \varphi_3(y)], \quad 若 \ (x-y)^2 < 0,$$

那么

$$[\varphi_2(x), \varphi_3(y)] = 0, \quad 若 \ (x-y)^2 < 0.$$

证明 场 φ_1, φ_2 和 φ_3 满足定理 4.18 的条件, 所以 φ_2 和 φ_3 是弱局域的, 并且相对 φ_1 弱局域. 因此它们是相互弱局域的. 于是在 Jost 点处,

$$(\Psi_0, \varphi_1(x_1) \cdots \varphi_1(x_j) \varphi_2(y) \varphi_3(z) \varphi_1(x_{j+1}) \cdots \varphi_1(x_n) \Psi_0)$$
$$= (\Psi_0, \varphi_1(x_n) \cdots \varphi_1(x_{j+1}) \varphi_3(z) \varphi_2(y) \varphi_1(x_j) \cdots \varphi_1(x_1) \Psi_0)$$
$$= (\Psi_0, \varphi_1(x_1) \cdots \varphi_1(x_j) \varphi_3(z) \varphi_2(y) \varphi_1(x_{j+1}) \cdots \varphi_1(x_n) \Psi_0).$$

这是由于 φ_1 是局域的, 并且与 φ_2 和 φ_3 对易. 这与定理 4.1 的证明中研究的关系完全一致, 与之相同地, 对于所有的 $x_1, \cdots, x_n$, 我们得到

$$(\Psi_0, \varphi_1(x_1) \cdots \varphi_1(x_j) [\varphi_2(y), \varphi_3(z)] \varphi_1(x_{j+1}) \cdots \varphi_1(x_n) \Psi_0) = 0,$$
$$若 \ (y-z)^2 < 0.$$

由于 Ψ_0 是 φ 的循环矢量, 我们有结论

$$[\varphi_2(y), \varphi_3(z)] = 0 \quad 若 \ (y-z)^2 < 0,$$

如定理所求. ∎

推论 取 $\varphi_2 = \varphi_3$, 在相同的前提假设下, 有: 如果 $\varphi_1(x)$ 是以真空为循环态的局域场, φ_2 相对 φ_1 局域, 则 φ_2 是局域的.

定理 4.21 表明, 相互弱局域具有可传递性.

作为定理 4.21 和 4.15 的应用, 考虑方程

$$(\Box + m^2)u(x) = j(x)$$

的解的唯一性问题. 此处假设 $j(x)$ 是给定的不可约局域场, 问题是找出满足方程的局域的 u. 假定 u_1 和 u_2 是两个满足条件的解. 由于它们都相对 j 局域, 因此它们相对彼此也局域. 于是它们的差 $\varphi = u_1 - u_2$ 是局域的, 并且满足

$$(\Box + m^2)\varphi(x) = 0.$$

所以 φ 是自由场的若干倍. 我们希望得到 $\varphi = 0$ 的结论. 为此, 我们增加一个进一步的假设, 假定存在自由场 $u_{\rm in}$, $u_{\rm in}(f)\Psi_0$ 是单粒子态 Ψ_{1f}, 并且对于所有的 $f \in \mathscr{S}$,

$$(\Psi_0, u(x)\Psi_{1f}) = (\Psi_0, u_{\rm in}(f)\Psi_{1f}).$$

于是就有

$$(\Psi_0, [u_1(x) - u_2(x)]\Psi_{1f}) = 0,$$

这意味着 $\varphi = 0$. 所以我们有如下定理.

定理 4.22 如果 j 是给定的不可约局域场, $u(x)$ 是

$$(\Box + m^2)u(x) = j(x) \tag{4.101}$$

的具有一个质量为 m 的单粒子态的局域解, 则 u 被

$$(\Psi_0, u(x)\Psi_{1f}) = \frac{1}{\rm i} \int \Delta^+(x - y) \, {\rm d}y \, f(y)$$

唯一决定.

由其他一些假设, 也可以得到方程 (4.101) 局域解的唯一性, 我们在此就不再详述了.

参 考 文 献

局域对易性整体性质的首个证明, 属于 R. Jost 和 O. Steinmann, 出现在

1. A. S. Wightman, "Quantum Field Theory and Analytic Functions of Several Complex Variables", *J. Indian Math. Soc.*, **24**, 625 (1960).

R. Haag 第一个指出与一定时空区域 $\mathcal{O}$ 相结合的多项式代数 $\mathscr{P}(\mathcal{O})$ 的重要性.

2. R. Haag, "Discussion des 'Axiomes' et des propriétés asymptotiques d'une théorie des champs locale avec particules composées", in *Les problèmes mathématiques de la théorie quantique des champs*, CNRS, Paris, 1959.

真空对于 $\mathscr{P}(\mathcal{O})$ 而言是循环的这一事实, 是 Reeh 和 Schlieder 发现的.

3. H. Reeh and S. Schlieder, "Bemerkungen zur Unitäräquivalenz von Lorentzin-varianten Feldern", *Nuovo. Cimento*, **22**, 1051 (1961).

von Neumann 代数在分离矢量上的标准定理, 参见

4. J. Dixmier, *Les algèbres des opérateurs dans l'espace hilbertien (algèbres de von Neumann)*, Gauthier-Villars, Paris, 1957, p. 6.

一系列研究者都注意到了 $\mathscr{P}(\mathcal{O})$ 不包含任何湮灭算子的事实. 比如, 可以参见下面的文献 16, 或者

5. R. Jost, "Properties of Wightman Functions", in *Lectures on Field Theory and the Many-body Problem*, E. R. Caianiello (ed.), Academic Press, New York, 1961.

定理 4.4 的结果 —— $\{E_0, \mathscr{P}(\mathcal{O})\}$ 的不可约性出自文献 3. 真空矢量循环性导致场算子不可约性的证明, 来自

6. D. Ruelle, "On the Asymptotic Condition in Quantum Field Theory", *Helv. Phys. Acta*, **35**, 147 (1962) 的附录, 也可参见

7. H. J. Borchers, "On the Structure of the Algebra of Field Operators", *Nuovo Cimento*, **24**, 214 (1962). 这篇文献中的证明方法, 属于 R. Jost.

PCT 定理最初的版本为: 如果一个相对论量子场论具有空间反射对称性 P, 它一定具有电荷共轭和时间反演联合变换 CT 对称性. 这个版本的定理的证明, 来自

8. G. Lüders, "On the Equivalence of Invariance under Time Reversal and under Particle-Anti-Particle Conjugation for Relativistic Field Theories", *Dansk. Mat. Fys. Medd.*, **28**, 5 (1954).

Pauli 第一个意识到 *PCT* 本身总是一个对称性.

9. W. Pauli, "Exclusion Principle, Lorentz Group and Reflection of Space-Time and Charge", p. 30 in *Niels Bohr and the Development of Physics*, W. Pauli (ed.), Pergamon Press, New York, 1955.

本书中给出的证明, 来自 Jost.

10. R. Jost, "Eine Bemerkung zum CTP Theorem", *Helv. Phys. Acta*, **30**, 409 (1957). 这篇文章是本章中给出的应用的出发点. 文中指出的 *PCT* 不变性与弱局域对易性之间的关系, 在下面文献中有进一步的讨论:

11. F. J. Dyson, "On the Connection of Weak Local Commutativity and Regularity of Wightman Functions", *Phys. Rev.*, **110**, 579 (1958).

有趣的是, 在他 1940 发表的关于自旋与统计的文章中, 对于他考虑的自由场论, Pauli 实际上证明了可以被视为 "经典" PCT 不变性的性质: 如果方程在限制 Lorentz 群下不变, 并且是线性的, 则在变换律 (1.51) 下, 方程保持不变. PCT 变换律在量子力学中的其余性质, 顺序反转, 首次出现在下面 Schwinger 的文章中:

12. J. Schwinger, "On the Theory of Quantized Fields I", *Phys. Rev.*, **82**, 914 (1951).

然而, 这篇文章的读者往往未能意识到文中对于 PCT 定理实际上做出了论断和证明. 在 Pauli 考虑的自由场情形, 没有出现算子乘积, 所以他证明的方程的 "经典" PCT 不变性, 与完整的量子力学的 PCT 不变性是一样的.

自旋 – 统计定理具有很长的历史. 一个较为一般的形式 (一般自旋, 但是仅限自由场) 出现于

13. M. Fierz, "Über die relativische Theorie kräftfreier Teilchen mit beliebigem Spin", *Helv. Phys. Acta*, **12**, 3 (1939).

14. W. Pauli, "On the Connection between Spin and Statistics", *Phys. Rev.*, **58**, 716 (1940).

第一个只利用了第三章中罗列的一般性假设的证明, 来自

15. G. Lüders and B. Zumino, "Connection between Spin with Statistics", *Phys. Rev.*, **110**, 1450 (1958); 和

16. N. Burgoyne, "On the Connection of Spin with Statistics", *Nuovo. Cimento*, **8**, 607 (1958). 我们书中的做法, 来自这篇文章.

定理 4.8 涵盖的关键点, 最早是被 Dell'Antonio 点明的:

17. G. F. Dell'Antonio, "On the Connection of Spin with Statistics", *Ann. Phys.*, **16**, 153 (1961).

不同场之间的对易关系, 在旧框架中有不少讨论, 我们这里只列举

18. G. Lüders, "Vertauschungsrelationen zwischen verschiedenen Feldern", *Z. Natur-forsch.*, **13a**, 254 (1958). Lüders 首次系统地利用文中所述的矢量空间 V. 这些作者用到的 Klein 变换的概念, 被 O. Klein 在下面工作中系统地使用:

19. O. Klein, "Quelques remarques sur le traitement approximatif du problème des électrons dans un réseau cristallin par la mécanique quantique", *J. Phys. Radium*, **9**, 1 (1938).

也见于

20. P. Jordan 和 E. Wigner, "Über das Paulische Äquivalenzverbot", *Z. Physik.*, **47**, 631 (1928).

本文中沿用的处理不同场之间对易关系的方法, 来自 Araki.

21. H. Araki, "Connection of Spin with Commutation Relations", *J. Math. Phys.*, **2**, 267 (1961).

Haag 定理最早见于

22. R. Haag, "On Quantum Field Theory", *Dan. Mat. Fys. Medd.*, **29**, 12 (1955).

一般性的 Haag 定理, 最早的证明见于

23. D. Hall 和 A. S. Wightman, "A Theorem on Invariant Analytic Functions with Applications to Relativistic Quantum Field Theory", *Mat. Fys. Medd. Dan. Vid. Selsk.*, **31**, 5 (1957).

本书中给出的定理 4.15 的简单的证明, 属于 Jost 和 Schroer(文献 5). 另一种处理方法参见

24. O. W. Greenberg, "Haag's Theorem and Clothed Operators", *Phys. Rev.*, **115**, 706 (1959).

与 Jost 和 Schroer 对 Haag 定理的证明方法类似的证明, 由 Federbush 和 Johnson 给出:

25. P. G. Federbush and K. A. Johnson, "The Uniqueness of the Two-Point Function", *Phys. Rev.*, **120**, 1926 (1960).

对局域场等价类的刻画, 最早见于

26. H. J. Borchers, "Über die Mannigfaltigkeit der interpolierenden Felder zu einer kausalen S-Matrix", *Nuovo Cimento*, **15**, 784 (1960).

在微扰论下具有相同 S 矩阵的相对局域场的例子, 是 Chisholm, Salam, 和 Kamefuchi 发现的. 他们文章的参考文献可以在下面文章中找到:

27. S. Kamefuchi, L. O'Raifeartaigh, and Abdus Salam, "Change of Variables and Equivalence Theorems in Quantum Field Theories", *Nucl. Phys.*, **28**, 529 (1961).

单一自由厄米标量场的等价类被 B. Schroer(文章未发表) 和 H. Epstein 分别独立地给出:

28. H. Epstein, "On the Borchers Class of a Free Field", *Nuovo Cimento*, **27**, 886 (1963).

关于非 Fermi 或 Bose 型统计的文献, 可以从下面文献的引文中寻找:

29. O. W. Greenberg and A. Messiah, "Are There Particles in Nature Other Than Bosons or Fermions? ", *Phys. Rev.*, **136**, B248 (1964)[22].

对于 Haag-Ruelle 理论的系统阐释, 以及深入的研究, 参见

[22]译者注: 本篇文献引用有误, 经译者查询,《物理评论》杂志 1964 年 136 卷 B248 的文章确实是这两位作者所作, 但是文章题目和作者排序均与此处罗列不同, 而是 A. M. L. Messiah and O. W. Greenberg, "Symmetrization Postulate and Its Experimental Foundation", *Phys. Rev.*, **136**, B248 (1964).

30. R. Jost, *General Theory of Quantized Fields* (*Lectures in Applied Mathematics IV*: Proceedings of the Summer Seminar, Boulder, Colorado, 1960), American Math. Soc., Providence, R.I., 1965.

附录　量子场论一些新近的进展

自本书首次写作的十五年来，对于量子场论基础的研究涌现了一些重要进展. 对它们的系统综述超出了本书的范围，那将需要一部与本书篇幅相当的书. 况且，对此感兴趣的读者可以阅读 Streater 的系统性综述 1，也可以阅读 Bogolubov, Logunov, 和 Todorov 的著作 2，这两篇文章也都罗列了更多的参考文献. 本附录的目的，更确切地讲，旨在介绍三项新进展，它们改变了我们对书中讲述的场论基础的观点. 它们是构造型量子场论、局域代数理论，以及超选择定则理论.

1　构造型量子场论与非平凡相互作用场的存在性

本书开篇伊始，我们将量子场论的主要问题定位为: "说明这一理论的基本概念 (相对论不变、量子力学、局域场, 等等) 中所蕴含的理想化的对象在物理上是不自洽的, 抑或以一种能够提供实践语言的形式重写这一描写基本粒子动力学的理论." 1964 年, 人们知道了第三章中给出的公理是自洽的, 因为自由场理论满足这些公理. 另一方面, 当时并不存在任何为人所知的含有相互作用且满足这些公理的理论. 因此, 通向主要问题解决之路的第一步, 自然就是构造满足这些公理的相互作用场理论的例子.

Lagrange 量子场论为这一问题提供了大量的模型, 它们的解应该是满足这些公理的. 构造型量子场论研究证明这些解存在所需的数学结构. 它始于 20 世纪 60 年代早期, 到 20 世纪 70 年代中期的时候已经成为一个充分发展的方向. Friedrichs (文献 3) 和 Segal (文献 4) 关于量子场论数学基础的开拓性的研究为这一方向的出现奠定了基础, 但是他们的工作并没有处理具有耦合的量子场的模型. Friedrichs 稍晚的一本讲述微扰论的书 (文献 5) 为 20 世纪 60 年代晚期的模型工作提供了灵感. (在构造型量子场论早期, 文献 6 综述了这一方案的可能性和困难性, 评述 7 讨论了公理化场论和构造型场论的一般意义, 下文转述了这些文章中的部分内容, 读者可以在这些文章中找到更多的细节和更完备的参考文献.)

构造型量子场论的第一项成就, 就是证明了一些简化版的、带有截断的 Lagrange 模型的解是存在的. 比如, 首个被讨论的模型是 Y_4 模型的一个带有截断的版本. Y_4 模型包含一个旋量场 ψ, 一个标量场 φ, 它们之间存在 Yukawa 相互作用

$$H_Y = \lambda \int :\psi^+(x)\psi(x):\varphi(x)\mathrm{d}^3\boldsymbol{x},$$

理论的总 Hamilton 量为

$$H = H_{0\boldsymbol{F}} + H_{0\boldsymbol{B}} + H_Y,$$

其中 $H_{0\boldsymbol{F}}$ 和 $H_{0\boldsymbol{B}}$ 分别是质量为 M_0 的自由旋量场和质量为 m_0 的自由玻色场的 Hamilton 量 (文献 8, 9), 而 $\psi^+ = \psi^{*\mathrm{T}}\gamma_0$[①]. 这个模型带有截断的版本, 通过将场在体积为 $|V|$ 的方盒子 V 中展开为 Fourier 级数, 并只保留频率 $< K$ 的 Fourier 分量得到. 相应的相互作用为

$$H_{\boldsymbol{Y};\boldsymbol{V},\boldsymbol{K}} = \lambda \int_V :\psi_{\boldsymbol{K}}^+(x)\psi_{\boldsymbol{K}}(x):\varphi_{\boldsymbol{K}}(x)\mathrm{d}^3\boldsymbol{x}.$$

习惯上, 一般用 $H_{0\boldsymbol{F},\boldsymbol{V}}$ 和 $H_{0\boldsymbol{B},\boldsymbol{V}}$ 分别替代 $H_{0\boldsymbol{F}}$ 和 $H_{0\boldsymbol{B}}$. 二者分别为方盒子 V 中满足周期边条件的自由费米子和自由玻色子的 Hamilton 量. 带截断的总 Hamilton 量

$$H_{\boldsymbol{V},\boldsymbol{K}} = H_{0\boldsymbol{F},\boldsymbol{V}} + H_{0\boldsymbol{B},\boldsymbol{V}} + H_{\boldsymbol{Y};\boldsymbol{V},\boldsymbol{K}}$$

刻画了一个无穷多自由度的系统, 其中只有有限多个自由度通过相互作用项 $H_{\boldsymbol{Y};\boldsymbol{V},\boldsymbol{K}}$ 发生相互作用. 对于这样一个 Hamilton 量, 在 T. Kato 给出的意义上, 相互作用与自由 Hamilton 量相比是小的. 一个经典的定理断言, 在自由 Hamilton 量的定义域上, 总 Hamilton 量是自伴的 (文献 10). $H_{\boldsymbol{V},\boldsymbol{K}}$ 的自伴性保证了

$$U_{\boldsymbol{V},\boldsymbol{K}}(t) = \exp(\mathrm{it}H_{\boldsymbol{V},\boldsymbol{K}})$$

定义了一个连续单参幺正群. $U_{\boldsymbol{V},\boldsymbol{K}}(t)$ 描述了带截断理论中的态和算子的时间演化行为. 对这一带截断理论研究得到的另一个重要的结果, 就是场算子乘积的真空期望值

$$\left(\Psi_{0,\boldsymbol{V},\boldsymbol{K}}, \prod_{j=1}^n \psi_{\boldsymbol{K}}(t_j,\boldsymbol{x}_j)\prod_{k=1}^n \psi_{\boldsymbol{K}}^+(t_k,\boldsymbol{x}_k)\prod_{l=1}^m \varphi_{\boldsymbol{K}}(t_l,\boldsymbol{x}_l)\Psi_{0,\boldsymbol{V},\boldsymbol{K}}\right) \tag{A.1}$$

的存在性. 此处, $\Psi_{0,\boldsymbol{V},\boldsymbol{K}}$ 是 $H_{\boldsymbol{V},\boldsymbol{K}}$ 的基态. 对于足够小的 λ, 它是非简并的. 但是对于一般的 λ, 人们无法排除基态出现非平凡简并的可能性. 如果出现这样的简并, 人们可以定义不止一个 (A.1) 这样的量.

---

①译者注: 在现代文献中, ψ^+ 一般被写为 $\bar{\psi}$. 此处我们仍然遵循原书的习惯.

带截断的 Y_4 模型的简单性, 部分地源于其相互作用对玻色场 φ_K 仅存在线性依赖这一事实, 而自由 Hamilton 量 H_{0B} 又是二次型. 模型中的玻色场 φ_K 具有自相互作用的情况, 即耦合中 φ_K 以高于其在自由 Hamilton 量中的幂次出现的情况, 在文献 11 中进行了研究. 此时 Hamilton 量仍然是有下界的, 但这单纯是因为人们要求相互作用

$$H_{I,V,K} = \lambda \int_V \mathscr{P}\left(\varphi_K(x)\right) \mathrm{d}^3\boldsymbol{x}$$

中所含的多项式 $\mathscr{P}$ 有下界, 且 $\lambda \geqslant 0$. Hamilton 量为

$$H_{0B} + H_{I,V,K}$$

的理论刻画了一个具有无穷多振子的模型, 其中有限数目的振子之间存在耦合. 它可以被简称为带截断的 $\mathscr{P}(\varphi)_4$ 理论. 对于这种理论, 人们可以对所有的 $\lambda \geqslant 0$ 建立非简并的基态, 并证明真空期望值

$$\left(\Psi_{0,V,K}, \prod_{j=1}^n \varphi_K(t_j, \boldsymbol{x}_j)\, \Psi_{0,V,K}\right) \tag{A.2}$$

的存在性. 带截断的 Y_4 和带截断的 $\mathscr{P}(\varphi)_4$ 理论的这些结果, 已经被推广到更一般的一类带截断的相互作用费米场和玻色场理论中 (文献 12).

前面给出的结果, 留下了一个完全开放的问题: 当 $|V| \to \infty$ 和 $K \to \infty$ 时理论极限的存在性. 无论如何, 来自统计力学的证据和对于微扰论的研究, 使得下面两条结论具有很高的可信度.

(a) $K \to \infty$ 的极限, 一般而言只有在 Hamilton 量中加入当 $K \to \infty$ 时发散的附加项时才是存在的. 附加的这些项通常可以被解释为对理论中基本参数的重整化.

(b) 不能期望理论中的所有量在 $|V| \to \infty$ 和 $K \to \infty$ 时都有定义良好的极限. 然而, 真空期望值 (A.1) 和 (A.2) 是收敛良好的物理量的可信的候选者, 因为已知在微扰论中, 当进行了 (a) 中所述的重整化操作后, 它们的每一项在 $|V| \to \infty$ 和 $K \to \infty$ 的时候都是收敛的.

逻辑上, 通向解的构造的第二步, 是证明这样的极限是存在的. 但是实际情况更为复杂. 重整化操作最初被控制在一个更简单的模型中, 对于该模型, $|V| \to \infty$ 极限不会带来任何问题. 这就是与相对论性介子耦合的非相对论性费米子模型, 其 Hamilton 量为

$$H_K = (2M)^{-1} \int \nabla \psi^*(\boldsymbol{x}) \cdot \nabla \psi(\boldsymbol{x}) \mathrm{d}^3\boldsymbol{x} + H_{0,B} + g \int \psi^*(\boldsymbol{x}) \psi(\boldsymbol{x}) \varphi_K(\boldsymbol{x}) \mathrm{d}^3\boldsymbol{x}.$$

费米子场 ψ 描述非相对论性的核子, 其粒子数

$$N = \int \psi^*(\boldsymbol{x})\psi(\boldsymbol{x})\mathrm{d}^3\boldsymbol{x}$$

是严格守恒的,

$$[H_{\boldsymbol{K}}, N] = 0.$$

重整化操作相当于将 $H_{\boldsymbol{K}}$ 替换为 $H_\infty = \lim_{\boldsymbol{K}\to\infty}(H_{\boldsymbol{K}} - N\Delta E_{\boldsymbol{K}})$, 其中 $\Delta E_{\boldsymbol{K}}$ 是介子 – 核子相互作用导致的核子自能的最低阶项. 目前已经证明了, $\exp[it(H_{\boldsymbol{K}} - N\Delta E_{\boldsymbol{K}})]$ 收敛于连续单参群 $\exp(itH_\infty)$ (文献 13) (这比人们预期一般模型能得到的结果要更好). 进一步, 真空期望值 (A.1) 收敛 (文献 14).

上述非相对论模型的结果, 代表了基本的推进方向, 因为它们给出了非平凡重整化的非微扰处理方法. 然而, 它们未能涵盖相对论性理论的所有复杂性, 因为这些模型并不给出非平凡的真空极化. 理论发展的下一步, 必须处理真空极化现象, 这就要求根本性的新思想. 这里面临的技术性困难是如此巨大, 以至于一些研究者出于由浅入深的考虑, 首先集中于研究低维时空中的模型, 因为这种情况下波动方程基本解的紫外奇异行为较为轻微 (文献 15-19).

如果人们相信关于 λ 微扰展开给出的解的提示, $\lambda(\varphi^4)_2$ 模型是没有紫外发散的, 但是它具有非平凡的真空极化. 因而它提供了研究存在性定理的一个合适的案例. 在方盒子中的 $\lambda(\varphi^4)_2$ 模型的 Hamilton 量, 当 φ^4 在 Wick 排序的意义下理解时, 是一个良定义的厄米算子. 然而, 由于 Wick 排序破坏了 φ^4 的形式正定性, 这个 Hamilton 量并不是明显有下界的.

这个问题在文献 15 中得到了解决, 该文献包括很多对于后续发展很重要的数学思想. 特别是, 它首次运用了后来与 Euclid 场论结合来研究半群 $\{\exp(-tH_{\boldsymbol{K},\boldsymbol{V}});\ 0 \leqslant t < \infty\}$ 的概率方法. 在这样得到的 $H_{\boldsymbol{V}}$ 中, $H_{I,\boldsymbol{V}} = \lambda \int_V : \varphi^4 : dx$ 是平方可积函数空间上的乘算子. 它没有下界, 但是它取值较大且为负的集合的测度非常小, 因而加上正定的 H_0 之后, 其和 $H = H_0 + H_{I,\boldsymbol{V}}$ 是有下界的.

比 $\lambda(\varphi^4)_2$ 更难一些的模型是 Y_2, 与一个费米子场耦合的一个标量场或赝标量场理论. 其中包含了发散的玻色子质量重整化和发散的真空能重整化. 文献 16, 17, 19 中构造了 Y_2 的 Hamilton 量, 并证明了它是有下界的.

对于 $\lambda(\varphi^4)_3$, 三维时空中的 φ^4 理论, 情况变得更为复杂. 这时的紫外发散严重到对易关系的 Fock 表示已经无法给出良定义的方盒子中的 Hamilton 量: 人们不得不使用通过波函数重整化 (wave function renormalization) (文献 20) 操作构造的幺正不等价的表示 (有关将波函数重整化置于更一般的背景中的模型的讨论, 参

见文献 21). 证明重整化后的 $\lambda(\varphi^4)_3$ 的 Hamilton 量有下界, 在之后一段时间内一直是一个悬而未决的问题, 直到最后, 通过非凡的努力在文献 22 中得到了解决.

　　文献 15–22 的工作表明, 对于模型 $\lambda(\varphi^4)_2$, Y_2 和 $\lambda(\varphi^4)_3$, 可以在方盒子中构造紫外截断无关的、有下界的重整化 Hamilton 量. 接下来的任务, 是去掉方盒子的限制. 这一步中关键性的思想来自文献 23, 18, 24.

　　(c) 根据 Haag 定理, 人们不能期待诸如 $\lambda \int :\varphi^4: \mathrm{d}x$ 的全空间积分的相互作用项是有意义的, 即便对于奇异性最小的二维情况也是如此. 不过, 如果 $g(x)$ 是光滑的正函数, 并且在某个有界区域外为零, 人们可以期望

$$H_I(g) = \lambda \int \mathrm{d}x \, g(x) :\varphi^4:(x)$$

有意义. 如果在某个区域内 $g(x) = 1$, 则

$$H(g) = H_0 + H_I(g)$$

应该给出了区域 $g = 1$ 的依赖域的一个正确的局域 Hamilton 量 (见图 A.1). 也就是说

$$\varphi(t, \boldsymbol{x}) = \exp(\mathrm{i}H(g)t)\varphi(0, \boldsymbol{x}) \exp(-\mathrm{i}tH(g))$$

应该与 g 无关, 并且当 $\{t, \boldsymbol{x}\}$ 位于图 A.1 中标示的菱形区域内部时, 给出场 φ 正确的时间演化行为.

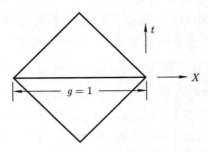

图 A.1　区域 $g = 1$ 的依赖域.

　　(d) 虽然当 $g \to 1$ 时 $H(g)$ 不收敛, 这样的一族 $H(g)$ 定义了局域代数的唯一一个自同构. 这意味着, 如果函数 f 的支集 $\mathcal{O}$ 是有界的, F 是均匀化场

$$\varphi(f) = \int \mathrm{d}t \, \mathrm{d}x \, f(t, x)\varphi(t, x)$$

的有界函数, 则当 g 等于 1 的区域在各个方向上都延伸得足够大的时候②,

$$\alpha_\tau F(\varphi(f)) = F(\varphi(f_\tau)),$$
$$f_\tau(\tau, x) = f_\tau(t, x)$$

不依赖于 g 的具体形式. 这一结果被解释为: 人们得到了正确的局域代数 (right local algebras) 和正确的自同构 (right automorphism of them), 但是表示是错误的表示, 因为自同构 α_τ 不是内自同构③. 也就是说, 不存在幺正算子 $V(\tau)$ 使得 $\alpha_\tau(A) = V(\tau)AV(\tau)^*$. 由此可知, 作为特殊情况, 不存在自伴算子 H 满足

$$\alpha_\tau(A) = \exp(\mathrm{i}H\tau) A \exp(-\mathrm{i}H\tau).$$

(e) 为了得到正确的表示, 人们必须构造局域代数上的真空泛函, 进而求助于 Gelfand-Naimark-Segal(GNS) 定理. 该定理断言, 对于每一个泛函 ρ, 都存在某个 Hilbert 空间 $\mathscr{H}_\rho$ 中的矢量 Ψ_ρ, 使得 ρ 等于态 Ψ_ρ 上的期望值. 在后文中详细讲述的这一定理, 实际上构造了 $\mathscr{H}_\rho$ 和问题中涉及的代数的表示, 用到的方法与 3.4 节中的 "重构定理" 类似, 参见文献 67. 其思想是利用局域 Hamilton 量构造近似真空态. $\Psi_{0,V}$ 现在被取为 $H(g)$ 的基态 $\Psi_0(g)$. 可以证明, 它是非简并的. 人们将 $(\Psi_0(g), A\Psi_0(g)) = \rho_g(A)$ 视为局域代数上的线性泛函, 而后寻找收敛序列 ρ_{g_i}. 这些极限态, 以及与之相伴的表示, 就是满足公理的正确的物理表示的候选者.

文献 25 和 26 对为实现这些想法而构造的特殊理论结构进行了综述. 它有时被称为构造型量子场论的 Hamilton 策略 (Hamiltonian strategy). 对于 $(\varphi^4)_2$, 也就是二维时空中的 φ^4 理论, 该方法得到的相关结果很快就被推广到 $\mathscr{P}(\varphi)_2$ 的情况. 这里, $\mathscr{P}$ 是有下界的多项式 (文献 18, 27).

---

②译者注: 第二行定义 f_τ 的公式 $f_\tau(\tau, x) = f_\tau(t, x)$ 为英文版原书中所给的公式. 这里, 作者意在说明算子的时间演化相当于算子之间的单参自同构群, 如果量子力学中的简单关系仍然成立, 按照下文的公式应该有

$$\begin{aligned}
\alpha_\tau(\varphi(f)) &= \exp(\mathrm{i}H\tau)\varphi(f)\exp(-\mathrm{i}H\tau) \\
&= \int \mathrm{d}t\,\mathrm{d}x\, f(t,x)\exp(\mathrm{i}H\tau)\varphi(t,x)\exp(-\mathrm{i}H\tau) \\
&= \int \mathrm{d}t\,\mathrm{d}x\, f(t,x)\varphi(t+\tau, x) \\
&= \int \mathrm{d}t\,\mathrm{d}x\, f(t-\tau, x)\varphi(t, x) \\
&= \varphi(f_\tau).
\end{aligned}$$

故而, 译者认为此处 f_τ 的定义 (第二式) 应为 $f_\tau(t, x) = f(t-\tau, x)$.

③译者注: C^* 代数 $\mathscr{A}$ 的一个自同构 α 被称为内自同构, 当且仅当存在确定的 $U \in \mathscr{A}$ 使得 $\alpha = \mathrm{Ad}\, U$, 即对于任意的 $A \in \mathscr{A}$ 都有 $\alpha(A) = UAU^*$. $\mathscr{A}$ 的全体内自同态构成 $\mathscr{A}$ 的自同态群 $\mathrm{Aut}(\mathscr{A})$ 的一个正规子群, 一般记作 $\mathrm{Inn}(\mathscr{A})$, 其商群 $\mathrm{Out}(\mathscr{A}) = \mathrm{Aut}(\mathscr{A})/\mathrm{Inn}(\mathscr{A})$ 称为 $\mathscr{A}$ 的外自同构群.

在刚刚引用的工作中, 我们已经注意到, 通过相应的半群 $\{\exp[-t(H(g))]; 0 \leqslant t < \infty\}$ 研究形如 $H(g)$ 的 Hamilton 量是很有帮助的. 对于相对论背景的理论, 它可以被视为 Euclid 方法, 因为替换 $t \to it$ 将 Minkowski 度规 $c^2t^2 - \boldsymbol{x}^2$ 变为 Euclid 度规. 于是, 与 Hamilton 策略并存, 在 20 世纪 60 年代人们发展了 **Euclid 策略** (Euclidean strategy). 在该策略中, 人们研究虚时真空期望值 (或称 Green 函数). Euclid 策略的基本思想 —— Green 函数的虚时解析延拓应该给出 Euclid 场论的关联函数, 可以追溯到 Schwinger 和 Nakano (文献 28, 29). Symanzik 对它进行了广泛的探索 (文献 30–32).

Euclid 形式的优美之处在于, 它的正交性可以确保量子场论著名的解具有数学意义. 对于自耦合的单一玻色场, 问题中的公式为

$$\langle \varphi(x_1) \cdots \varphi(x_k) \rangle = Z^{-1} \int \prod_{j=1}^{k} \varphi_{\boldsymbol{E}}(x_j) \mathrm{d}\mu_{m_0^2}(\varphi_{\boldsymbol{E}}) \exp\left[\int \mathscr{L}_{\boldsymbol{I}}(\varphi_{\boldsymbol{E}}(x)) \mathrm{d}^n x \right]$$

(通常被称为 Euclid 式的 Gell-Mann-Low 公式). 其中 n 是时空维数,

$$Z = \int \mathrm{d}\mu_{m_0^2}(\varphi_{\boldsymbol{E}}) \exp\left[\int \mathscr{L}_{\boldsymbol{I}}(\varphi_{\boldsymbol{E}}(x)) \mathrm{d}^n x \right]$$

和 $\mathrm{d}\mu_{m_0^2}(\varphi_{\boldsymbol{E}})$ 是平均值为零, 且协方差为

$$\int \varphi_{\boldsymbol{E}}(x) \varphi_{\boldsymbol{E}}(y) \mathrm{d}\mu_{m_0^2}(\varphi_{\boldsymbol{E}}) = ([-\triangle + m_0^2]^{-1})(x, y)$$

的 Gauss 概率测度 (这里所要用到的概率论概念, 在文献 33 中可以找到入门介绍). $\mathscr{L}_{\boldsymbol{I}}(\varphi_{\boldsymbol{E}})$ 是理论的相互作用 Lagrange 密度. 例如, 对于 $\lambda \mathscr{P}(\varphi)_2$ 理论, 它是 $-\lambda \mathscr{P}(\varphi_{\boldsymbol{E}}(x))$.

Schwinger 函数并不具有它代表的意义, 但是只要引入紫外和方盒子截断, 它就是具有明确定义的, 并且可以作为构造无截断理论的出发点.

直到 20 世纪 60 年代末, Euclid 场论中仍然缺少的部分, 是保证人们由 Euclid 场论的解得到对应 Minkowski 时空中满足第三章中假设 O, I, II 和 III 的量子场论的解的一个重构定理.

文献 34 给出了这样一个重构定理. 该工作指出, 通常对随机过程定义的 Markov 性质, 可以自然地推广到 Euclid 场论. 这一推广, 与其他一些性质一起, 保证了可以通过解析延拓由 Euclid 关联函数 (Schwinger 函数) 得到满足 O, I, II 和 III 的理论的一系列真空期望值.

另外两篇文章似乎也为人们研究 Euclid 场论提供了强有力的激励. 文献 35 显示, 得益于惊人的对称性 (Nelson 对称性),

$$(\Omega_0, \exp(-tH_l)\Omega_0) = (\Omega_0, \exp(-lH_\tau)\Omega_0),$$

在 $\mathscr{P}(\varphi)_2$ 理论中, 确实存在单位体积真空能. 在上式中,

$$H_l = H_0 + \int_{-l/2}^{l/2} \mathrm{d}x : \mathscr{P}(\varphi(x)) : ,$$

Ω_0 是 H_0 的基态. 这一等式左右两边的表达式, 都可以表示为对积分变量 φ_E 的依赖性以函数

$$\exp\left[-\int_{-t/2}^{t/2}\int_{-l/2}^{l/2} \mathrm{d}^2x : \mathscr{P}(\varphi_E(x)) : \right]$$

的 Euclid 不变积分的形式出现的泛函积分, 等式成立正是这一事实的直接结果. 某些等式, 当它们以适当的 Euclid 语言的形式写下时, 会变得十分显然, 上面给出的, 正是这些惊人等式的一个例子. 第二篇文章是文献 36, 其中给出了 Schwinger 函数能得到 Minkowski 时空量子场论的充分条件. 由于这些条件是非常实用的, 它们给出了研究 Euclid 场论模型的强烈动机.

在 Euclid 场论中, 统计力学与场论的关系, 不仅仅是类比. 玻色场的 Schwinger 函数就是特定 (有点特别!) 统计力学的关联函数. 这提示人们, 统计力学中控制热力学极限的方法, 在 Euclid 场论中应该也是适用的.

当人们用以格点代替 Euclid 空间的格点理论作为 Euclid φ^4 理论的近似的时候, 将得到这些思想的一个引人注目的应用. 这时, 自由 Hamilton 量被选为带 Dirichlet 边条件的 Laplace 算子 (的离散模拟), 它有效地刻画了铁磁体. 对于由偶次多项式加一个线性项组成的 $\mathscr{P}$, 可以说明, 当格点的规模增长时, Schwinger 函数是单调收敛的, 且与格距无关 (文献 37, 38).

从铁磁体统计力学类比的角度看, 另一项可信的结果, 是文献 39 说明了对于形如 $\lambda\mathscr{P}(\varphi) + \mu\varphi^k$ 的相互作用, 其中 $k < \deg\mathscr{P}$, 当 k 为奇数时, 对所有足够大的 $|\mu|$, 理论都存在唯一的真空和质量间隙. 这是对铁磁体行为的类比: 当铁磁体被置于磁场中时, 其磁化和状态被唯一确定.

铁磁体和 $\mathscr{P}(\varphi)_2$ 模型的一些更为密切的对比, 特别是, 与 Ising 模型的关系, 需要将多项式限制为四次的, 这时不失一般性, 有 $\mathscr{P}(\varphi) = \lambda\varphi^4 + \mu\varphi^2 + \nu\varphi$. 文献 40, 41 说明了, 当 $\nu \neq 0$ 时, 系统具有唯一的真空.

沿着这一方向得到的最优美的结果之一, 就是人们证明了对于 $\nu = 0$ 和所有足够大的负的 μ, $\mathscr{P}(\varphi) = \lambda\varphi^4 + \mu\varphi^2$ 理论至少有两个不同的解. 其中一个, 其基态处 φ 的期望值 $\langle\varphi(x)\rangle$ 大于 0, 另一个则小于 0 (文献 42). 与前面的结果结合, 这表明 $\mathscr{P}(\varphi) = \lambda\varphi^4 + \mu\varphi^2 + \nu\varphi$ 理论在 λ-μ 平面上的相图与 Ising 模型铁磁体在 β-B 平面上的相图 (见图 A.1) 是类似的, 其中 $\beta = (kT)^{-1}$, k 是 Boltzmann 常数, T 是绝对温度, B 是外磁场.

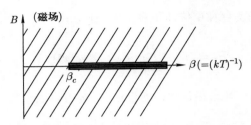

图 A.2　(最近邻相互作用的)Ising 模型铁磁体的相图. 对于除 $B = 0, \beta_c \leqslant \beta < \infty$ 外的所有点, 只有单一相, 并且关联函数指数衰减; 对于 $B = 0, \beta_c \leqslant \beta < \infty$ 的情况, 有两个相. $\lambda \varphi^4 + \mu \varphi^2 + \nu \varphi$ 模型的相图是类似的, 只需要将 B 替换为 ν, β 替换为 λ. 对于 $\nu \neq 0$ 和所有足够小的正 λ, 已知解是唯一的. 对于所有足够大的 λ, 当 $\varphi \to -\varphi$ 对称性被 $(\Psi_{0\mathrm{I}}, \varphi_{\mathrm{I}}(x) \Psi_{0\mathrm{I}}) = -(\Psi_{0\mathrm{II}}, \varphi_{\mathrm{II}}(x) \Psi_{0\mathrm{II}}) \neq 0$ 破坏时, 至少存在 I 和 II 两个解.

对 Euclid 场论将统计力学与量子场论联系起来取得的成功的赞美, 可以告一段落, 现在该回到主要问题了. 更完整的概述可以参见文献 43 和 44, 它们也给出了截至出版时比较完整的参考文献列表.

从公理化场论的角度看, 已达成的最重要结果之一 (综合 Hamilton 和 Euclid 策略), 是验证了 $\lambda \mathscr{P}(\varphi)_2$ 满足第三章的假设 O, I, II 和 III, 也就是证明了 $\lambda \mathscr{P}(\varphi)_2$ 模型定义了 (在二维时空中) 一个具有循环真空态的局域相对论性量子场论. 文献 45 确定这一结果对于任意有下界的 $\mathscr{P}$ 和足够小的 λ 都是成立的. λ 为任意值但 $\mathscr{P}$ 是偶次加线性项时的成立性, 在文献 37, 38, 44 中给出了证明. 文献 46, 47 给出了这一情况的一种替代处理, 该处理方法基于一种十分简洁而功能强大的形式将物理内容展开为 Schwinger 函数的生成泛函. 这证明了, 人们多年来对非平凡局域相对论性量子场论存在性的信仰, 是合理的.

当然, 怀疑论者仍然会提出问题:

构造解是否可能实际上是平凡的?

构造解与传统上与 $\mathscr{P}(\varphi)_2$ 相联系的真空期望值微扰序列, 有什么关系吗?

渐近完备性 (第 94 页假设 IV) 是否可能对模型不成立?

解的存在性是否可能是时空维数为 2, 或相互作用正规性的病态结果? 类似的问题在高维时空或者更为奇异的相互作用下, 是否可能没有非平凡解?

在对较小的正值 λ 验证公理 O, I, II 和 III 成立的同时, 通向回答这些问题的重要一步就已经迈出了 (文献 45). 理论质量谱的形式, 被证明与一般的预期一致: 在唯一的真空态之上, 存在一个质量间隙, 而后是质量为 m 的单粒子态, 继而又是另一个质量间隙. 进一步, 在真空 Ψ_0 和单粒子态 Ψ_1 之间, 场的矩阵元 $(\Psi_0, \varphi(x) \Psi_1)$ 非零. 这一信息为 Haag-Ruelle 散射理论提供了必要的前提条件 (文献 48, 49). 假设质量为 m 的粒子的单粒子态是存在的, Haag-Ruelle 理论构造包含任意数量质量

为 m 的粒子的入射和出射粒子束的碰撞态. 理论中的散射振幅, 由 Green 函数的 Fourier 变换在质壳上取值给出. 文献 50 指出, 只要选择适当的检验函数进行均匀化, 就存在某个严格大于零的 λ_0, 使得当 $0 \leqslant \lambda < \lambda_0$ 时, $\lambda \mathscr{P}(\varphi)_2$ 的 Schwinger 函数是无穷阶可微的, 并且其 Taylor 级数被通常的 Feynman 规则给出. 稍后, 人们又证明了, 当 $\deg \mathscr{P} = 4$ 时, 该级数 Borel 可求和到精确解 (文献 51). 至于实时 Green 函数和 S 矩阵元的结果, 还需要另一个条件. 该条件在文献 52–54 中被给出. 这一系列结果完全回答了前两个问题: $\lambda \mathscr{P}(\varphi)_2$ 模型的解是非平凡的, 其散射矩阵和 Green 函数可以对 λ 展开为微扰级数, 该级数与标准 Feynman 规则给出的结果相符合.

第三个问题的答案, 极有可能是否定的: $\lambda \mathscr{P}(\varphi)_2$ 理论几乎一定不是渐近完备的, 至少对于大 λ 是如此. 解释得到这一结论 (对于完全靠形式微扰论的结果引导自己的读者, 可能是令人震惊的结果) 的理由, 是本附录最后一部分的主要任务. 首先, 我们继续进行到最后一个问题, 讨论构造型场论对于高维和其他形式的相互作用能够给出什么结果.

我们已经说过, 方盒子中重整化的 Y_2 理论 Hamilton 量早先就被证明是有下界的. Hamilton 策略需要更为进一步的结果: Y_2 的 $H(g)$ 是自伴的 (文献 55). Y_2 模型理论的后续发展, 沿着 Hamilton 策略的方法, 以构造一个无截断的理论 (或一些这样的理论) 收官 (文献 25, 26). 因此, 在 Euclid 策略中如何处理 Y_2 理论, 就成为一个非常自然的问题. 文献 57 给出了关键的第一步, 文章指出, 当积掉费米子自由度时, Y_2 理论 Schwinger 函数的 Euclid 式的 Gell-Mann-Low 公式[④]

$$\left\langle \prod_{j=1}^{r} \psi(x_j) \prod_{k=1}^{r} \psi^+(y_k) \prod_{l=1}^{s} \varphi(z_l) \right\rangle$$

$$= Z^{-1} \int \mathrm{d}\mu_{m_0^2}(\varphi_{\boldsymbol{E}}) \left[\det_{j,k} S_{\boldsymbol{E}}(x_j, y_k; g\varphi_{\boldsymbol{E}})\right] \left[\prod_{l=1}^{s} \varphi_{\boldsymbol{E}}(z_l)\right] \det_{\mathrm{ren}}[1 + S_{\boldsymbol{E}} * g\varphi_{\boldsymbol{E}}]$$

是有意义的, 其中

$$Z = \int \mathrm{d}\mu_{m_0^2}(\varphi_{\boldsymbol{E}}) \det_{\mathrm{ren}}[1 + S_{\boldsymbol{E}} * g\varphi_{\boldsymbol{E}}].$$

这里, $\det_{\mathrm{ren}}[1 + S_{\boldsymbol{E}} * g\varphi_{\boldsymbol{E}}]$ 是经过适当定义的、算子 $1 + S_{\boldsymbol{E}} * g\varphi_{\boldsymbol{E}}$ 的 Fredholm 行列式, 其中 $S_{\boldsymbol{E}} * g\varphi_{\boldsymbol{E}}$ 是核为

$$S_{\boldsymbol{E}}(x - y)g(y)\varphi_{\boldsymbol{E}}(y)$$

的积分算子, $S_{\boldsymbol{E}}(x)$ 为 Euclid 式的 Dirac 方程的基本解. g 是满足如下条件的函数, 它在一个很大的区域内为 1, 在那之外一个更大的区域之外为 0, 因此它刻画了发

[④]译者注: 下式中最后一项在英文版原书中为 "$1 + S_{\boldsymbol{E}} * g_{\boldsymbol{E}}$", 显然为 $1 + S_{\boldsymbol{E}} * g\varphi_{\boldsymbol{E}}$ 之笔误.

生相互作用的空间. 更准确地讲, 文献 57 说明了对于任意的 $1 \leqslant p < \infty$, 两个积分
中的被积函数都在 $L^p(d\mu_{m^0})$ 中. 很多关于 Y_2 模型的新老结果, 都源自此公式. 比
如, 文献 58, 59 验证了在足够弱的耦合下, 公理 O, I, II 和 III 是成立的. 更多的结
果和文献, 参见文献 60.

　　$\lambda(\varphi^4)_3$ 的结果是类似的. 对于足够弱的耦合, 公理 O, I, II 和 III 的成立性都得
到了验证, Euclid 式的 Gell-Mann-Low 公式也被说明是适用的 (文献 61, 62, 60). 这
些结果说明, 具有无穷重整化同时满足公理的理论是存在的. 并且, 进一步, 至少在
三维时空中, 非平凡的理论是存在的.

　　遗憾的是, 还没有文章能够对典型四维理论 [比如 $(\varphi^4)_4$ 或自旋为 1/2 的粒子
的量子电动力学] 解的存在性给出一个完整的回答. 在处理这些可重整而非超可重
整的理论时, 电荷重整化现象是绕不开的问题, 而构造型量子场论中还不能处理它.
显然, 当人们试图对非平凡理论存在性这一问题给出一个完整而又满意的答案的时
候, 这是一个主要障碍. 目前, 这一领域已经有一些非常有趣但还不确定的研究进
展, 作为参考文献我们这里只列出文献 63, 64.

　　综上, 在我们看来, 构造型量子场论已经对主要问题给出了一个非常令人满意
的解, 但是, 迄今为止, 该解仅对时空维数 $\leqslant 3$ 的超可重整理论适用.

2　局域代数与超选择分支

　　在 20 世纪 60 年代早期, 相对论性量子场论的另一种版本的, 基于有界算子代
数的基本原理被发展起来了 (文献 65). 虽然原则上讲, 这一形式应该基本与本书
中讲述的公理化场论等价, 但给出二者的联系似乎十分困难, 因此这一形式与场的
量子理论被并行发展起来 (文献 68). 对于某些一般的理论目的, 局域代数形式显
得十分自然. 特别是, 它为超选择定则提供了一个理论, 从而为本书中讨论的公理
提供了新的明灯. 接下来, 我们将概述这条特殊的理论脉络, 关于代数方法的系统
讨论, 以及相关的参考文献, 我们建议读者阅读文献 67.

　　局域代数形式的基本研究对象, 是与时空中的有界集合 $\mathscr{O}$ 相结合的 C^* 代数
$\mathscr{A}(\mathscr{O})$[⑤]. 这些代数, 在如下意义上形成一个网:

---

　　⑤译者注: 集合 $\mathscr{A}$ 被称为 C^* 代数, 如果它具有如下性质:

　　(a) $\mathscr{A}$ 是复数域 $\mathbf{C}$ 上的代数;

　　(b) $\mathscr{A}$ 上定义了一个双射 $A \in \mathscr{A} \to A^* \in \mathscr{A}$, 并且当 $A_j \in \mathscr{A}, c_j \in \mathbf{C}$ 且 $\bar{c}$ 表示 c 的复共轭时,
有

$$(c_1 A_1 + c_2 A_2)^* = \overline{c_1} A_1^* + \overline{c_2} A_2^*,$$

$$(A_1 A_2)^* = A_2^* A_1^*,$$

$$(A^*)^* = A;$$

I. 若 $\mathscr{O}_1 \subseteq \mathscr{O}_2$, 则 $\mathscr{A}(\mathscr{O}_1) \subseteq \mathscr{A}(\mathscr{O}_2)$.

理论的相对论不变性表现为

II. 存在由 $\mathscr{A}$ 的自同构构成的 Poincaré 群的表示 $\alpha: \{a, \Lambda\} \to \alpha(a, \Lambda)$, 满足若 $A \in \mathscr{A}(\mathscr{O})$, 则 $\alpha(a, \Lambda)(A) \in \mathscr{A}(\Lambda\mathscr{O} + a)$.

因此, $\bigcup_{\mathscr{O}} \mathscr{A}(\mathscr{O})$ 及其范数闭包 $\mathscr{A}$ 是有意义的, 后者被称为准局域代数 (quasilocal algebra). 代数 $\mathscr{A}(\mathscr{O})$ 同时还要满足与局域对易性类似的要求.

III. 若 $\mathscr{O}_1$ 与 $\mathscr{O}_2$ 是类空分隔的, 则 $\mathscr{A}(\mathscr{O}_1) \subseteq \mathscr{A}(\mathscr{O}_2)'$, 其中的撇表示 $\mathscr{A}$ 的换位子集.

现在, 在这些代数对象的基础之上, 我们可以定义这一理论的第二个基本概念 —— 态的概念. 一个态 ρ, 是准局域代数 $\mathscr{A}$ 上的一个复值线性函数:

$$\rho(\lambda A) = \lambda \rho(A), \qquad \text{对任意的 } \lambda \in \mathbf{C} \text{ 和 } A \in \mathscr{A},$$

$$\rho(A + B) = \rho(A) + \rho(B),$$

它在下面的意义上是正定的,

$$\rho(A^* A) \geqslant 0,$$

并且是归一的,

$$\rho(\mathbf{1}) = 1,$$

其中 $\mathbf{1}$ 是 $\mathscr{A}$ 的单位元 (我们在本书中默认所有的 C^* 代数都具有一个单位元). 一个态被称为 Poincaré 群不变的, 如果对于所有的 Poincaré 变换 (a, Λ) 和 $A \in \mathscr{A}$, 都有

$$\rho(A) = \rho(\alpha(a, \Lambda)(A)).$$

态的概念的重要性在于, 通过所谓的 GNS 构造 (文献 68), 一个态决定了 $\mathscr{A}$ 的一个表示.

定理 如果 $\mathscr{A}$ 是具有单位元的 C^* 代数, ρ 是 $\mathscr{A}$ 的一个态, 则存在 Hilbert 空间 $\mathscr{H}_\rho$, $\mathscr{H}_\rho$ 中的一个态 $\Psi_\rho \in \mathscr{H}_\rho$ 和由 $\mathscr{H}_\rho$ 上的有界算子构成的 $\mathscr{A}$ 的一个表示 π_ρ, 使得

(c) 存在正数 $\|A\|$ (称为 A 的范数或模) 满足范数的一般性质, 并且 $\mathscr{A}$ 在该范数下是完备的;

(d) 范数满足如下性质 (C^* 范数的性质):

$$\|A^* A\| = \|A\|^2.$$

C^* 代数在文献中存在若干等价的定义方法, 这里我们给出的定义, 来自 Araki 所著的 *Mathematical Theory of Quantum Fields* (牛津大学出版社 2010 年重印版) 的附录 B.

1. 对于所有的 $A \in \mathscr{A}$, 都有 $\rho(A) = (\Psi_\rho, \pi_\rho(A)\Psi_\rho)$;
2. Ψ_ρ 是 $\pi_\rho(\mathscr{A})$ 的循环矢量.

进一步, 如果 ρ 在某个群 G 下不变, 也就是说, 存在由 $\mathscr{A}$ 的自同构构成的 G 的表示 $g \to \alpha_g$, 并且对于所有的 $g \in G$ 都有 $\rho(A) = \rho(\alpha_g(A))$, 则存在由 $\mathscr{H}_\rho$ 中的幺正算子构成的 G 的表示 $U_\rho(g)$, 且该表示满足

3. $U_\rho(g)\Psi_\rho = \Psi_\rho$;
4. $\pi_\rho(\alpha_g(A)) = U_\rho(g)\pi_\rho(A)U_\rho(g)^{-1}$.

因此, GNS 构造告诉我们, 从与准局域代数相结合的纯代数概念出发, 为了得到一个具体的表示, 人们只需要挑选一个态. 如果这个态是不变的, 则被它决定的表示中存在一个表示真空的不变矢量. 如果这个态不是不变的, 它仍然可能是协变的 (covariant), 也就是说, $\mathscr{H}_\rho$ 上仍然可以存在一个 Poincaré 的幺正表示 $\{a, \Lambda\} \to U(a, \Lambda)$, 使得条件 4 对于 Poincaré 群中的所有元素 g 都成立. 并非所有协变的态都可以被视为物理上可实现的. 比如, Poincaré 群的幺正表示 $U_\rho(a, \Lambda)$ 可能不满足谱条件. 然而, 即便是筛选过后留下的那些物理上可实现的协变态, 也仍然可能对应不等价表示, 而这些表示具有不同的物理预言. 比如, 它们可能给出不同的质量和自旋谱. 这些物理上不等价的表示的意义何在呢? 文献 65 中给出的回答, 是问题中的理论具有超选择定则, 而物理上可接受的不等价表示的类标记了相干子空间 (关于超选择定则的讨论, 请参见第一章).

文献 65 给出的一般性理论, 针对特殊环境在文献 69–71 中有了进一步的发展, 但是理论本身并没有回答与可观测量代数的幺正不等价表示相应的现象, 在具体的 Lagrange 场论中是如何得以展现的.

第一个被详细分析的例子, 是二维时空中的零质量标量场文献 72. 该工作的主要动机, 是利用局域代数理论的思想说明, Skyrme 关于利用玻色场构造费米场的建议 (文献 73), 具有精确的数学意义.

Skyrme 的想法是, 在满足 sine-Gordon 方程

$$\Box\varphi + (\alpha_0/\beta) : \sin\beta\varphi(x) := 0$$

的中性标量场理论中, 应该存在费米子型的类粒子激发. 从后来发生的事情来看, 他的探索性计算似乎非常具有先见之明.

文献 72 中所做的工作, 是考虑 $\alpha_0 = 0$ 的极特殊情况. 第一步, 是构造满足

$$\Box\varphi(x) = 0$$

的标量场 φ 的 Fock 空间表示. 为了回避红外发散的问题, 场的检验函数被限制为 $\mathscr{S}$ 中那些 Fourier 变换在原点处为零的元素. 与场 φ 相伴的, 有两个守恒流

$$\sqrt{\pi}j^\mu(x) = -\epsilon^{\mu\nu}\partial_\nu\varphi(x) \quad \text{和} \quad j^{5\mu}(x) = \epsilon^{\mu\nu}j_\nu(x),$$

相应的荷

$$Q = \int \mathrm{d}x \, j^0(x) \quad \text{和} \quad Q^5 = \int \mathrm{d}x \, j^{50}(x)$$

在 Fock 表示中为零. 然而, 由于这两个荷可以取任意实数值, 由 φ 构造的局域代数具有双参数的表示族. 如果人们选取具有整数荷的那些表示的子集 $\{\Pi_{n_1,n_2}$ 是 Hilbert 空间 $\mathscr{H}_{n_1,n_2}$ 的子集, 且 n_1, n_2 为整数$\}$, 进而在直和 Hilbert 空间 $\mathscr{H} = \bigoplus_{(n_1,n_2)-\infty}^{\infty} \mathscr{H}_{n_1,n_2}$ 中构造直和 $\bigoplus_{n_1,n_2}^{\infty} \Pi_{n_1,n_2}$, 就可以定义 $\mathscr{H}$ 上的带荷费米子算子, 这些算子将其中一个荷减少一个单位. 尽管人们早就知道在 Thirring 模型中 (文献 74), 会自然地出现零质量自由标量场 (Thirring 模型的流是通过一个混合上述自由流 j 和 j^5 的自同构得到的), 最初人们并没有意识到这些费米子算子可以被选为满足零质量 Thirring 模型方程的费米子场的两个分量. 然而, 到 1973 年时, 这一构造已经被显式地给出, 并且被视为 Skyrme 想法在 $\alpha_0 = 0$ 时的一个严格的实现 (文献 74, 75).

对于 $\alpha_0 \neq 0$ 的情况, 文献 77 给出了决定性的见解. 文中指出, 具有一般的 α_0 的 sine-Gordon 理论, 是满足非零质量 Thirring 模型方程

$$(-\mathrm{i}\gamma^\mu \partial_\mu + m)\psi = g :\psi^+ \gamma^\mu \psi : \gamma_\mu \psi$$

的带荷二分量旋量场所刻画的一个费米子理论的子理论, 其中 ψ 与 φ 之间的关系为

$$:\psi^+(x)\gamma^\mu\psi(x): = -\frac{\beta}{2\pi}\epsilon^{\mu\nu}\partial_\nu\varphi, \qquad :\psi^+(x)\psi(x): = -\frac{\alpha_0}{\beta^2 m} :\cos\beta\varphi:,$$

并且 $4\pi/\beta^2 = 1 + g/\pi$.

在非零质量 Thirring 模型中, 被定义为 (利用略微不同的归一化约定)

$$Q = \int \mathrm{d}x :\psi^+(x)\gamma^0\psi(x):$$

的荷 Q 仍然是一个守恒量, 然而零质量理论中的 Q^5 没有守恒的对应量. 非零质量 Thirring 模型的 Hilbert 空间是子空间 $\mathscr{H}_q$ 的直和:

$$\mathscr{H} = \bigoplus_q \mathscr{H}_q,$$

其中 q 是 Q 的本征值, 取值为单一费米子所带荷的整数倍. sine-Gordon 理论的 Hilbert 空间, 是 $\mathscr{H}$ 的真空分支 $\mathscr{H}_0$.

当 $0 \leqslant \beta \leqslant 2\sqrt{\pi}$ 时, 一般的 α_0 的新分支的严格构造可以参阅文献 78—82. 其基本思想与文献 72 类似: 对于 sine-Gordon 理论中归一化的态 $\varPsi$, 构造满足性质

$$\lim_{x \to -\infty} (\Psi, \alpha_g(\varphi(x))\Psi) = \lim_{x \to -\infty} (\Psi, \varphi(x)\Psi),$$

$$\lim_{x \to +\infty} (\Psi, \alpha_g(\varphi(x))\Psi) = \lim_{x \to +\infty} [(\Psi, \varphi(x)\Psi) + g(x)]$$

的局域可观测量代数 $\mathscr{A}$ 的自同构. 于是我们可以定义可观测量代数 $\mathscr{A}$ 上的一个新的态 ω_g 如下:

$$\omega_g(A) = (\Psi_0, \alpha_g(A)\Psi_0),$$

其中 Ψ_0 是 sine-Gordon 理论的真空. 如果 g 被适当地选取为当 $x \to +\infty$ 时趋于 $2m\pi/\beta$ 的 "扭结" 函数, 则 ω_g 定义了一个新的 (m 孤子) 分支, 这里 m 为整数. $\alpha_0 = 0$ 情况的构造过程, 是基础而直接的, 与之不同, $\alpha_0 \neq 0$ 的构造是构造型场论的一次全面的运用, 因为人们需要首先证明 sine-Gordon 理论中截断无关解的存在性.

文献 78–81 中的一般理论, 说明了在包括赝标量 Y_2 和 $(\varphi^4)_2$ 理论在内的一大类二维时空的理论中, 超选择分支都与 "拓扑荷"(例如前面提到的 $\beta \int \mathrm{d}x\, \partial/\partial x^1\, g = 2\pi m$) 相联系. 实际上, 只要系统的动力学导致与分立超选择分支族相应的对称性破缺, 上述现象就会出现. 这些新的分支并不包含新的真空态, 而是包含被所带拓扑荷保护的新粒子态, 以及由这些新粒子与真空分支中的态组成的复合态. 正如这些文章所强调的, 在坚实地建立起新分支的散射理论之前, 仍然存在大量需要解决的非平凡的数学问题. 目前清楚的是, 公理 IV (渐近完备性) 含义的合理诠释已经被这一系列发展的结果所改变. 比如, 如果人们考虑 $\lambda(\varphi^4)_2$ 模型, 对于 λ 的单相区域, 可以期待渐近完备性是成立的, 此时的散射态由当前构造场论标准结果中的单粒子态构建 [为了确保不存在额外的束缚态, 人们需要关于理论的谱的深刻结果 (文献 83–85)]. 然而, 如果 λ 位于两相区域, 只有当人们在 Hilbert 空间上结合了包含一个孤子或反孤子的新分支时, 才能期待渐近完备性是成立的.

看起来, sine-Gordon 模型并不是用来探讨渐近完备性的这种新诠释的必要性的合适范例, 因为其中并不发生非弹性散射 (文献 86). 如果事实如此, 介子散射就不会产生孤子 – 反孤子对, 从而介子散射矩阵在真空分支内就已经是幺正的了. 于是真空分支的玻色场理论也将满足渐近完备性. 另一方面, 对于位于两相区域的 $\lambda(\varphi^4)_2$ 理论, 人们期待介子对撞会产生扭结 – 反扭结对, 因此引入新的分支对于实现渐近完备性将是必需的.

两相区域 $\lambda(\varphi^4)_2$ 理论中新分支的存在性, 为其诠释带来了一些问题: 理论的 Hilbert 空间应该是什么样的? 它导致的理论, 是否是本书定义意义上的量子场论?

为了回答第一个问题, 需要考察不同分支的物理性质. 两个真空分支 $\mathscr{H}_{0+}$ 和 $\mathscr{H}_{0-}$ 的区别在于, $\langle\varphi(x)\rangle_{0+} > 0$ 而 $\langle\varphi(x)\rangle_{0-} < 0$, 其中 $\langle\varphi(x)\rangle_{0+} = -\langle\varphi(x)\rangle_{0-}$ 且不随 x 变化. 此时还存在一个孤子 (扭结) 分支 $\mathscr{H}_s$, 特点为

$$\lim_{x\to\pm\infty} \langle\varphi(x)\rangle_s = \langle\varphi(x)\rangle_{0\pm},$$

和一个反孤子分支 $\mathscr{H}_{\bar{s}}$, 特点为

$$\lim_{x\to\pm\infty} \langle\varphi(x)\rangle_{\bar{s}} = \langle\varphi(x)\rangle_{0\mp}.$$

注意, 孤子和反孤子态不是平移不变的. 当然, 它们是协变的. 与孤子相结合的自同构 s 在真空分支 $\mathscr{H}_{0,\pm}$ 上作用两次将给出 $\mathscr{H}_{0,\pm}$ 中的态 (在自同构群中, 可以用符号 $s^2 \sim e$ 表示), 类似的对于 $\bar{s}$ 有结果 $\bar{s}^2 \sim e$. 另一方面, 自同构 s 和 $\bar{s}$ 的复合 $s\circ\bar{s}$ 作用在 $\mathscr{H}_{0,\pm}$ 上会给出 $\mathscr{H}_{0,\mp}$ 中的态. 图 A.3 给出了这些事实的直观图示⑥.

诠释 $\mathscr{H}_{0+}$, $\mathscr{H}_{0-}$, $\mathscr{H}_s$ 和 $\mathscr{H}_{\bar{s}}$ 四个分支的标准方法, 是将两个真空分支 $\mathscr{H}_{0+}$ 和 $\mathscr{H}_{0-}$ 彼此视为对方的物理备选, 同时尝试结合 $\mathscr{H}_s$ 或 $\mathscr{H}_{\bar{s}}$, 或者同时结合它们二者, 从而得到渐近完备的理论. 如果如文献 87 中所说明的那样, $\mathscr{H}_s$ 质量谱的下界是一个孤立本征值, 人们就可以用碰撞的 Haag-Ruelle 理论证明 $\mathscr{H}_{0+}$ (和 $\mathscr{H}_{0-}$) 中存在扭结 – 反扭结态, 并且这些态不是介子态. 因此, 从 $\mathscr{H}_{0+}$ 出发, 为了得到渐近完备的理论, 人们必须至少加入 $\mathscr{H}_s$ 或 $\mathscr{H}_{\bar{s}}$, 或是它们二者, 从而得到

$$\mathscr{H}_{0+} \oplus \mathscr{H}_s \quad \text{或} \quad \mathscr{H}_{0+} \oplus \mathscr{H}_{\bar{s}} \quad \text{或} \quad \mathscr{H}_{0+} \oplus \mathscr{H}_s \oplus \mathscr{H}_{\bar{s}}$$

形式的态空间. 类似地, 从 $\mathscr{H}_{0-}$ 出发, 人们有三种选择

$$\mathscr{H}_{0-} \oplus \mathscr{H}_s \quad \text{或} \quad \mathscr{H}_{0-} \oplus \mathscr{H}_{\bar{s}} \quad \text{或} \quad \mathscr{H}_{0-} \oplus \mathscr{H}_s \oplus \mathscr{H}_{\bar{s}}.$$

两套选择中的第三种可能性, 因其存在一个宇称算子而与前两种截然不同. 前两种选择类似于没有反中微子的中微子理论, 其中包含粒子 s 或 $\bar{s}$, 而不包含其反粒子, 然而如果存在一个宇称算子 P, 作用在粒子上给出 $Ps = \bar{s}$, 则反粒子也会出现.

为了进一步区分各种可能性, 人们自然地会引入与粒子 s (以及 $\bar{s}$) 相结合的场. 对于包含 $\mathscr{H}_{0+}$ 的三种可能的 Hilbert 空间中的任意一个而言, 真空 Ψ_{0+} 都不是循环矢量, 因此, 为了得到一个场论, 必须引入将真空分支映射到其他分支的场. 没有任何已知的场可以做到这一点, 然而利用局域代数理论的思想, 人们可以得到具有某些弱局域性质的场 $s(x)$ 和 $\bar{s}(x)$ (文献 79). 即当 y 位于 x 右侧足够远处时,

---

⑥译者注: 由 s 与孤子位形相对应以及图 A.3 可见, 自同构 s 的作用结果, 为将 $\varphi(x)$ 在 $x \to -\infty$ 的渐近期望值改变符号, 而自同构 $\bar{s}$ 的作用结果, 为将 $\varphi(x)$ 在 $x \to +\infty$ 的渐近期望值改变符号. 因此, s^2 ($\bar{s}^2$) 作用将导致所得到的态回到原先的分支, 而 $s\circ\bar{s}$ 将 $\mathscr{H}_{0,\pm}$ 的态变到 $\mathscr{H}_{0,\mp}$ 中.

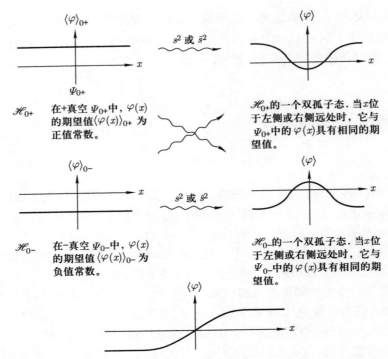

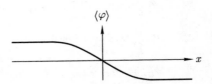

图 A.3　在两相区域 $\lambda(\varphi^4)_2$ 理论一些典型态下, $\langle\varphi(x)\rangle$ 作为空间坐标的函数的行为. 自同构 $s^2 = s \circ s$, $\bar{s}^2 = \bar{s} \circ \bar{s}$ 以及 $s \circ \bar{s}$ 在图中以带箭头的波浪线示意. 特别需要注意, 复合自同构 $s \circ \bar{s}$ 的作用, 是将 $\varphi(x)$ 左右两侧期望值的渐近值一起改变.

$s(x)$ 与 $\varphi(y)$ 反对易, 当 y 位于 x 左侧足够远处时, $s(x)$ 与 $\varphi(y)$ 对易. 然而, 在上述六种 Hilbert 空间中, 人们都无法同时引入 $s(x)$ 和 $\bar{s}(x)$. 实际上, 为此人们需要

$$\mathscr{H}_{0+} \oplus \mathscr{H}_{0-} \oplus \mathscr{H}_s \oplus \mathscr{H}_{\bar{s}}.$$

原因在于, $s(x)\bar{s}(y)\Psi_{0+}$ 属于子空间 $\mathscr{H}_{0-}$, 这是 $s(x)\bar{s}(y)$ 的作用相当于自同构 $s \circ \bar{s}$ 所决定的 (参见图 A.3).

因此, 如果人们试图以 $\varphi(x)$ 和 $s(x)$ 作为基本场, 则可以选用 Hilbert 空间 $\mathscr{H}_{0+} \oplus \mathscr{H}_s$[⑦], 如果选取 $\varphi(x)$ 和 $\bar{s}(x)$ 作为基本场, 则需要 $\mathscr{H}_{0-} \oplus \mathscr{H}_{\bar{s}}$; 如果人们希望以 $\varphi(x)$, $s(x)$ 和 $\bar{s}(x)$ 作为基本场, 那么除了 $\mathscr{H}_{0+} \oplus \mathscr{H}_{0-} \oplus \mathscr{H}_s \oplus \mathscr{H}_{\bar{s}}$ 以外别无选择. 其中涉及的物理区别, 并不像看起来那么明显. 另一方面, 后面这种情形中, 真空的二重简并性原则上是可以观测的. 然而, 由于真空态 $\Psi_{0\pm}$ 单位体积内的能量是相同的, 人们可以构造能量仅仅稍高于 $(M_s + M_{\bar{s}})c^2$ 的态, 它们位于 $\mathscr{H}_{0+}$ 内, 然而在任意大的区域看起来都像 Ψ_{0-}.

如果没有提及 Hilbert 空间为 $\mathscr{H}_{0+} \oplus \mathscr{H}_s$、场为 $:\varphi^2:(x)$ 和 $s(x)$ 的理论, 我们对于物理可能性的列举将是不完整的. 这一理论与 Hilbert 空间为 $\mathscr{H}_{0-} \oplus \mathscr{H}_{\bar{s}}$、场为 $:\varphi^2:(x)$ 和 $\bar{s}(x)$ 的理论是同构的. 实际上, 通过禁戒包含 $\varphi(x)$ 奇数次的可观测量, 人们就将 $\varphi \to -\varphi$ 改造成了规范变换. 猜想这一理论的可观测量可以通过 S 矩阵表示是合理的.

无论选取上面的哪一种可能, 人们似乎都不得不接受一个稍加推广的相对论性量子场论的概念. 这与本书的精神并不矛盾. 我们已经知道, 为了描述自旋为 $\frac{1}{2}$ 的粒子的量子电动力学, 需要满足推广的公理 O, I, II, III 和 IV 的场论. 对于描述弱和强相互作用的非阿贝尔规范理论也是如此. 公理的主要作用, 是为清晰的思考提供有效的指导, 当存在足够好的理由的时候, 应该被修改.

本书第二版 (1977 年) 出版后, 一些系统地介绍量子场论中的局域代数方法的书先后出版 (文献 88, 89), 量子场的一般理论的晚近发展, 可以参考综述 90, 91.

参 考 文 献

1. R. F. Streater, "Outline of Axiomatic Relativistic Quantum Field Theory", *Rep. Prog. Phys.*, **38**, 771–846 (1975).

2. N. Bogolubov, A. Logunov, and I. Todorov, *Introduction to Axiomatic Quantum Field Theory*, W. A. Benjamin, Advanced Book Program, Reading, Mass., 1975.

3. K. Friedrichs, *Mathematical Aspects of the Quantum Theory of Fields*, Interscience, New York, 1953.

4. I. E. Segal, *Mathematical Problems of Relativistic Physics* (Lectures in Applied Math., Vol. II), Amer. Math. Soc., Providence, R.I., 1963.

5. K. Friedrichs, *Perturbation of Spectra in Hilbert Space* (Lectures in Applied Math., Vol. III), Amer. Math. Soc., Providence, R.I., 1965.

6. A. Wightman, "Introduction to Some Aspects of the Relativistic Dynamics of

---

⑦译者注: 英文版原书此处为 "$\mathscr{H}_{0+} + \mathscr{H}_s$", 为保持符号的一致性, 此处仍使用 $\oplus$ 表示直和.

Quantized Fields", pp. 171–291 in *High Energy Electromagnetic Interactions and Field Theory* (M. Levy, ed.), Cargèse Lectures in Theoretical Physics, 1964, Gordon and Breach, N.Y., 1967.

7. A. Wightman, "Hilbert's Sixth Problem: Mathematical Treatment of the Axioms of Physics", pp. 147–240 in *Mathematical Developments Arising from Hilbert Problems* (Symp. in Pure Math. XXVIII), Amer. Math. Soc., Providence, R.I., 1976.

8. Y. Kato, "Some Converging Examples of Perturbation Series in Quantum Field Theory", *Prog. Theoret. Phys.*, **26**, 99–122 (1961).

9. O. Lanford, *Construction of Quantum Fields Interacting by a Cutoff Yukawa Coupling*, Ph. D. thesis (unpublished), Princeton University, Princeton, N.J., 1966.

10. T. Kato, *Perturbation Theory for Linear Operators*, Springer, New York, 1966.

11. A. Jaffe, *Dynamics of a Cutoff $\lambda\varphi^4$ Field Theory*, Ph. D. thesis (unpublished), Princeton University, Princeton, N.J., 1965.

12. A. Jaffe, O. Lanford, and A. Wightman, "A General Class of Cut-Off Model Field Theories", *Commun. Math. Phys.*, **15**, 47–68 (1969).

13. E. Nelson, "Interaction of Nonrelativistic Particles with a Quantized Scalar Field", *J. Math. Phys.*, **5**, 1190–1197 (1964).

14. J. Cannon, "Quantum Field Theoretic Properties of a Model of Nelson: Domain and Eigenvector Stability for Perturbed Linear Operators", *J. Functional Anal.*, **8**, 101–152 (1971).

15. E. Nelson, "A Quartic Interaction in Two Dimensions", in *Analysis in Function Space* (R. Goodman and I. Segal, eds.), M.I.T. Press, Cambridge, Mass., 1966.

16. A. Jaffe, "Wick Polynomials at a Fixed Time", *J. Math. Phys.*, **7**, 1250–1255 (1966).

17. J. Glimm, "Yukawa Coupling of Quantum Fields in Two Dimensions, I", *Commun. Math. Phys.*, **5**, 343-386 (1967); II, **6**, 61–76 (1967).

18. I. Segal, "Notes Toward the Construction of Non-Linear Relativistic Quantum Fields, I: The Hamiltonian in Two Space-Time Dimensions as the Generator of a C^*-Automorphism Group", *Proc. Nat. Acad. Sci. U.S.A.*, **57**, 1178–1183 (1967); III: "Properties of the C^* Dynamics for a Certain Class of Interactions", *Bull. Amer. Math. Soc.*, **75**, 1390–1395⑧ (1969).

19. J. Glimm, "Boson Fields with Non-Linear Self-Interaction in Two Dimensions",

---

⑧英文版原书此处页码标记为 "1390–139"，经查阅原文献，应为 1390–1395.

Commun. Math. Phys., **8**, 12–25 (1968).

20. J. Glimm, "Boson Fields with : φ^4 : Interaction in Three Dimensions", *Commun. Math. Phys.*, **10**, 1–47 (1968).

21. K. Hepp, "Renormalization Theory", pp. 429–500 in *Statistical Mechanics and Quantum Field Theory (Les Houches 1970)* (C. DeWitt and R. Stora, eds.), Gordon and Breach, N.Y., 1971.

22. J. Glimm and A. Jaffe, "Positivity of the φ_3^4 Hamiltonian", *Fortschr. Physik* **21**, 327–376 (1973).

23. M. Guenin, "On the Interaction Pictures", *Math. Phys.*, **3**, 120–132 (1966).

24. J. Glimm and A. Jaffe, "A $\lambda\varphi^4$ Quantum Field Theory Without Cutoffs", *Phys. Rev.*, **176**, 1945–1951 (1968).

25. J. Glimm and A. Jaffe, "Quantum Field Theory Models", pp. 1–108 in *Statistical Mechanics and Quantum Field Theory (Les Houches 1970)* (C. DeWitt and R. Stora, eds.), Gordon and Breach, N.Y., 1971.

26. J. Glimm and A. Jaffe, "Boson Quantum Field Theory Models", pp. 77–143 in *Mathematics of Contemporary Physics* (R. F. Streater, ed.), Academic Press, London, 1972.

27. L. Rosen, "A $\lambda\varphi^{2n}$ Theory without Cutoffs", *Commun. Math. Phys.*, **16**, 157–183 (1970).

28. J. Schwinger, "On the Euclidean Structure of Relativistic Field Theory", *Proc. Nat. Acad. Sci. U.S.A.*, **44**, 956–965 (1958).

29. T. Nakano, "Quantum Field Theory in Terms of Euclidean Parameters", *Prog. Theoret. Phys.*, **21**, 241–259 (1959).

30. K. Symanzik, "Euclidean Quantum Field Theory, I: Equations for a Scalar Model", *J. Math. Phys.*, **7**, 510–525 (1966).

31. K. Symanzik, "Applications of Functional Integrals to Euclidean Quantum Field Theory", pp. 197–206 in *Analysis in Function Space* (W. T. Martin and I. E. Segal, eds.), M.I.T. Press, Cambridge, Mass., 1964.

32. K. Symanzik, "Euclidean Quantum Field Theory", pp. 153–226 in *Local Quantum Theory* (R. Jost, ed.), Academic Press, New York, 1969.

33. M. Reed, "Functional Analysis and Probability Theory", pp. 2–43 in *Constructive Quantum Field Theory* (Lecture Note in Physics #25) (G. Velo and A. S. Wightman, eds.), Springer, New York, 1973.

34. E. Nelson, "Construction of Quantum Fields from Markoff Fields", *J. Functional Anal.*, **12**, 97–112; "The Free Markoff Field", 211–227 (1973).

35. F. Guerra, "Uniqueness of the Vacuum Energy Density and van Hove Phenomenon in the Infinite Volume Limit for Two Dimensional Self-Coupled Bose Fields", *Phys. Rev. Letters*, **28**, 1213–1214 (1972).

36. K. Osterwalder and R. Schrader, "Axioms for Euclidean Green's Functions", *Commun. Math. Phys.*, **31**, 83–112; **42**, 281–305; (1975).

37. E. Nelson, "Probability Theory and Euclidean Field Theory", pp. 94–124 in *Constructive Quantum Field Theory* (Lecture Note in Physics #25) (G. Velo and A. S. Wightman, eds.), Springer, New York, 1973.

38. F. Guerra, L. Rosen, and B. Simon, "The $P(\varphi)_2$ Euclidean Quantum Field Theory as Classical Statistical Mechanics", *Ann. of Math.*, **101**, 111–259 (1975).

39. T. Spencer, "The Mass Gap for the $P(\varphi)_2$ Quantum Field Theory Model with a Strong External Field", *Commun. Math. Phys.*, **39**, 63–76 (1974).

40. B. Simon, "Correlation Inequalities and the Mass Gap in $P(\varphi)_2$, II: Uniqueness of the Vacuum for a Class of Strongly Coupled Theories", *Ann. of Math.*, **101**, 260–267 (1975).

41. B. Simon and R. B. Griffiths, "The $(\varphi^4)_2$ Field Theory as a Classical Ising Model", *Commun. Math. Phys.*, **33**, 145–164 (1973).

42. J. Glimm, A. Jaffe and T. Spencer, "Phase Transitions for φ_2^4 Quantum Fields", *Commun. Math. Phys.*, **45**, 203–216 (1975).

43. G. Velo and A. S. Wightman, eds., *Constructive Quantum Field Theory* (Lecture Notes in Physics #25), Springer, New York, 1973.

44. B. Simon, *The Euclidean $P(\varphi)_2$ (Quantum) Field Theory*, Princeton University Press, Princeton, N.J., 1974.

45. J. Glimm, A. Jaffe, and T. Spencer, "The Wightman Axioms and Particle Structure in the $P(\varphi)_2$ Quantum Field Model", *Ann. of Math.*, **100**, 585–632 (1974).

46. J. Fröhlich, "Schwinger Functions and Their Generating Functionals, I", *Helv. Phys. Acta*, **47**, 265–306 (1974).

47. J. Fröhlich, "Verification of Axioms for Euclidean and Relativistic Fields and Haag's Theorem in a Class of $P(\varphi)_2$ Models", *Ann. Inst. Henri Poincaré*, **21**, 271–317 (1974).

48. R. Haag, "Quantum Field Theories with Composite Particles and Asymptotic Conditions", *Phys. Rev.*, **112**, 669–673 (1958).

49. D. Ruelle, "On the Asymptotic Condition in Quantum Field Theory", *Helv. Phys. Acta*, **35**, 147 (1962).

50. J. Dimock, "Asymptotic Perturbation Expansion in the $P(\varphi)_2$ Quantum Field

Theory", *Commun. Math. Phys.*, **35**, 347–356 (1974).

51. J. Eckmann, J. Magnen, and R. Sénéor, "Decay Properties and Borel Summability for the Schwinger Functions in $P(\varphi)_2$ Theories", *Commun. Math. Phys.*, **39**, 251–271 (1975).

52. J. Dimock, "The $P(\varphi)_2$ Green's Functions: Asymptotic Perturbation Expansion", *Helv. Phys. Acta*, **49**, 199–216 (1976).

53. K. Osterwalder and R. Sénéor, "The Scattering Matrix Is Non-Trivial for Weakly Coupled $P(\varphi)_2$ Models", *Helv. Phys. Acta*, **49**, 525 (1976).

54. J. P. Eckmann, H. Epstein, and J. Fröhlich, "Asymptotic Perturbation Expansion for the S-matrix and the Definition of Time-Ordered Functions in Relativistic Quantum Field Theory Models", *Ann. Inst. Henri Poincaré*, **25**, 1–34 (1976).

55. J. Glimm and A. Jaffe, "Self-Adjointness of the Yukawa$_2$ Hamiltonian", *Ann. Phys.*, **60**, 321–383 (1970).

56. R. Schrader, "Yukawa Field Theory in Two Dimensional Space-Time without Cutoffs", *Ann. Phys.*, **70**, 412–457 (1972).

57. E. Seiler, "Schwinger Functions for the Yukawa Model in Two Dimensions with Space-Time Cutoff", *Commun. Math. Phys.*, **42**, 163–182 (1975).

58. J. Magnen and R. Sénéor, "The Wightman Axioms for the Weakly Coupled Yukawa Model in Two Dimensions", *Commun. Math. Phys.*, **51**, 297–314 (1976).

59. A. Cooper and L. Rosen, "The Weakly Coupled Yukawa$_2$ Field Theory: Cluster Expansion and Wightman Axioms", *Trans. Amer. Math. Soc.*, **234**, 1–88 (1977).

60. E. Seiler and B. Simon, "Nelson's Symmetry and All That in the Y_2 and $(\varphi^4)_3$ Quantum Field Theories", *Ann. Phys.*, **97**, 470–518 (1976).

61. J. Feldman and K. Osterwalder, "The Wightman Axioms and the Mass Gap for Weakly Coupled $(\varphi^4)_3$ Quantum Field Theories", *Ann. Phys.*, **97**, 80–135 (1976).

62. J. Magnen and R. Sénéor, "The Infinite Volume Limit of the $\varphi_3{}^4$ Model", *Ann. Inst. Henri Poincaré*, **24**, 95–159 (1976).

63. J. Glimm and A. Jaffe, "Critical Problems in Quantum Fields", pp. 157–174 in *Les Méthodes Mathématiques de la Théorie Quantique des Champs*, CNRS, Paris, 1976.

64. R. Schrader, "A Possible Constructive Approach to $(\varphi^4)_4$", *Commun. Math. Phys.*, **49**, 131–153 (1976)[⑨]; III, **50**, 97–102 (1976); II, *Ann. Inst. Henri Poincaré*,

⑨译者注: 英文版原书此处为 "A Possible Constructive Approach to $(\varphi^4)_4$, I", 经查, 刊载于 *Commun. Math. Phys.*, **49**, 131–153 (1976) 的这篇文章并没有序号 "I", 故在此处予以更正.

26, 295–301 (1977)①.

65. R. Haag and D. Kastler, "An Algebraic Approach to Quantum Field Theory", *J. Math. Phys.*, **5**, 848–861 (1964).

66. 比如, 参见 W. Driessler and J. Fröhlich, "The Reconstruction of Local Observable Algebras from Euclidean Green's Functions of a Relativistic Quantum Field Theory", *Ann. Inst. Henri Poincaré*, **25**, 221–236 (1977)①.

67. G. Emch, *Algebraic Methods in Statistical Mechanics and Quantum Field Theory*, Interscience, New York, 1972.

68. 作为 GNS 构造标准文献 47, 48 的补充, 读者可以从下面文献中找到有帮助的信息: A. S. Wightman, "Constructive Quantum Field Theory: Introduction to the Problems", pp. 46–53 in *Fundamental Interactions in Physics and Astrophysics* (Iverson, Perlmutter, and Mintz, eds.), Plenum, New York, 1973.

69. H. J. Borchers, "Local Rings and the Connection of Spin with Statistics", *Commun. Math. Phys.*, **1**, 281–307 (1965).

70. S. Doplicher, R. Haag, and J. Roberts, "Field Observables and Gauge Transformations, I", *Commun. Math. Phys.*, **13**, 1–23 (1969); II, **15**, 173–200 (1969).

71. S. Doplicher, R. Haag, and J. Roberts, "Local Observables and Particle Statistics", *Commun. Math. Phys.*, **23**, 199–230 (1971).

72. R. F. Streater and I. F. Wilde, "Fermion States of a Bose Field", *Nuclear Phys.*, **B24**, 561–575 (1970).

73. T. H. R. Skyrme, "Particle State of a Quantized Meson Field", *Proc. Roy. Soc. London*, **A262**, 237–245 (1961).

74. E. Lieb and D. Mattis, "Exact Solution of a Many-Fermion System and Its Associated Boson Field", *J. Math. Phys.*, **6**, 304–312 (1965).

75. G. F. Dell'Antonio, Y. Frishman, and D. Zwanziger, "Thirring Model in Terms of Currents; Solution and Light Cone Expansion", *Phys. Rev.*, **D6**, 988–1007 (1972).

76. R. F. Streater, "Gauge Fields and Superselection Rules", *Acta Phys. Austriaca Suppl.*, **11**, 317–340 (1973); 以及 "Charges and Currents in the Thirring Model", pp. 375–386 in *Physical Reality and Mathematical Description* (C. P. Enz and J. Mehra, eds.), D. Reidel, Dordrecht, 1974.

---

①译者注: 英文版原书此处为 "25, (1976)", 经查, 本文献刊载于该杂志 1977 年 26 卷 295 页, 故在此处予以更正.

①译者注: 英文版原书此处文章页码为 "221–136", 显然有误, 经查, 本文献页码应为 221–236, 此处予以更正.

77. S. Coleman, "Quantum Sine-Gordon Equation as Massive Thirring Model", *Phys. Rev.*, **D11**, 2088–2097 (1975).

78. J. Fröhlich, "Poetic Phenomena in Two Dimensional Quantum Field Theory: Non-Uniqueness of Vacuum, The Solitons and All That", pp. 111–130 in *Les Méthodes Mathématiques de la Théorie Quantique des Champs*, CNRS, Paris, 1976.

79. J. Fröhlich, "New Superselection Sectors ('Soliton States') in Two Dimensional Bose Quantum Field Theories", *Commun. Math. Phys.*, **47**, 269–310 (1976).

80. J. Fröhlich, "The Pure Phase, the Irreducible Quantum Fields, and Dynamical Symmetry Breaking in Symanzik-Nelson Positive Quantum Field Theories", *Ann. Phys.*, **97**, 1–54 (1976).

81. J. Fröhlich, "Phase Transitions, Goldstone Bosons, and Topological Superselection Rules", *Acta Phys. Austriaca Suppl.*, **15**, 79–85 (1976).

82. 有关孤子及其效应更进一步的信息，可以参考 S. Coleman, *Classical Lumps and Their Quantum Descendants* (1975 年 Erice 讲座, Int. School of Subnuclear Physics "Ettore Majorana").

83. T. Spencer, "The Absence of Even Bound States for $(\varphi^4)_2$ Quantum Fields", *Commun. Math. Phys.*, **39**, 77–79 (1974).

84. T. Spencer, "The Decay of the Bethe-Salpeter Kernel in $P(\varphi)_2$", *Commun. Math. Phys.*, **44**, 143–164 (1975).

85. T. Spencer and F. Zirilli, "Scattering States and Bound States in $P(\varphi)_2$", *Commun. Math. Phys.*, **49**, 1–16 (1976).

86. M. Lüscher, *Dynamical Charges in the Quantized Renormalized Massive Thirring Model*, DESY Preprint 76/31, June 1976.

87. J. Bellissard, J. Fröhlich, and B. Gidas, "Soliton Mass and Surface Tension in the $(\lambda|\varphi|^4)_2$ Quantum Field Theory", *Phys. Rev. Letters*, **38**, 619–622 (1977).

88. R. Haag, *Local Quantum Physics*, second edition, Springer Verlag, 1996.

89. S. S. Horuzhy, *Introduction to Algebraic Quantum Field Theory*, Kluwer, 1990.

90. H. Araki, *Mathematical Theory of Quantum Fields*, Oxford, 2000.

91. N. N. Bogoliubov, A. A. Logunov, A. I. Oksak, and I. T. Todorov, *General Principles of Quantum Field Theory*, Kluwer, 1990.

索　引

译　后　记

量子场论毫无疑问是现代物理学最重要的理论框架之一. 尽管其建立的初衷是为了刻画高速运动的微观粒子的运动规律, 同时处理它们之间的相互作用, 但今天它的应用领域已经远远不限于粒子物理学科. 另一方面, 在量子场论的发展过程中, 随着人类对其内涵的理解而衍生出的诸如重整化、路径积分等概念和方法, 已经深刻地改变了我们看待和理解客观世界的方式.

作为博大精深的理论框架, 量子场论中的概念之庞杂繁复, 给试图学习或了解它的人带来了极大的困难. 几乎每一位经过多年学习和应用, 准备尝试将它介绍给后学的作者, 看待和理解量子场论的角度都带有个人烙印. 因此, 市面上有大量的量子场论教科书, 讲述的思路和内容的侧重都不尽相同. 另一方面, 为了让读者经过尽量短暂的学习后能够在科研工作中使用量子场论这门工具, 大部分量子场论教科书的编排又都大同小异.

在市面上汗牛充栋的量子场论教科书中, 在 20 世纪 60 年代完成的这本小册子无疑是独具特色的. 它关注的重点, 是展现物理学家为构建量子场论严格的数学基础所做的努力及产生的一些成果. 与量子力学不同, 经过近一百年的研究, 量子场论至今仍然缺少一个严格而自洽的数学理论基础. 但这并不意味着物理学家在这一问题上毫无建树. 相反, 前人的努力已经得到了大量优美而深刻的结果, 其中既有为物理学工作者耳熟能详的自旋-统计定理、CPT 定理, 也有惊人的 Reeh-Schlieder 定理、Haag 定理等, 了解和正确认识这些定理的内涵及其背后的物理意义, 对进一步理解量子场论是非常重要的. 然而严格完整地论述和证明这些定理, 需要的数理知识铺垫, 在某种意义上偏离了绝大部分当代量子场论教科书的主线. 又因为本书的存在, 直到今天为止, 大部分科研文献和教科书在提及这些结果时, 仍然采取略去论证, 而直接引用本书这种方式.

基于这一现状, 尽管这本书是 20 世纪 60 年代的著作, 其一定程度上的不可替代性导致它仍然有被翻译出版的必要. 因此译者前后用了近一年的时间, 完成了对本书的翻译工作. 在翻译的过程中, 译者发现部分定理的证明对于初学者而言不易理解, 某些略去的步骤也不都容易补充, 为此, 在翻译的过程中, 译者补充了大量的注释, 希望这些注释能够帮助读者更方便地理解本书的内容. 由于译者水平有限, 注释中可能出现错误, 这些错误当然由译者本人负责, 欢迎广大读者和专家予以指正.

本书的译文有幸得到了大量师长和同事的阅读和指正, 出版过程也得到了他们的关心, 译者在这里对他们表示感谢. 他们是 (以下排名以姓名拼音为序): 北京大学曹庆宏教授、北京大学陈斌教授、清华大学陈静远研究员、北京大学刘川教授、北京师范大学刘晓辉教授、北京师范大学刘言东老师、浙江大学杨李林教授、四川大学郑汉青教授. 译者在此特别感谢北京大学出版社的刘啸编辑对本书的出版付出的辛勤劳动和努力.

本译作的出版, 得到了国家自然科学基金面上项目 (项目批准号 12075257) 的资助, 特此感谢.

张昊

2023 年 3 月